全国技工院校计算机类专业教材（中／高级技能层级）

U0861624

计算机应用基础

（Windows 10+WPS Office版）

主　编　贾云富

副主编　甘金燕

主　审　庞书华

中国劳动社会保障出版社

简介

本书包含精巧的计算机系统、精致的电子文档、精准的表格数据、精美的演示文稿、精彩的网络资源五个模块，主要内容包括计算机系统的认知、操作系统的使用、文档编辑与图文表混排操作、电子表格的编排与数据处理、演示文稿的制作编辑与演示、在线学习和网上协同办公的应用等。

本书由贾云富任主编，甘金燕任副主编，叶文秀、王宁娟、祝捷、陈鹏参加编写，庞书华任主审。

图书在版编目（CIP）数据

计算机应用基础：Windows 10+WPS Office版 / 贾云富主编. -- 北京：中国劳动社会保障出版社，2023

全国技工院校计算机类专业教材：中 / 高级技能层级

ISBN 978-7-5167-5644-7

Ⅰ. ①计… Ⅱ. ①贾… Ⅲ. ①Windows操作系统 – 职业教育 – 教材②办公自动化 – 应用软件 – 职业教育 – 教材 Ⅳ. ①TP316.7②TP317.1

中国国家版本馆 CIP 数据核字（2023）第 022521 号

中国劳动社会保障出版社出版发行

（北京市惠新东街 1 号 邮政编码：100029）

*

北京宏伟双华印刷有限公司印刷装订 新华书店经销

787 毫米 ×1092 毫米 16 开本 19.5 印张 383 千字

2023 年 5 月第 1 版 2024 年 8 月第 6 次印刷

定价：48.00 元

营销中心电话：400-606-6496

出版社网址：http://www.class.com.cn

http://jg.class.com.cn

前 言

为了更好地满足全国技工院校计算机类专业的教学要求，适应计算机行业的发展现状，全面提升教学质量，我们组织全国有关学校的一线教师和行业、企业专家，在充分调研企业用人需求和学校教学情况、吸收借鉴各地技工院校教学改革的成功经验的基础上，根据人力资源社会保障部颁布的《全国技工院校专业目录》及相关教学文件，对全国技工院校计算机类专业教材进行了修订和新编。

本次修订（新编）的教材涉及计算机类专业通用基础模块及办公软件、多媒体应用软件、辅助设计软件、计算机应用维修、网络应用、程序设计、操作指导等多个专业模块。

本次修订（新编）工作的重点主要有以下几个方面。

突出技工教育特色

坚持以能力为本位，突出技工教育特色。根据计算机类专业毕业生就业岗位的实际需要和行业发展趋势，合理确定学生应具备的能力和知识结构，对教材内容及其深度、难度进行了调整。同时，进一步突出实际应用能力的培养，以满足社会对技能型人才的需求。

针对计算机软、硬件更新迅速的特点，在教学内容选取上，既注重体现新软件、新知识，又兼顾技工院校教学实际条件。在教学内容组织上，不仅局限于某一计算机软件版本或硬件产品的具体功能，而是更注重学生应用能力的拓展，使学生能够触类旁通，提升综合能力，为后续专业课程的学习和未来工作中解决实际问题打下良好的基础。

创新教材内容形式

在编写模式上，根据技工院校学生认知规律，以完成具体工作任务为主线组织教材内容，将理论知识的讲解与工作任务载体有机结合，激发学生的学习兴趣，提高学生的实践能力。

在表现形式上，通过丰富的操作步骤图片和软件截图详尽地指导学生了解软件功能并完成工作任务，使教材内容更加直观、形象。结合计算机类专业教材的特点，多数教材采用四色印刷，图文并茂，增强了教材内容的表现效果，提高了教材的可读性。

本次修订（新编）还针对大部分教材创新开发了配套的实训题集，在教材所学内容基础上提供了丰富的实训练习题目和素材，供学生巩固练习使用，既节省了教材篇幅，又能帮助学生进一步提高所学知识与技能的实际应用能力。

提供丰富教学资源

在教学服务方面，为方便教师教学和学生学习，配套提供了制作素材、电子课件、教案示例等教学资源，可通过技工教育网（http://jg.class.com.cn）下载使用。除此之外，在部分教材中还借助二维码技术，针对教材中的重点、难点内容，开发制作了操作演示微视频，可使用移动设备扫描书中二维码在线观看。

致谢

本次教材修订（新编）工作得到了河北、山西、黑龙江、江苏、山东、河南、湖北、湖南、广东、重庆等省（直辖市）人力资源社会保障厅（局）及有关学校的大力支持，在此我们表示诚挚的谢意。

编者

2023 年 4 月

目　录

CONTENTS

模块四　精美的演示文稿

模块一

精巧的计算机系统

项目一
初识计算机——计算机基础知识

计算机是一种能快速、准确、高效、自动地处理和加工信息的现代化电子设备。它具有运算速度快、计算准确、可存储信息、可进行逻辑判断和可在程序控制下自动操作等特点，目前已成为人们日常生活、学习、工作中不可缺少的电子工具之一。

学习要点

- ◆了解计算机的发展、分类及应用
- ◆认识计算机系统的组成
- ◆了解计算机的工作过程
- ◆查看和识读计算机的主要参数

项目描述

计算机技术是发展最快的科学技术之一，其应用极其广泛。通过本项目的学习，了解计算机的发展历程、特点与分类，了解计算机在现代社会生活与工作中的各类应用，了解计算机的工作过程，了解计算机系统的组成，并识读计算机的主要参数。

思路解析

对计算机的认识主要包括了解计算机的基本知识、了解计算机系统的组成、识读计算机的性能指标、查看计算机硬件的配置信息等方面。

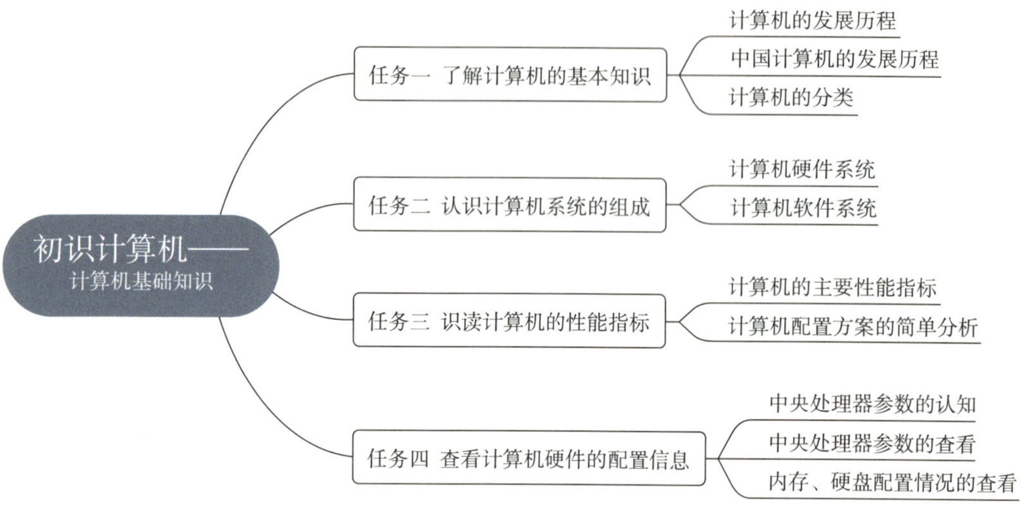

任务一　了解计算机的基本知识

任务目标

1. 能够叙述计算机的发展历程。
2. 能够识别计算机的主要类型，并叙述其特点。

任务实施

一、了解计算机的发展历程

1946 年，具有划时代意义的通用电子计算机 ENIAC（electronic numerical integrator and computer）诞生，代表计算机时代的到来。根据计算机所使用的电子器件的不同，其发展历程可分为四个阶段，见表 1-1-1。

计算机自出现以来发展迅速，在社会各个方面得到广泛的应用，这与其具有运算速度快、计算精度高、存储容量大、逻辑运算能力强、自动化程度高、可靠性高等特点是分不开的。

表 1-1-1　计算机的发展历程

发展阶段	主要电子器件及应用领域	特点
第一代 （1946—1958 年）	主要电子器件为电子管，使用机器语言和汇编语言，主要应用于国防和科学计算	体积大，耗电量大，存储量小
第二代 （1958—1964 年）	主要电子器件为晶体管，出现了操作系统和算法语言等软件	体积减小，耗电较少，运算速度较快，成本下降
第三代 （1964—1971 年）	主要电子器件为中小规模集成电路，体积更小，以操作系统为中心，进行软件系统化，主要应用于科学计算、数据处理、工业控制、文字处理、图形处理等	体积、功耗进一步减少，可靠性及速度进一步提高，增加了多种外部设备
第四代 （1971 年至今）	主要电子器件为大规模和超大规模集成电路，具备毫微秒级操作速度及 10 亿位存储容量，已广泛应用在社会各个领域	性能大幅提高，体积及价格大幅下降，应用更加广泛

随着科技的进步，计算机的特点已经从功能单一、体积较大发展到功能复杂、体积微小、资源网络化等。随着互联网的不断发展，计算机也逐渐进入云计算阶段。云计算是一种基于互联网的超级计算模式，在远程数据中心里，成千上万台计算机和服务器连接形成一片“云”，用户可以通过计算机、手机等各类设备接入数据中心，从而使用数据中心的资源。云计算可以让用户体验每秒超过 10 万亿次的运算能力，将改变目前“机箱 + 显示器”的计算机结构模式。

当今计算机正向着微型化、巨型化、网络化和智能化的方向发展。

微型化——计算机的体积在不断地缩小，可嵌入、可携带，各种穿戴设备正在悄然走进生活。未来计算机仍会不断趋于微型化，体积将越来越小。

巨型化——计算机将具有更高的运算速度、更大容量的存储空间、更加强大和完善的功能，可进行大规模、复杂计算。

网络化——计算机网络化彻底改变了人类世界，特别是无线网络的出现，极大地提高了人们使用网络的便捷性。未来计算机将会进一步向网络化方面发展。未来互联网也将发展为包括物联网、社会网络、服务网络以及与现实中各种网络深度融合的网络系统。

智能化——让计算机能够模拟人的思维能力去解决问题，从而使计算机可以越来越多地替代人类的脑力劳动，能理解自然语言，具有自适应性，能够自主完成复杂任务。

未来计算机将有可能在光子计算机、生物计算机、量子计算机等研究领域上取得重大突破。

结合以上介绍，查阅相关资料，简要列举未来计算机的发展趋势，并展开想象，谈谈你心目中未来的计算机是怎样的，记录在表1-1-2中。

表1-1-2 计算机的发展趋势

项目	描述
你对计算机发展趋势的认识	
你对未来计算机的畅想	

二、熟悉中国计算机的发展历程

中国计算机的研制起步于20世纪50年代，与国外计算机发展历程相同，也经历了从早期的基于电子管、晶体管，到基于中小规模集成电路，一直到基于超大规模集成电路的发展过程。相对于国际上计算机研制的状况，国内计算机研制起步较晚，但是经过科研人员的艰苦努力，目前在量子计算等很多方向上的研究已走在世界前沿，且部分研究已达到国际领先水平。

1958 年 8 月，中科院计算所研制成功我国第一台小型电子管通用计算机 103（DJS-103），标志着我国第一台电子计算机的诞生。

1965 年，中科院计算所研制成功第一台大型晶体管计算机 109 乙。

1974 年，清华大学等单位联合设计研制成功采用集成电路的 DJS-130 小型计算机，之后又推出 DJS-140 小型机，形成 100 系列产品。

1985 年，电子工业部计算机管理局成功研制出第一台具有字符发生器汉字显示能力、具备完整中文信息处理功能的计算机长城 0520CH。

1983 年 12 月，国防科技大学计算机研究所成功完成银河 -1 号巨型电子计算机的研制，运算速度达每秒一亿次以上，填补了国内巨型计算机的空白，中国成为继美国、日本等少数国家之后，能独立设计和制造巨型计算机的国家，标志着中国进入了世界巨型计算机研制者的行列。

2009 年，中国第一台国产每秒运算千万亿次的“天河一号”（TH-1）计算机问世，它使中国成为继美国之后世界上第二个研制每秒运算千万亿次超级计算机的国家。

2013 年 6 月，由国防科技大学研制的“天河二号”（TH-2）超级计算机荣登全球超算 500 强排行榜榜首，以每秒 33.86 千万亿次的双精度浮点运算速度登上世界超算之巅。

2016 年 6 月，由国家并行计算机工程技术研究中心使用中国自主芯片研制的“神威·太湖之光”超级计算机（见图 1-1-1），登上全球超算 500 强排行榜榜首（“天河二号”位居第二），以每秒 3.39 亿亿次双精度浮点运算速度的优异性能，成为全球运算速度最快的超级计算机。

图 1-1-1　“神威·太湖之光”超级计算机

截至 2022 年，科技部批准建立的国家超级计算中心共有十所，分别是国家超级计算天津中心、国家超级计算广州中心、国家超级计算深圳中心、国家超级计算长沙中心、国家超级计算济南中心、国家超级计算无锡中心、国家超级计算郑州中心、国家超级计算昆山中心、国家超级计算成都中心及国家超级计算西安中心。请你就其中一所国家超级计算中心进行调研，完成表 1–1–3 的填写。

表 1–1–3　国家超级计算中心简况

超级计算中心名称	部署的超级计算机简介	应用概况

三、了解计算机的分类

计算机发展至今，已衍生出多种类型，主要有以下几种：

1. 超级计算机（见图 1–1–2a）——通常是指由数百、数千甚至更多的处理器（机）组成的，能计算普通个人计算机和服务器不能完成的大型复杂课题的计算机。超级计算机是计算机中功能最强、运算速度最快、存储容量最大的一类，是国家科技发展水平和综合国力的重要标志。

2. 网络计算机——包括服务器（见图 1–1–2b）、工作站、集线器、交换机和路由器等。

3. 工业控制计算机——主要有 IPC（PC 总线工业计算机）、PLC（可编程控制系统）、DCS（分散型控制系统）、FCS（现场总线系统）及 CNC（数控系统）五种类型。

4. 个人计算机——又称微型计算机，包括台式机、一体机、笔记本计算机（见图 1–1–2c）等，通常所说的“PC”即指个人计算机，是英文“Personal Computer”的缩写。近年来，随着智能手机的发展，还出现了形态和功能介于手机和笔记本计算机之间的平板计算机（见图 1–1–2d）。

a）　b）

c）　d）

图 1-1-2　不同类型的计算机

a）超级计算机　b）大型服务器　c）笔记本计算机　d）平板计算机

5. 嵌入式系统——一种以应用为中心，以微处理器为基础，软硬件可裁剪，且适应系统对功能、可靠性、成本、体积、功耗等综合性严格要求的专用计算机系统。它一般由嵌入式微处理器、外围硬件设备、嵌入式操作系统以及用户的应用程序四个部分组成，在日常生活中，常见的嵌入式系统有智能穿戴设备、智能玩具等。

如今，在办公、学习、休闲、娱乐、购物、医疗等不同领域，计算机已无处不在。随着人脸识别、指纹识别、语音识别、大数据、云计算、物联网、工业互联网等的发展，计算机彻底影响和改变了人们的工作和生活。

通过阅读以上内容并查阅相关资料，完成表 1-1-4 的填写。

表 1-1-4　各类计算机的主要代表产品或典型应用

计算机的类型	主要代表产品或典型应用
超级计算机	

续表

计算机的类型	主要代表产品或典型应用
网络计算机	
工业控制计算机	
个人计算机	
嵌入式系统	

任务二　认识计算机系统的组成

任务目标

能够叙述计算机硬件系统、软件系统的基本组成与工作过程。

任务实施

一台完整的计算机系统是由硬件系统和软件系统两大部分组成的，两者缺一不可。

一、了解计算机硬件系统

计算机硬件是指组成计算机的看得见、摸得着的实际物理设备，包括由电子、机械和光电元器件等组成的各种部件和设备。这些部件和设备按照计算机系统结构的要求构成一个有机整体，称为计算机硬件系统。

计算机硬件系统由运算器、控制器、存储器、输入设备和输出设备五大部分组成，见表 1-1-5。这五大部分相互配合，协同工作。数据从输入设备进入计算机，控制器将运算指令从存储器中读取出来，根据指令控制运算器处理输入数据，如果产生中间结果则放入存储器中，最终结果由输出设备显示出来。整个过程由控制器进行控制。目前，运算器和控制器一般集成在一起，组成中央处理器（CPU）。

表 1-1-5　计算机硬件系统

组成部分		常见设备
运算器		中央处理器（CPU）
控制器		
存储器	内存储器	随机存储器（RAM，通常简称为“内存”）
	外存储器	硬盘（包括机械硬盘、固态硬盘）、U 盘、光驱等
输入设备		键盘、鼠标、扫描仪、手写笔、麦克风等
输出设备		显示器、投影仪、打印机、音箱、绘图仪等

日常生活中最常用到的个人计算机（PC）的主要组成部件有中央处理器（CPU）、主板、内存、硬盘、主机箱、主机电源、显示器、键盘和鼠标等，如图 1-1-3 所示。

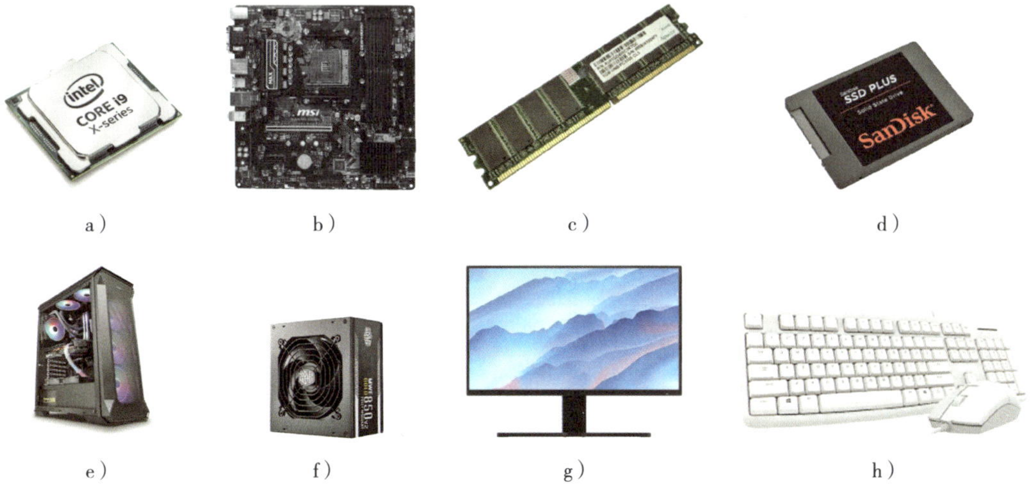

图 1-1-3　计算机硬件

a）中央处理器（CPU）　b）主板　c）内存　d）硬盘　e）主机箱　f）主机电源　g）显示器　h）键盘和鼠标

从外观上看，台式机由主机箱、显示器、键盘、鼠标等组成。其主板固定在主机箱上，中央处理器（CPU）、内存、显卡安装在主板的专用插槽上，硬盘、主机电源装在主机箱上，硬盘通过专用的接口线与主板连接。

台式机的前部面板和背部面板设有丰富的扩展接口。USB 接口用来连接 U 盘、移动硬盘和具有 USB 接口的打印机、键盘、鼠标等设备，HDMI、VGA 接口用于连接显示器等显示设备，RJ45 接口用于连接网络。

通过阅读以上内容并查阅相关资料，在图 1-1-4 中用直线将右侧所列设备与其对应的接口连接起来。使用微信扫描图右侧二维码可查看视频讲解。

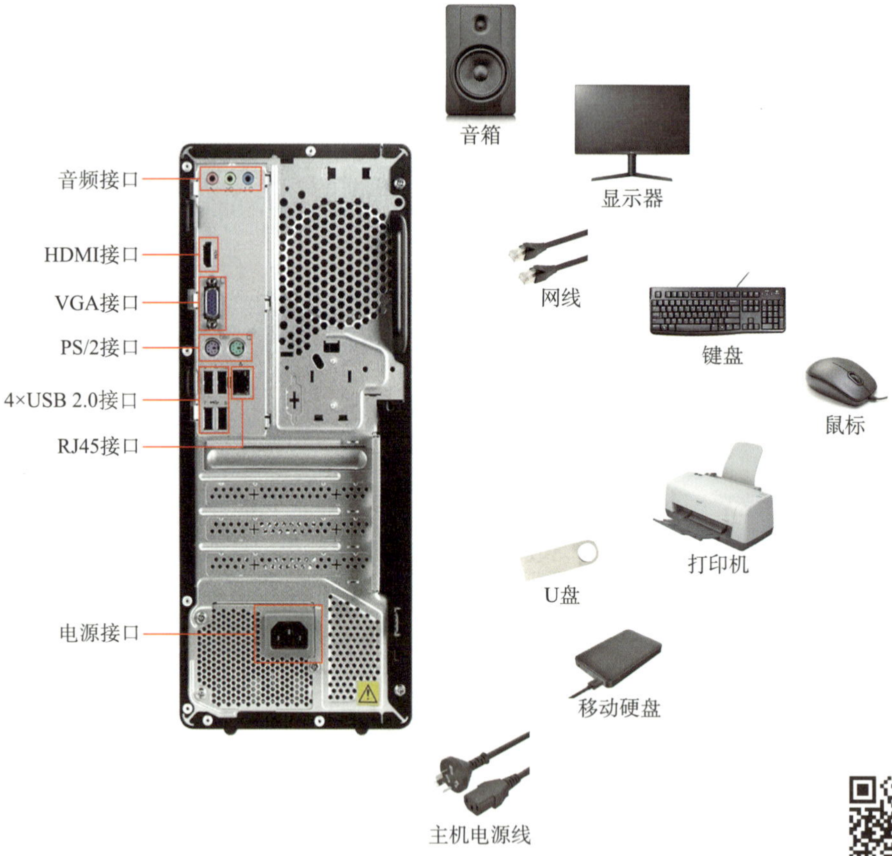

图 1-1-4　台式机的背部面板接口及其连接的设备

二、了解计算机软件系统

计算机软件是指为了运行、管理和维护计算机系统所编制的各种程序。计算机软件系统按用途不同可分为系统软件和应用软件。系统软件通常由计算机的设计者或专门的软件公司提供，包括操作系统、计算机的监控管理程序、程序设计语言等。应用软件是由软件公司、用户利用各种系统软件、程序设计语言编制的，用来解决各种实际问题的程序。

直接与硬件系统交流的计算机软件是操作系统，它是计算机硬件与应用程序及用户之间的桥梁。目前常见的操作系统包括应用最为广泛的微软公司的 Windows 操作系统、苹果公司的 macOS 操作系统、开源的 Linux 操作系统的各种发行版（如较多应用于服务器的 CentOS、银河麒麟操作系统）等。

常见操作系统的主界面如图 1-1-5 所示。

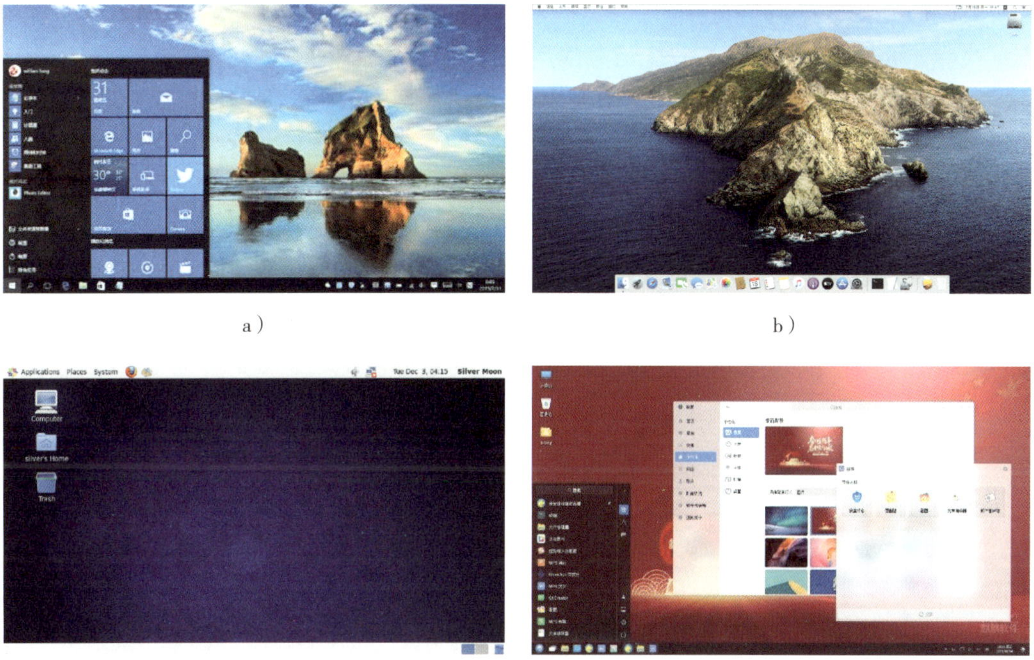

a）　b）　c）　d）

图 1-1-5　常见操作系统的主界面

a）Windows　b）macOS　c）CentOS　d）银河麒麟

常见的应用软件类型及其代表性软件示例如下：

办公软件——WPS Office、Microsoft Office 等；

浏览器软件——QQ 浏览器、Microsoft Edge 等；

即时通信软件——微信、QQ、阿里旺旺等；

图形图像处理软件——Photoshop、CorelDRAW 等；

多媒体软件——酷狗音乐、腾讯视频等；

安全软件——360 安全卫士、金山毒霸等。

其中几种常见应用软件图标如图 1-1-6 所示。

a）　b）　c）　d）

图 1-1-6　常见应用软件图标

a）WPS Office　b）QQ 浏览器　c）微信　d）Photoshop

调查本校学生对应用软件的使用情况，将调查结果填写在表 1-1-6 中。

表 1-1-6　应用软件使用情况调研

类型	软件名称	主要用途
学习办公		
即时通信		
视频播放		
音乐播放		
浏览器		
视频制作		
图像处理		

任务三　识读计算机的性能指标

任务目标

1. 能够准确识读计算机的性能指标，并简述其含义。
2. 能够对计算机的配置方案进行简单分析。

任务实施

一、了解计算机的主要性能指标

一台计算机的性能由多项技术指标综合确定，涉及体系结构、指令系统、软硬件配置等多方面的因素，对于大多数普通用户来说，可以大体从以下方面来评价：

1. 运算速度与字长

运算速度（平均运算速度）是指计算机每秒钟所能执行的指令条数，一般用“每秒百万条指令”（MIPS）或者“每秒百万条浮点指令”（MFPOPS）来描述。微型计算机一般采用中央处理器（CPU）主频来描述运算速度，例如，酷睿 i5-12400 的主频是 2.5 GHz。在绝对环境下（排除外部硬件影响的环境），同系列的 CPU 主频越高，运算速度就越快。判断 CPU 的性能强弱，除了要看 CPU 主频外，还需要看 CPU 的核心数、线程数以及缓存容量。

字长是指计算机一次能同时处理的二进制数据的位数。字长越大，表示数的范围越大，精度也越高。在其他指标相同时，字长越大，计算机处理数据的速度就越快。早期微型计算机的字长一般是 8 位、16 位、32 位，现在主要是 64 位。

2. 存储器容量

存储器是用来存储数据和程序的部件。存储器以字节为单位保存数据。每个字节（Byte，简写为 B）都由 8 个二进制位（bit）组成，即 1 Byte=8 bit。存储容量常用的计量单位有 KB（千字节）、MB（兆字节）、GB（吉字节）和 TB（太字节），其换算关系如下：

1 KB=1 024 B，1 MB=1 024 KB，1 GB=1 024 MB，1 TB=1 024 GB

存储器分为内存储器和外存储器。

内存储器（简称主存、内存），是 CPU 可以直接访问的存储器，需要执行的程序与需要处理的数据就是存储在内存中的。内存容量的大小反映了计算机即时存储信息的能力。目前，微型计算机的内存容量通常有 8 GB、16 GB、32 GB 等。

外存储器（简称外存），包括硬盘、U 盘等，是可长期存储数据的存储器。外存储器的容量越大，存储的信息就越多，可安装的应用软件就越丰富。硬盘有机械硬盘（HDD）和固态硬盘（SSD）之分。机械硬盘采用磁性碟片来存储数据，容量大、价格低，但怕震动，读写速度慢。固态硬盘通过存储芯片来存储数据，相比机械硬盘，具有能耗低、无噪声、抗震动、散热少、体积小和速度快的优势，不过价格相对较高，使用寿命有限。常见的硬盘容量有 256 GB、512 GB、1 TB、2 TB 等。

读 / 写速度、缓存大小、接口和协议等也是衡量存储器性能的重要参数。

3. 外部设备配置及扩展能力

外部设备配置及扩展能力主要是指计算机与外部设备连接时的便捷性与兼容性，如 USB 接口类型及数量、显示器接口类型等。

二、计算机配置方案的简单分析

某品牌在电商平台展示的一款台式计算机主要配置方案如图 1-1-7 所示，指出图中选定配置方案中存储器的容量，查阅资料了解这款 CPU 的性能参数（字长、主频、核心数等），填入表 1-1-7 中。

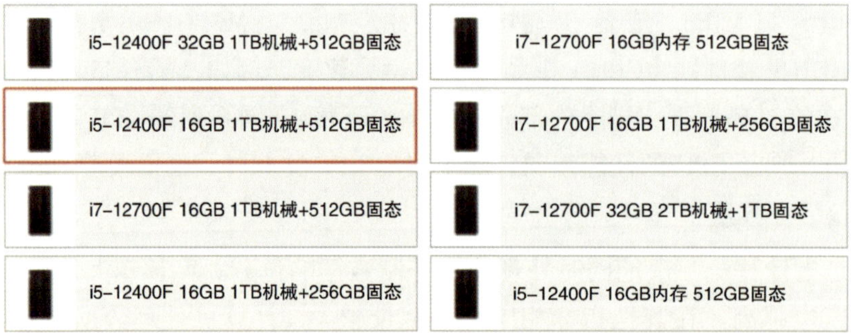

图 1-1-7　配置方案示例

表 1-1-7　主要参数表

名称		主要参数
i5-12400F CPU		
存储器	内存容量	
	外存容量	机械硬盘： 固态硬盘：

以上配置中，均采取了机械硬盘和固态硬盘组合的方式，结合前面所学知识，并

查阅相关资料，简要说明这样配置的原因。

任务四　查看计算机硬件的配置信息

任务目标

1. 能够查看计算机硬件的配置信息。
2. 能够根据需要选择适合的计算机配置。

任务实施

了解计算机的配置信息有利于计算机的选购和以后硬件的更换。利用系统工具、专业软件可以快速查看计算机硬件的配置信息。

一、了解认知中央处理器参数

中央处理器（CPU）是计算机的核心部件，配置计算机时，主要关注主频/睿频、核心数、线程数、缓存等参数。

1. 主频、睿频

主频即 CPU 内核工作的时钟频率，表示 CPU 的运算速度。主频越高，CPU 的运算速度越快。有的 CPU 在应对复杂使用情况时，会自动加速到合适的频率，这个能加速到的最大频率称为睿频，如 i3-10105F 的睿频是 4.4 GHz。

主频是 CPU 性能表现的一个方面，但并不能完全代表 CPU 的整体性能，还要综合核心数、缓存大小、架构等方面来体现。

2. 核心数

通俗地说，核心数就是一个 CPU 中集成的物理核心的数量。核心又称内核，是

CPU 最重要的组成部分，CPU 所有的计算、接受 / 存储命令、处理数据都由核心执行。常见的 CPU 核心数有双核、四核、六核、八核、十二核等。核心数是 CPU 同时处理任务数量能力的体现。在频率、缓存大小等条件相同的情况下，核心数多的 CPU 整体性能较强。

3. 线程数

线程数是指 CPU 同一时刻可以同时运行的线程数量。多线程运行能充分发挥 CPU 效能，提高利用率。CPU 的线程数与核心数有关，如 i3-12100 是 4 核 8 线程处理器、i5-12400 是 6 核 12 线程处理器等。

4. 缓存

缓存的作用是减少 CPU 处理数据的等待时间。缓存容量大，CPU 的等待时间短，执行速度相对就快。缓存一般分为三级，就读取速度和读取优先级而言，一级缓存大于二级缓存，二级缓存大于三级缓存。

二、查看中央处理器参数

查看 CPU 参数的方法有多种：可以通过 Windows 自带的命令行工具 WMIC，运行命令“cpu get numberofcores”查看计算机 CPU 的核心数，运行命令“cpu get*”查看 CPU 更详细的信息；可以打开 Windows 的任务管理器，在“性能”标签页中选择“CPU”项，查看 CPU 的频率、核心数及一 / 二 / 三级缓存大小等信息；还可以使用第三方软件或专业网站查阅详细的信息，如图 1-1-8 所示。

详细参数

主要参数	
型号	酷睿 i5-12400F
芯片厂方	Intel
核心/线程	6/12
核心类型	Alder Lake(第12代)
生产工艺	10,Intel 7nm
接口类型	LGA 1700
频率	3.7-4.4GHz
三级缓存	18M
兼容主板	Z690,H670,B660,H610
上市时间	2022年1月5日
HT总线	3200MT/s
功能参数	
支持通道模式	双通道
支持内存频率	DDR5 4800MHz,DDR4 3200MHz

图 1-1-8　通过专业网站查询到的 i5-12400F 部分参数

利用上述方法，查看你所使用计算机的 CPU 参数，填入表 1-1-8 中。

表 1-1-8　中央处理器参数

项目	参数
处理器型号	
主频、睿频	
核心数	
线程数	
三级缓存	

三、查看内存、硬盘的配置情况

内存、硬盘是计算机中重要的存储器，是计算机不可缺少的部件。

内存为系统、软件提供运行空间，硬盘为系统、软件提供存储空间。内存的大小和性能决定了计算机软件的运行速度和可同时运行的数量，硬盘的大小和性能决定了计算机存储数据的多少和读写速度。内存中存储的数据是临时的，一旦断开电源，就会丢失。硬盘可以永久存储数据，即使断开电源数据也不会丢失。

查看内存、硬盘配置的方法有多种，可以使用专门的软件，也可以使用系统自带的工具。通过“系统设置”快速查看内存、硬盘配置的操作步骤如下：

1. 单击桌面左下角的“开始”按钮，选择“设置”选项。

2. 在弹出的页面中单击“系统”，进入系统设置界面。

3. 在系统设置界面单击“关于”，在右侧即可看到内存（机带 RAM）的配置信息，如图 1-1-9 所示。

4. 在系统设置界面单击“存储”，可以看到系统盘的配置和使用情况，如图 1-1-10a 所示。

5. 在右侧单击“查看其他驱动器上的存储使用情况”，会显示所有驱动器的配置和使用情况，如图 1-1-10b 所示。

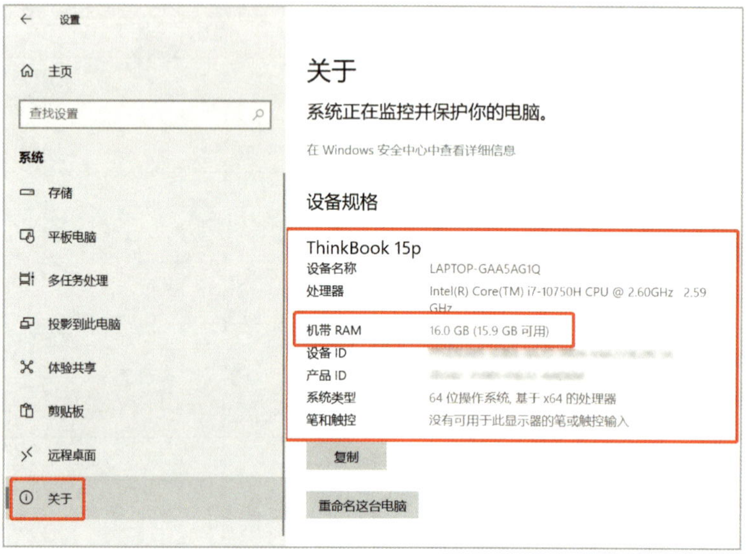

图 1-1-9 查看内存配置信息

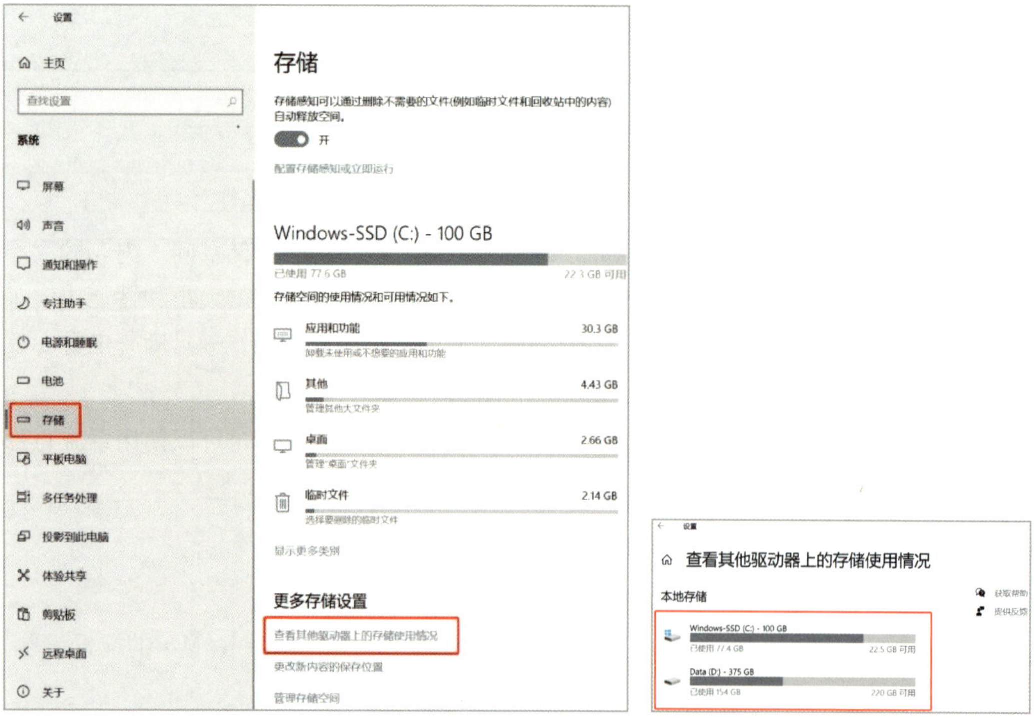

a） b）

图 1-1-10 查看硬盘配置信息

实战与小结

实战演练

购置一台计算机

刘同学的家长为满足办公、线上学习及休闲娱乐的需要，欲购置一台台式计算机，预算在 3 000 元左右（2 800 ~ 3 200 元），请在电商平台找出 2 个较适合的方案，通过比较给出你推荐的方案，并说明理由，填写在表 1-1-9 中。

表 1-1-9　计算机购置方案

序号	项目	方案 1	方案 2	备注
1	品牌型号			
2	CPU			
3	内存			
4	硬盘			
5	显示器			
6	鼠标、键盘			
7	价格			
推荐的方案与理由：				

能力提升

新旧对比看发展

查阅资料或利用互联网资源，查询一台与你正在使用的计算机购买时同价位的新机器的购置方案，对比两者性能上的差异，填写在表 1-1-10 中。

表 1-1-10　新旧计算机配置方案对比

序号	项目	旧计算机	新计算机	备注
1	品牌型号			
2	CPU			
3	内存			
4	硬盘			
5	显示器			
6	鼠标、键盘			
7	购买时间			
8	价格			
对比分析结果：				

项目小结

本项目主要学习计算机的发展历程、特点、分类和应用，主要内容见表 1-1-11。

表 1-1-11　项目小结

知识点	主要内容
计算机的发展历程	计算机的发展从内部元器件的变化看，经历了电子管、晶体管、中小规模集成电路、大规模和超大规模集成电路四个发展阶段 中国计算机研制起步虽晚，但经过科研人员艰苦卓绝的奋斗，目前在很多领域的技术研发或产业化程度上，已达到甚至超越了同期国外水平，走在世界前沿
计算机的特点	运算速度快、计算精度高、存储容量大、逻辑运算能力强，具有在程序控制下自动地运行程序的能力，可靠性高
计算机的分类	计算机可分为超级计算机、网络计算机、工业控制计算机、个人计算机、嵌入式系统五类，未来的研究方向还包括生物计算机、光子计算机、量子计算机等
计算机系统的组成	计算机系统由计算机硬件系统与软件系统组成。硬件是指构成计算机的物理设备，软件是指为了运行、管理和维护计算机系统所编制的各种程序。硬件是软件运行的物质基础，软件是发挥计算机功能的关键
计算机的主要参数	计算机的主要参数有处理器的运算速度与字长、存储器的容量等。判断 CPU 的性能强弱，除了要看 CPU 主频外，还要看 CPU 的核心数、线程数以及缓存容量
计算机硬件信息	选购计算机与更换计算机硬件时，需要了解计算机硬件配置信息，可以使用多种方法查看计算机硬件信息

项目二
使用计算机操作系统——计算机的基本操作

熟练操作计算机有助于提高办公效率。本项目中主要学习使用鼠标和键盘，管理文件和文件夹，并进行系统的个性化设置。

学习要点

◆计算机的启动与关闭
◆鼠标和键盘的使用
◆文件和文件夹管理
◆系统个性化设置

项目描述

在学习计算机基础知识后，接下来的任务是要正确、高效地操作和使用计算机。

思路解析

计算机系统的基本操作主要包括启动和关闭计算机、使用键盘录入文字、浏览和管理文件、设置个性化的系统等方面的内容。

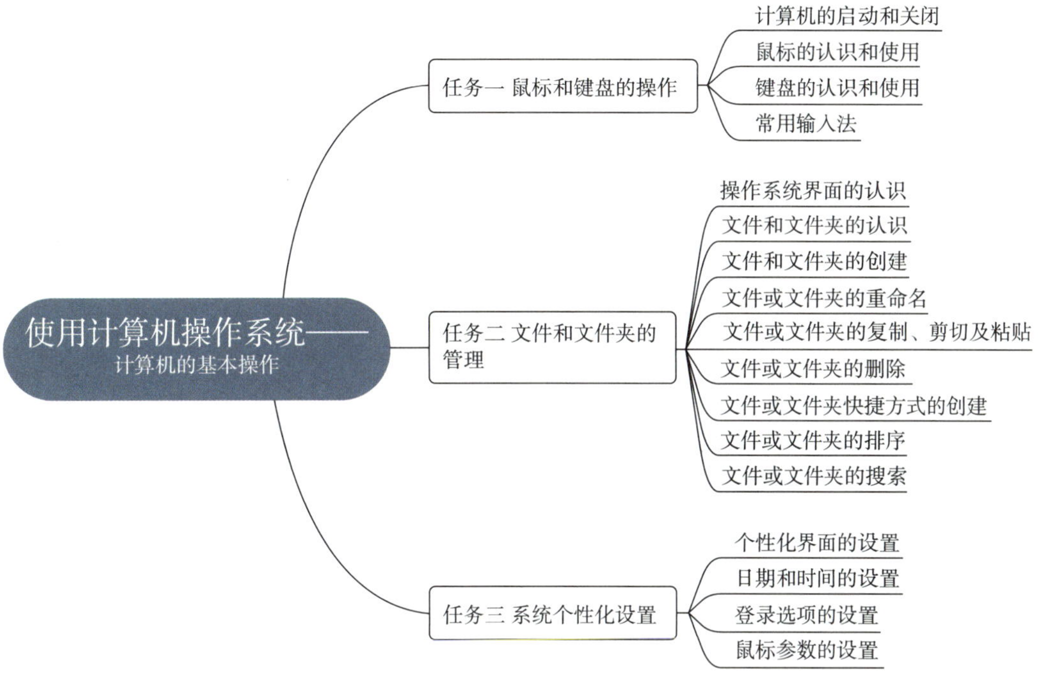

任务一　鼠标和键盘的操作

任务目标

1. 能够正确启动和关闭计算机。
2. 能够正确使用鼠标操作计算机。
3. 能够按正确的指法使用键盘录入文字。

任务实施

在计算机操作中，鼠标和键盘是最基础的输入设备。操作者主要通过鼠标和键盘对计算机发出指令，完成相关的操作。

一、启动和关闭计算机

接通连接计算机的外部电源开关（如插排上的开关），按下计算机上的电源按钮即可启动计算机。台式机、笔记本计算机、一体机上电源按钮的常见位置及外观如图 1–2–1 所示。对于台式机或其他有外接显示器的计算机，还应打开显示器的开关。计算机启动后进行自检，显示启动画面，启动过程结束后，显示登录界面，通过输入账号、密码等方式登录后，即可使用计算机。

计算机使用完毕，不可直接断电，应依次单击桌面左下角的“开始”按钮、电源按钮和关机按钮来关闭计算机，待关机过程结束后再断电。

图 1–2–1 计算机上的电源按钮

二、认识和使用鼠标

1. 认识鼠标

鼠标（Mouse）是计算机显示系统纵横坐标定位的指示器，是图形化操作系统面世后的产物，使用鼠标可以直观地操作计算机。鼠标与计算机主机的连接有有线和无线两种方式，其常见的外形分别如图 1–2–2a 和图 1–2–2b 所示。有线鼠标一般通过 USB 接口与主机相连，早期的有线鼠标使用 PS/2 接口与主机相连，无线鼠标一般通过 USB 无线适配器或蓝牙与主机相连。除了图 1–2–2a 和图 1–2–2b 所示的常见外观外，目前鼠标还发展出了多种类型，如外形更符合人体工程学的人体工程学鼠标（见图 1–2–2c）、增加了若干辅助功能键的多功能鼠标（见图 1–2–2d）、可以进行立体空间指向的 3D 鼠标（见图 1–2–2e）、通过操控轨迹球控制光标位置的轨迹球鼠标等（见图 1–2–2f）。

2. 使用鼠标

常见鼠标至少有左、右两个按键和一个滚轮，如图 1–2–3a 所示。多功能鼠标可能有多个按键，甚至多个滚轮。使用鼠标时，应把右手食指和中指分别轻轻地放在左键和右键上，大拇指放在鼠标左侧，无名指和小指放在鼠标右侧，手掌自然地放在鼠标上，如图 1-2-3b 所示。

图 1-2-2　不同类型的鼠标

a）普通有线鼠标　b）普通无线鼠标　c）人体工程学鼠标　d）多功能鼠标　e）3D 鼠标　f）轨迹球鼠标

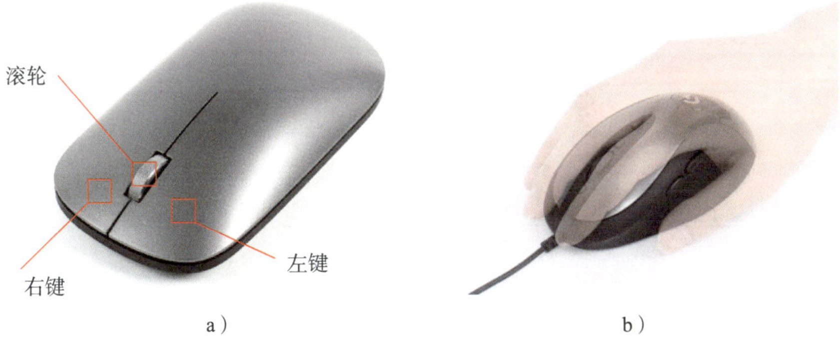

图 1-2-3　鼠标的常见按键和持握方式

a）鼠标的常见按键　b）鼠标的持握方式

鼠标的基本操作如下：

指向——指移动鼠标，将鼠标指针移到操作对象上。

单击——指按下鼠标左键后释放。单击一般用于选定一个操作对象。

双击——指快速连续两次按下鼠标左键后释放。双击一般用于打开窗口、启动应用程序等。

右击——也称右键单击，指按下鼠标右键后释放。右击一般用于打开一个与操作相关的快捷菜单。

拖动——指按住鼠标左键或右键（通常不做强调时默认为左键），移动鼠标到指定位置，再释放按键的操作。拖动一般用于选择多个操作对象、复制或移动对象等。

按照以上介绍，通过尝试，完成表 1-2-1 中的基本操作，观察并记录动作的效果。

表 1-2-1　鼠标基本操作练习

操作内容	动作效果描述
指向桌面上的“此电脑”图标	
单击桌面上的“此电脑”图标	
双击桌面上的“此电脑”图标	
在打开的“此电脑”窗口中，右击 C 盘图标并查看 C 盘属性	
拖动“此电脑”图标改变图标位置	

三、认识和使用键盘

1. 认识键盘

（1）键盘的类型

键盘是计算机中不可缺少的输入设备之一，也是文字录入的主要工具，它的历史比鼠标长得多，甚至在计算机出现前就已经在打字机中出现。各种程序和数据都可以通过键盘输入计算机。以触发原理分，键盘有薄膜键盘、机械键盘和静电容键盘等类型；以键位分布分，键盘有 104 键键盘（又称标准键盘）、87 键键盘和 61 键键盘等类型，如图 1–2–4 所示。通常，办公使用的键盘是 104 键键盘。

a）

b）

c）

图 1–2–4　不同键位数的键盘

a）104 键键盘　b）87 键键盘　c）61 键键盘

（2）键盘的分区

标准键盘的键位大致分为主键盘区、功能键区、光标控制键区、数字小键盘区和指示灯区，如图 1–2–5 所示。

1）主键盘区

主键盘区也称打字键区，是键盘上最重要的区域，也是用得最频繁的一个区域。它主要用于录入数字、文字和符号。主键盘区主要由字母键、数字符号键、Shift/Ctrl/Alt 等控制键、标点符号及一些特殊符号键构成。部分键位上印有上、下两排符号，一般直接按下该按键输入的是下排符号，按住“Shift”键（上挡转换键）的同时按下该

图 1-2-5　键盘的分区

按键则可输入上排符号。

2）功能键区

功能键区位于主键盘区的正上方，包括“Esc”键、“F1”~“F12”共 12 个功能键等按键。其中，“Esc”键是退出键，它的功能是退出当前环境、退出当前操作、返回原菜单等。“PrintScreen”键用于屏幕截图，“F1”~“F12”键及其他功能键在不同的程序软件中功能各有不同。对于多功能键盘或笔记本计算机的键盘，功能键区的按键往往在一个按键上还会有两个控制功能，可通过“Fn”键切换，其用法与“Shift”键类似。

3）光标控制键区

光标控制键区的位置在主键盘区与数字小键盘区的中间，它集合了所有对光标进行操作的键位以及一些页面操作功能键。

4）数字小键盘区

数字小键盘区也称数字键盘区，位于键盘的右下部分，主要包括数字键（0~9）和运算符号键，数字键盘适合连续录入大量数字信息时使用。数字小键盘的键位作用与主键盘区的数字键位功能基本相同，但应注意在部分软件时，二者的功能并不完全等效。数字小键盘区左上角的“Num Lock”键为本区功能开关，通过对应的指示灯指示其状态。指示灯点亮时，数字键生效；指示灯熄灭时，数字键无效，其按键上标记的控制功能生效，效果与光标控制键区相同。

5）指示灯区

指示灯区位于键盘右上角位置，通常有三个指示灯，分别是“Num Lock”（数字键盘锁定指示）“Caps Lock”（大写锁定）和“Scroll Lock”（滚动锁定），指示灯点亮表示相应功能已锁定。

知识点拨

常用功能键介绍

Caps Lock（大写锁定键）：英文输入法状态下，按下“Caps Lock”键使 Caps Lock 指示灯亮起时，处于大写字母的输入状态。再按下“Caps Lock”键使“Caps Lock”指示灯熄灭时，处于小写字母的输入状态。

Enter（回车键）：命令确认键，输入文字时可用于换行，即在录入文本时，需要结束当前段，按下“Enter”键可将插入点光标移到下一行。

Tab（制表键）：编辑文本时，用于将光标移到下一个制表位；填写表格时，按下 Tab 键可将光标移到下一单元格位置。

Backspace（退格键）：按下“Backspace”键，可将光标向左退一格，删除光标左边的一个字符。

Alt（转换键）：一般与其他键位配合使用，如“Alt+Tab”用于在已打开的窗口之间切换。

Ctrl（控制键）：一般与其他键位配合使用，如“Ctrl+C”用于复制，“Ctrl+V”用于粘贴，“Ctrl+X”用于剪切，“Ctrl+S”用于保存，“Ctrl+Z”用于撤销，“Ctrl+A”用于全选，“Ctrl+Shift”用于输入法之间互相切换，“Ctrl+Alt+Delete”用于打开任务管理器等。

Shift（上挡转换键）：某些键位上有两排字符，直接按下该键时输入的是下排字符，同时按下“Shift”键则输入的是上排字符。如输入感叹号“!”，应按下主键盘区的“Shift+1”。对于字母键，同时按住 Shift 键输入可临时切换大小写。

空格键：输入一个空格。

Delete（删除键）：删除光标右侧的一个字符。

Insert（插入键）：用于切换插入或改写状态，编辑文本时，按一次进入插入状态，新输入的字符将插入在光标位置；再按一次进入改写状态，新输入的字符将覆盖光标后的字符。

Home 键：使光标快速移动到本行的开头。

End 键：使光标快速移动到本行的末尾。

Page Up 键（上翻页键）：使文档上翻一页。

Page Down 键（下翻页键）：使文档下翻一页。

↑ ↓ ← → 键（上下左右键）：使光标上下左右移动。

2. 用正确的指法使用键盘

使用键盘时，双手要轻放在键盘的按键上，按键时手指轻轻地敲击键位，并要求动作快、轻、准。完成输入后手指要回到基准位置，即左手的食指、中指、无名指、小拇指应分别放在字母键“F、D、S、A”上，右手的食指、中指、无名指、小拇指应分别放在字母键“J、K、L、;”上，两个大拇指则轻轻地放在空格键上。其余键位的手指分工如图 1-2-6 所示。

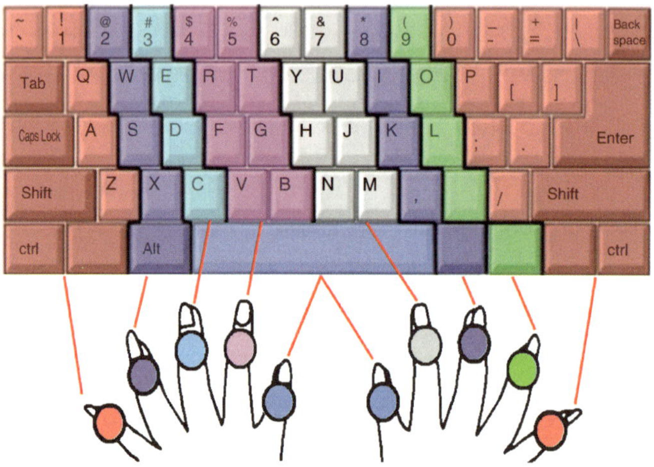

图 1-2-6　各手指控制的键盘区域

按照以上介绍，对照自己实际使用的键盘，在表 1-2-2 中写出各手指应控制的键位，并进行实际操作练习，体会每个手指的分工。

表 1-2-2　各手指控制的键位

手指位置		控制的数字、字母及符号键位
左手	小拇指	1 Q A Z
	无名指	
	中指	
	食指	
	大拇指	

续表

手指位置		控制的数字、字母及符号键位
右手	小拇指	
	无名指	
	中指	8　I　K　,
	食指	
	大拇指	

四、熟悉常用输入法

利用计算机输入文字时，需要使用各种输入法。Windows 操作系统支持多种语言，每种语言又支持多种不同的输入法（或键盘样式）。语言和输入法的状态在屏幕右下角状态栏或语言栏中显示，如图 1-2-7 所示。

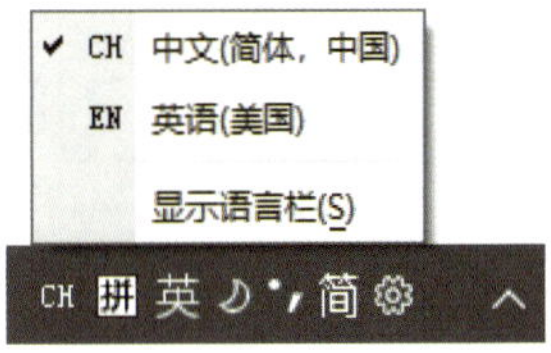

图 1-2-7　语言栏

在 Windows 10 操作系统中，可通过鼠标单击语言栏中的语言图标（如 CH ）或按“Alt+Shift”组合键切换不同语言，可通过鼠标单击输入法图标（如 ）或按“Ctrl+Shift”组合键切换不同输入法。

在英文状态下（包括英语语言和中文输入法的英文状态），仅可以输入数字、英文及英文符号，而且所有符号是半角形式。在中文输入状态下，则所有符号都是全角形式。

中文输入法有多种类型，从编码原理上讲主要分为两大类：一类基于字形编码，五笔字型输入法即为此类；另一类基于拼音编码，如微软拼音输入法、搜狗拼音输入法、QQ 拼音输入法等。后一类输入法不需要进行专门的学习，掌握汉语拼音、知道汉字的读音即可输入，使用方便，因此应用较为广泛。

汉字同音字较多，同一个拼音通常对应多个汉字，通常输入法会提供候选字词列表，用户通过主键盘区的数字键进行选择，如果一页显示不全，通常是利用键盘上的“+”和“-”键进行前后翻页。为提高输入效率，一般应直接输入词、短语甚至整句，利用输入法庞大的词库（部分输入法还支持容量更大的在线云词库）和联想功能，排除无关字词，减少选择的频次。

为进一步提高输入效率，不同的输入法还会提供不同的扩展功能，如混合笔画输入，以便输入不知道读音的汉字；通过拆字或笔画进行辅助选择，提高生僻字的输入速度；个性化记忆用户输入习惯，提高用户常用字词的输入速度等。具体可通过各种输入法软件的帮助文件和相关介绍进一步学习。

结合以上内容，选择一种中文输入法，查阅相关资料或阅读软件的帮助文件，学习该输入法的特色功能，进行以下输入练习。

1. 打开“记事本”程序。

2. 切换中、英文输入状态，输入文字“计算机应用基础（Windows 10+WPS Office 版）”，体会输入法的特点。

3. 分别输入中文格式的“！？，。”和英文格式的“!?,.”，仔细观察，简述中文格式全角符号和英文格式半角符号的区别。

4. 自行选择一段文字或一篇短文进行输入练习，进一步熟悉中文输入法。

任务二　文件和文件夹的管理

任务目标

1. 能够识别常用文件类型。

2. 能够熟练地对文件和文件夹进行创建、重命名、复制、剪切、粘贴、删除及搜索等操作。

任务实施

计算机中的信息都是以文件的形式保存下来的，使用计算机时间越长，计算机中的文件就会越多，因此，要养成正确管理计算机中文件的良好习惯，以便查找使用。

一、认识操作系统界面

登录操作系统后所显示的界面称为桌面，如图 1-2-8 所示。桌面由以下几部分组成。

1. 桌面背景

桌面背景是用户在界面中主要看到的显示图像，一般情况下，除系统默认的背景图片外，用户还可以根据自己的爱好将其更换为自己喜欢的图片。

2. 工作区

在桌面背景上的区域称为工作区，上面可以放置各种快捷方式、文件、应用程序、文件夹等。

3. 任务栏

任务栏包括以下几部分：

“开始”按钮——单击该按钮可打开“开始”菜单，在其中可打开系统中安装的软件以及各项系统设置功能。

应用程序图标——在任务栏的中间区域显示目前正在运行的程序图标，以及被锁定在任务栏上用于快速启动的程序图标。

语言栏——显示目前运行的语言种类，并可用于语言和输入法的切换。

系统通知区——显示时间日期、系统图标及一些正在运行的程序图标。

图 1-2-8　操作系统桌面的组成

按照上述介绍，结合资料查阅和小组讨论，带着以下问题观察自己所用计算机的桌面。

（1）工作区中放置了哪些图标？

（2）用鼠标划过桌面上的不同区域、图标，显示了哪些内容？可获得哪些信息？

（3）单击“开始”按钮打开“开始”菜单，其中包含了哪些内容？

（4）如何打开系统中安装的应用程序？除了在“开始”菜单中逐一查看，有没有更快捷的方法？

二、认识文件和文件夹

1．文件

文件是存放在硬盘中的各种程序与信息的集合。文件可以是文本文档、图片、视频、程序等。不同类型数据所保存的文件类型各不相同。完整的文件名由文件名称和扩展名组成，中间用句点隔开，文件名称可以自行设置，而扩展名则用于标识该文件的类型，一般不更改，更改文件的扩展名可能会导致文件不能被正确识别。常见文件类型及其扩展名见表 1-2-3。在任务栏搜索框中搜索“文件夹选项”并打开，在“查看”选项卡中，可设置是否显示已知文件类型的扩展名。

表 1-2-3　常见文件类型及其扩展名

文件类型	扩展名	文件类型	扩展名
文本文件	txt	Word 文档文件	doc 或 docx
Excel 电子表格文件	xls 或 xlsx	PowerPoint 演示文稿文件	ppt 或 pptx
图片文件	png 或 jpg	应用程序文件	exe
声音文件	wav 或 mp3	视频文件	mp4 或 avi

2．文件夹

文件夹是用于协助人们管理文件的工具，是用来组织和管理文件的一种数据结构，文件夹没有扩展名，同时，文件夹中还可以存储文件夹，文件夹和文件的关系如图 1-2-9 所示。在使用计算机时，应养成使用文件夹归类文件的良好习惯。为了保障文件安全，尽量避免把重要文件存放在桌面上。

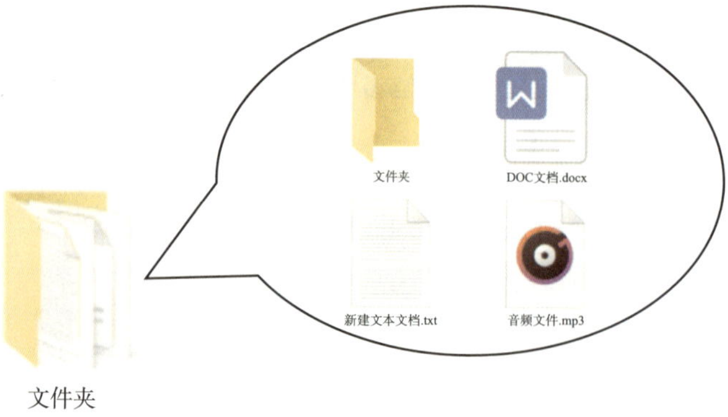

图 1-2-9　文件夹和文件的关系

三、创建文件和文件夹

创建文件和文件夹的方法很多，在此列举常用的一种创建文件和文件夹的方法：

在计算机桌面或文件夹中单击鼠标右键，在弹出的快捷菜单中将鼠标指针指向“新建”、在展开的菜单中选择所需的文件或文件夹类型，如图 1–2–10 所示。

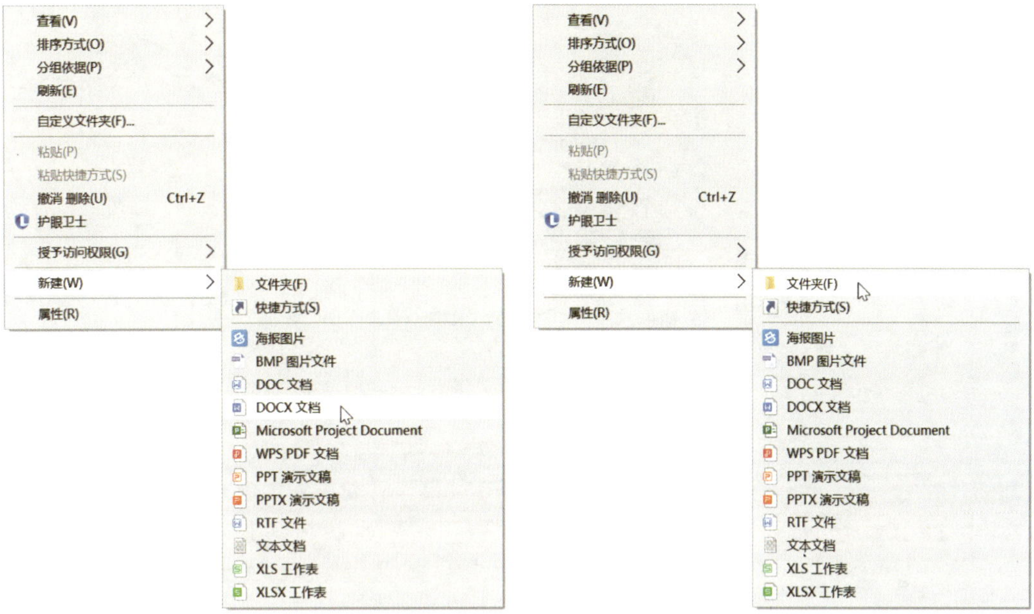

图 1-2-10　新建文件或文件夹

按照上述介绍，在桌面上新建一个以自己名字命名的文件夹，并在新建的文件夹中，再分别新建一个文件夹、一个文本文档和一个 Word 文档，均使用默认名称即可。

四、重命名文件或文件夹

文件名称最长可以由 255 个字符组成，在文件命名过程中，允许使用空格，但不允许使用英文输入状态的下的“\/:*?"<>|”字符，如图 1–2–11 所示。文件名称中不区分大小写。

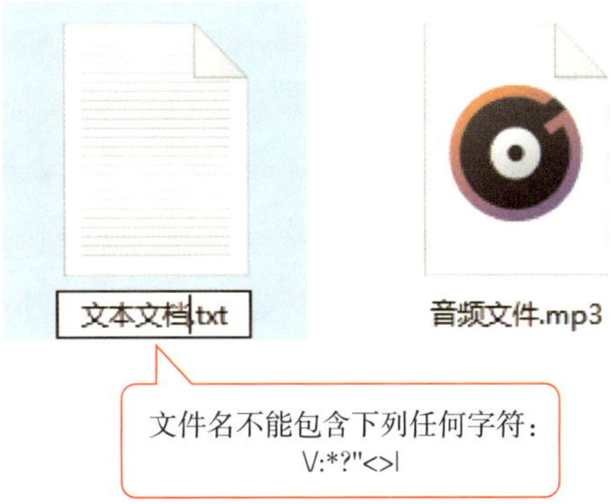

图 1-2-11　文件命名中不允许使用的字符

对已存在的文件或文件夹，可以重新命名。选定需要重新命名的文件或文件夹，单击鼠标右键，在弹出的快捷菜单中选择“重命名”，输入新的文件名后，按下“Enter”键，如图 1-2-12 所示。

图 1-2-12　重命名文件或文件夹

按照上述介绍，将前一步最后创建的文件夹重命名为“计算机应用基础”，将 Word 文档重命名为“计算机应用基础学习”，将文本文档重命名为“学习记录”。

知识点拨

选定文件或文件夹

在对文件或文件夹进行操作前，要先选定操作对象，熟练地选定操作对象可提高办公效率。

1. 选定单个文件或文件夹

把鼠标指针移动至文件或文件夹图标上，单击鼠标左键，即可选定该文件或文件夹。

2. 选定不连续的多个文件或文件夹

选定一个文件或文件夹后，按住“Ctrl”键，再依次单击其他要选定的文件或文件夹，直到全部选定后，松开“Ctrl”键。

3. 选定连续的多个文件或文件夹

选定一个文件或文件夹后，按住“Shift”键，再单击最后一个文件或文件夹，松开“Shift”键。

4. 选定全部文件或文件夹

按下“Ctrl+A”组合键，可快速选定该窗口中的全部文件和文件夹。

5. 拖动选定文件或文件夹

按住鼠标左键拖动，在拖动范围中的文件或文件夹即被全部选定。

五、对文件或文件夹进行复制、剪切及粘贴

1. 复制并粘贴

选定需要复制的文件或文件夹，单击鼠标右键，在弹出的快捷菜单中单击“复制”命令，如图 1–2–13a 所示；打开存放位置后，单击鼠标右键，在弹出的快捷菜单中单击“粘贴”命令，如图 1–2–13b 所示。

a）

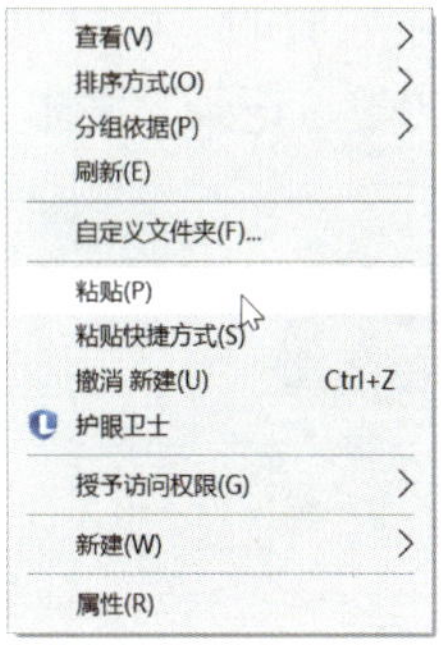

b）

图 1–2–13　复制并粘贴

a）复制文件　b）粘贴文件

2. 剪切并粘贴

选定需要移动的文件或文件夹，单击鼠标右键，在弹出的快捷菜单中单击“剪切”命令，如图 1–2–14a 所示；打开存放位置后，单击鼠标右键，在弹出的快捷菜单中单击“粘贴”命令，如图 1–2–14b 所示。

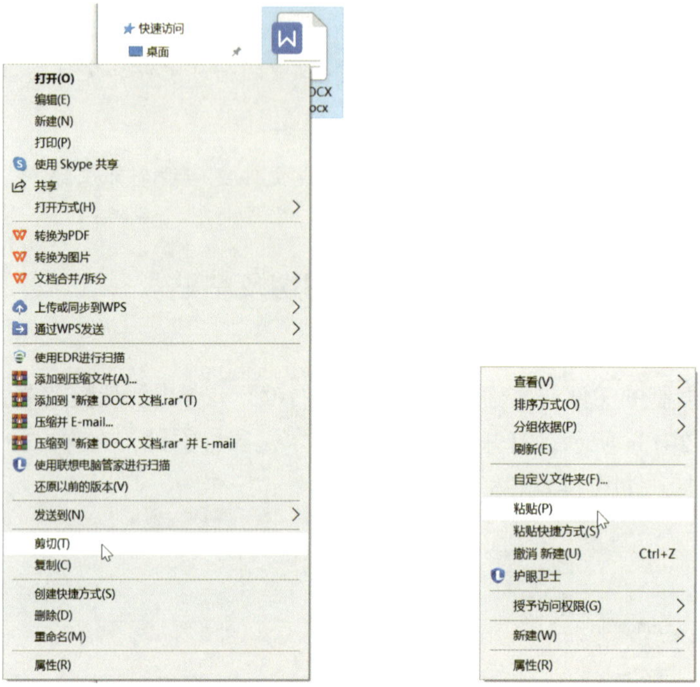

a）　　　　　　　　b）

图 1-2-14　剪切并粘贴

a）剪切文件　b）粘贴文件

3. 操作练习

将前面重命名后的“计算机应用基础学习”Word 文档移动到“计算机应用基础”文件夹内，将“学习记录”文本文档复制到“计算机应用基础”文件夹内。

知识点拨

剪贴板

“剪贴板”是操作系统内部的临时存储区域，也是高效、通用的信息中转站。操作剪贴板的命令如下：

剪切——按下“Ctrl+X”组合键，把选中的文件或文件夹移动到剪贴板，粘贴后原目录下的文件或文件夹会消失。

复制——按下“Ctrl+C”组合键，把选中的文件或文件夹复制到剪贴板，粘贴后原目录下的文件或文件夹依然存在。

粘贴——按下“Ctrl+V”组合键，取用剪贴板的文件或文件夹。文件或文件夹一旦进入剪贴板，就可被粘贴使用。

六、删除文件或文件夹

对于计算机中一些无用的文件或文件夹，要及时进行删除处理，以便节省磁盘空间。选定需要删除的文件或文件夹，单击鼠标右键，在弹出的快捷菜单中单击“删除”命令，如图 1–2–15 所示。

图 1-2-15　删除文件或文件夹

根据上述介绍，将在“计算机应用基础”文件夹外面的“学习记录”文本文档删除。

知识点拨

可还原的删除和彻底删除

1. 还原误删的文件或文件夹

一般情况下，被删除的文件或文件夹并没有真正从计算机中彻底删除，而是被移到回收站中。如果误删除了某些文件或文件夹，可以在回收站中将其还原，方法是：打开回收站，选定要还原的文件或文件夹，单击鼠标右键，在弹出的快捷菜单中单击“还原”命令。

2. 彻底删除文件

对于一些确定要删除的文件或文件夹，可以直接将其彻底删除，以释放所占用的磁盘空间，方法是：选定要彻底删除的文件或文件夹，按下“Shift+Delete”组合键，在弹出的“删除文件”对话框中单击“是”按钮。

七、创建文件或文件夹的快捷方式

如果文件或文件夹存放的层次较多，要访问该文件或文件夹的路径较长，则每次打开会比较烦琐。为了能方便、快捷地打开此类文件或文件夹，可以为其创建快捷方式，将快捷方式存放在计算机桌面上或其他便于访问的位置。

选定需要创建快捷方式的文件或文件夹，单击鼠标右键，在弹出的快捷菜单中单击“发送到”命令，单击其子菜单中的“桌面快捷方式”即可创建快捷方式，如图 1–2–16 所示。

图 1–2–16　创建快捷方式

利用上述方法，在桌面上创建“计算机应用基础”文件夹和“计算机应用基础学习”Word 文档的快捷方式。

知识点拨

删除快捷方式并不会删除该文件或文件夹

快捷方式是指向某个文件位置的一种链接，并不是真实的文件或文件夹，所以删除桌面快捷方式并不会删除真实的文件或文件夹。通过创建快捷方式来使用文件或文件夹可以提高办公的安全性和效率。

八、对文件或文件夹进行排序

在同一文件夹窗口中文件或文件夹过多时，为了方便查看，可以设置不同的排序方式，按名称、修改日期、类型、大小等条件按递增或递减排序。例如，若要按名称升序排列，可在文件夹窗口空白处单击鼠标右键，单击“排序方式”中的“名称”和“递增”命令，如图 1-2-17 所示。

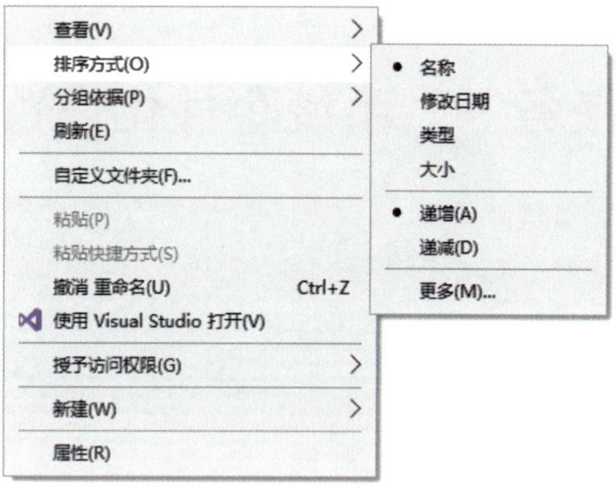

图 1-2-17 排序方式

按照上述介绍，通过不同的“排序方式”对“计算机应用基础”文件夹内的文件进行排序，注意观察排序前后文件顺序的变化。

九、搜索文件或文件夹

计算机使用时间越长，存储的文件或文件夹就越多，当忘记了要找的文件或文件夹存储的位置时，可使用搜索功能来查找。

打开资源管理器窗口，单击窗口右上角的搜索框，在搜索框中输入关键字后按下“Enter”键，系统中与关键字相匹配的内容会罗列在窗口中并且对关键字部分加黄色高亮显示，如图 1-2-18 所示。

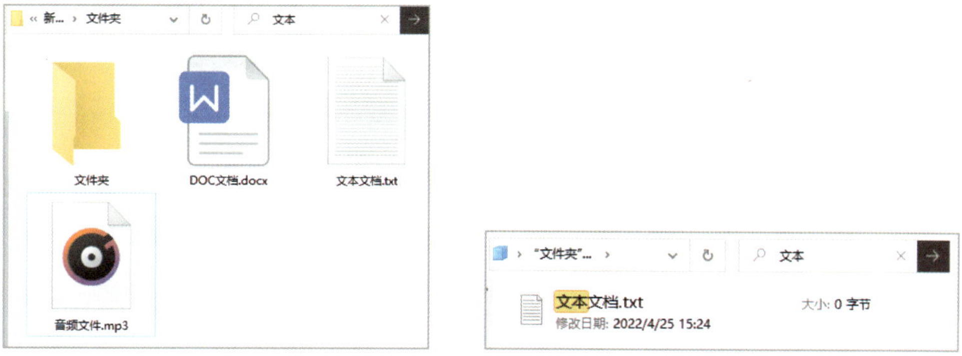

图 1-2-18 搜索并显示文件

按照上述介绍，利用搜索功能，搜索“计算机应用基础”文件夹内的“计算机应用基础学习”Word 文档。

任务三　系统个性化设置

任务目标

能够对操作系统进行个性化设置。

任务实施

一、设置个性化界面

通过操作系统“个性化”设置，用户可以自定义操作系统的用户界面，获得更好的操作体验。单击“开始”菜单中的“设置”按钮打开设置界面，单击“个性化”按钮，或在计算机桌面空白处单击鼠标右键，在弹出的快捷菜单中单击“个性化”命令，即可进入“个性化”设置界面，如图 1-2-19 所示。

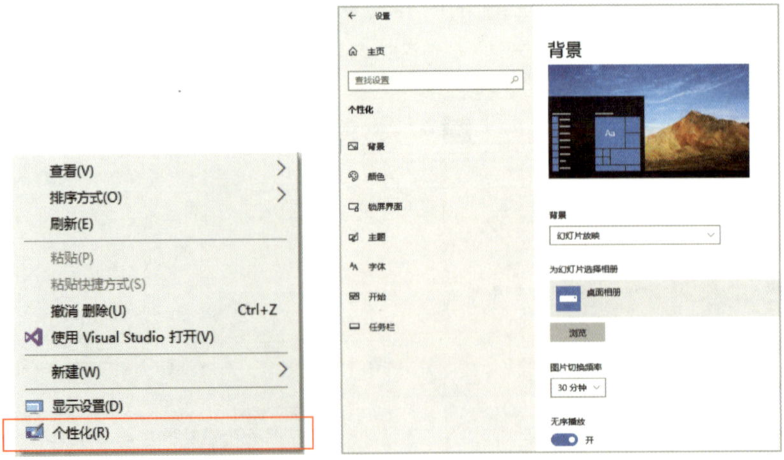

图 1-2-19　打开“个性化”设置界面

1. 背景设置

通过背景设置，可以将喜欢的图片用作桌面背景。

Windows 10 操作系统中的背景有图片、纯色、幻灯片放映三种模式。

图片——选择对应的背景图片后，背景内容固定不变，其设置如图 1-2-20a 所示。

纯色——选择对应的背景颜色后，背景全部显示为该颜色，其设置如图 1-2-20b 所示。

幻灯片放映——选择对应的一组图片后，系统将根据用户设定的图片切换频率，按时将图片进行切换，并且用户可以设置无序播放，其设置如图 1-2-20c 所示。

a)　　　　b)　　　　c)

图 1-2-20　背景的三种模式

a）设置图片背景　b）设置纯色背景　c）设置幻灯片放映背景

2. 颜色设置

通过颜色设置，可以设定操作系统的色彩搭配细节。

浅色模式——将默认系统模式和默认应用模式设置为浅灰色，如图 1-2-21a 所示。

深色模式——将默认系统模式和默认应用模式设置为深灰色，如图 1-2-21b 所示。

自定义模式——在浅色和深色模式的基础上，用户可根据自己喜好单独对系统模式和应用模式进行色彩调整。

透明效果设置——透明效果开关可以定义系统组件透明效果，如图 1-2-22 所示。

主题色设置——通过主题色设置，可以定义操作系统界面的颜色样式。用户可以通过系统自带颜色表、自定义颜色进行设置，也可设置为系统根据背景自动选取一种主题色。

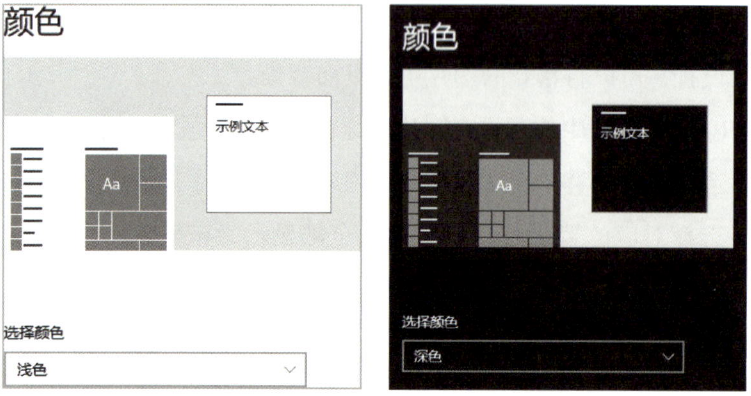

a）　　　　　　　　b）

图 1-2-21　浅色和深色模式

a）浅色模式　b）深色模式

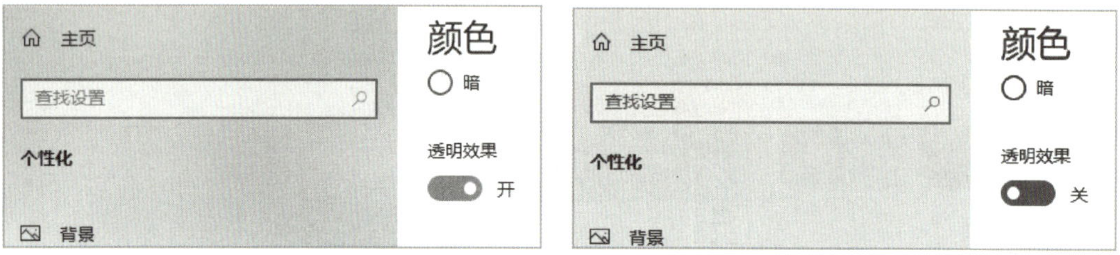

图 1-2-22　透明效果

3. 锁屏界面设置

用户可以在离开计算机时，让计算机进入锁屏状态，防止他人使用，保护个人的信息安全。通过锁屏界面设置，用户可以设定操作系统在锁屏功能触发后的显示内容和基本样式。

在其中的屏幕保护程序设置中，可以设定一段时间无操作后屏幕自动播放预设动画，还可设定退出屏幕保护程序时是否需要重新输入密码，从而进一步保护个人隐私，如图 1-2-23 所示。

图 1-2-23　屏幕保护程序设置

二、设置日期和时间

计算机系统时间可通过“设置”界面中的“时间和语言”进行设置（见图 1-2-24）。

图 1-2-24　系统时间设置

“当前日期和时间”既可以自动设置，也可以手动更改。当“自动设置时间”和“自动设置时区”开关打开时（见图 1–2–25a），可以使计算机时钟与 Internet 时间同步，确保计算机上的时钟准确。有时为了防止潜在的计算机病毒在特定的系统日期发作，用户可以通过关闭“自动设置时间”和“自动设置时区”开关（见图 1–2–25b），更改系统日期来跳过这些特定的日期。

a）　　　　b）

图 1-2-25　时间自动设置开关

a）开　b）关

三、设置登录选项

在信息时代，计算机信息安全尤为重要。为了更好地保护个人或企业信息隐私，可以通过设置不同的用户账户，对计算机使用者进行分类，具体分类见表 1–2–4。

为保护隐私，通常还需要为计算机设置密码，可通过“设置”界面中的“账户”[①] 进入账户设置界面进行设置，如图 1–2–26 所示。

① 在 Windows 10 操作系统及其他部分软件界面中，常使用“帐户”“帐号”，应为“账户”“账号”。

表 1-2-4　常见账户类型

账户类型	特点
管理员账户	是系统超级管理员或称超级用户名，在系统中此用户名只在安全模式中使用
标准账户	标准账户可防止用户做出会对该计算机的所有用户造成影响的更改（如删除计算机工作所需要的文件），从而帮助保护计算机
来宾账户	来宾账户是一个受限用户，不能调整一些系统设置或者做某些特定操作

图 1-2-26　打开账户设置界面

在“登录选项”中，可以设置人脸识别、指纹识别、安全密钥和密码登录等方式进行身份认证。人脸识别和指纹识别等需要硬件支持，不一定在每台计算机上都可以进行设置。使用密码登录模式则不需要硬件支持。单击“密码”选项即可添加密码，如图 1-2-27 所示，完成密码输入后，单击“下一步”按钮，再单击“完成”按钮，即可完成密码创建。

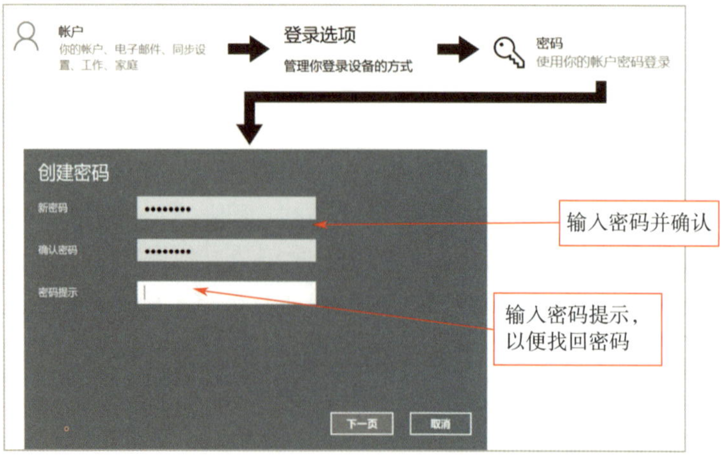

图 1-2-27　设置登录密码

四、设置鼠标参数

通过单击“设置”界面中的“设备”按钮进入鼠标参数设置界面，可以根据实际需要对鼠标的各项参数进行配置，获得更好的使用体验，如图 1–2–28 所示。

图 1–2–28　打开设备界面

在“鼠标”设置界面中，可以通过参数设置，对光标速度、滚轮行数 / 页数等参数进行设置，如图 1–2–29 所示。

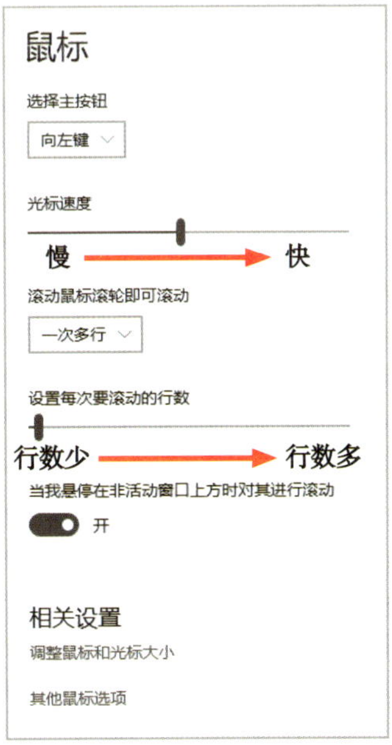

图 1–2–29　鼠标参数基本设置

实战与小结

实战演练

把好安全第一关

为保护计算机内信息的安全和个人隐私，方便使用，使用一台新的计算机前，首先应进行账户和密码的设置。在 Windows 10 操作系统中，除了传统的本地账户，还可以使用在线的 Microsoft 账户登录。对于个人使用的计算机，使用 Microsoft 账户登录可以方便地使用 Outlook、OneDrive 等软件中的网络服务，并实现多个设备中个性化设置的同步。根据自己所使用计算机的情况，参照以下步骤，完成账户和密码的设置。

1. 进入“设置”界面，依次单击“账户”“家庭和其他用户”“其他用户”“将其他人添加到这台电脑”，进入图 1-2-30 所示对话框。

2. 若已有 Microsoft 账户，可直接输入账户电子邮箱地址或电话号码，单击“下一步”按钮，按提示引导输入密码，完成登录。

3. 若还没有 Microsoft 账户，可单击“我没有这个人的登录信息”，打开图 1-2-31 所示对话框，注册新的 Microsoft 账户或设置本地账户。

图 1-2-30　登录账户

图 1-2-31　创建账户

4. 如需注册新的 Microsoft 账户，在图 1–2–31 所示对话框中，输入要使用的电子邮件地址并单击“下一步”按钮，按提示引导即可完成注册。

5. 若需设置本地账户，则单击“添加一个没有 Microsoft 账户的用户”，按提示引导设置用户名和密码即可。

能力提升

使用键盘输入符号

结合本项目所学知识，使用键盘输入常用符号，体会常用标点符号及特殊符号的输入方法，输入过程中应特别注意全角、半角符号的区别，完成的效果如图 1–2–32 所示。

思路如下：

1. 打开素材文件“常用符号输入 .docx”文档。（本书中素材文件均可通过技工教育网 http://jg.class.com.cn 下载使用）

2. 按要求使用键盘输入常用符号。

3. 使用“Ctrl+S”组合键保存文档。

逗号，
句号。
问号？
顿号、
双引号“　”
单引号‘　’
冒号：
分号；
圆括号（　）
书名号《　》
感叹号！
省略号……
人民币符号 ￥
百分号 %

图 1–2–32　常用符号效果图

项目小结

本项目主要介绍鼠标和键盘的操作、文件和文件夹的管理、操作系统基本设置等内容，各项操作的具体方法见表 1–2–5。

表 1–2–5　项目小结

目标	操作方法
创建文件和文件夹	在计算机桌面或文件夹中单击鼠标右键，在弹出的快捷菜单中将鼠标指针指向“新建”命令，在展开的菜单中选择所需的文件或文件夹
重命名文件或文件夹	选定需要重新命名的文件或文件夹，单击鼠标右键，在弹出的快捷菜单中选择“重命名”命令，输入新的文件名后，按下“Enter”键

续表

目标	操作方法
对文件或文件夹进行复制、剪切及粘贴	1. 复制并粘贴：选定需要复制的文件或文件夹，单击鼠标右键，在弹出的快捷菜单中单击“复制”命令；打开存放位置后，单击鼠标右键，在弹出的快捷菜单中单击“粘贴”命令 2. 剪切并粘贴：选定需要移动的文件或文件夹，单击鼠标右键，在弹出的快捷菜单中单击“剪切”命令；打开存放位置后，单击鼠标右键，在弹出的快捷菜单中单击“粘贴”命令
删除文件或文件夹	选定需要删除的文件或文件夹，单击鼠标右键，在弹出的快捷菜单中单击“删除”命令
创建文件或文件夹的快捷方式	选定需要创建快捷方式的文件或文件夹，单击鼠标右键，指向弹出的快捷菜单中的“发送到”命令，单击其子菜单中的“桌面快捷方式”命令
排序文件或文件夹	可将文件或文件夹按名称、修改日期、类型、大小等条件按递增或递减排序，方法是：在文件夹或窗口空白处单击鼠标右键，单击“排序方式”中所需的命令
搜索文件或文件夹	打开资源管理器窗口，单击窗口右上角的搜索框，在搜索框中输入关键字后按下“Enter”键
个性化设置操作系统	在计算机桌面空白处单击鼠标右键，在弹出的快捷菜单中单击“个性化”命令，进入个性化设置界面，选定需要设置的内容进行设置

模块二

精致的电子文档

项目一
制作学生会竞选稿——WPS 文字的输入

WPS 文字是 WPS Office 中的一个重要组件，是一款文字处理与排版工具，可用于制作各类文档、表格、图文等。本项目主要学习 WPS 文字的基础操作和在文档中输入文本的方法。

学习要点

◆创建与保存文档　◆输入文档内容
◆编辑文档内容　◆查找与替换文本

项目描述

2019 电气①班学生郭星泽要参加学校学生会生活部部长竞选，在竞选前需要使用 WPS 文字制作一份竞选稿。

制作完成后的效果如图 2-1-1 所示。

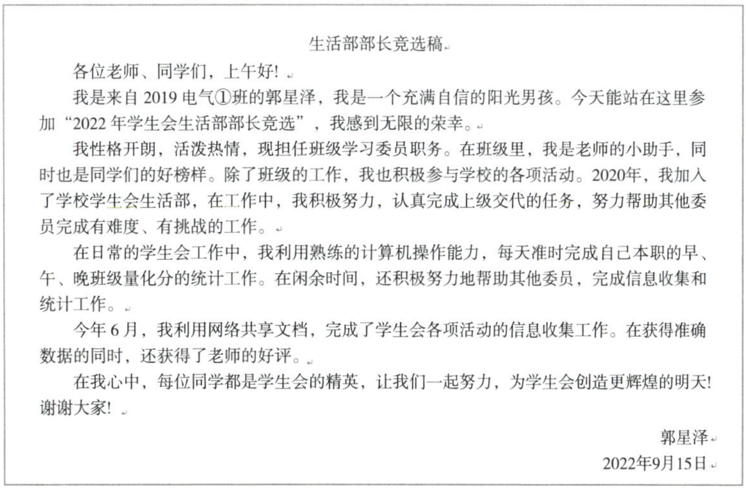
生活部部长竞选稿

各位老师、同学们，上午好！

我是来自 2019 电气①班的郭星泽，我是一个充满自信的阳光男孩。今天能站在这里参加“2022 年学生会生活部部长竞选”，我感到无限的荣幸。

我性格开朗，活泼热情，现担任班级学习委员职务。在班级里，我是老师的小助手，同时也是同学们的好榜样。除了班级的工作，我也积极参与学校的各项活动。2020年，我加入了学校学生会生活部，在工作中，我积极努力，认真完成上级交代的任务，努力帮助其他委员完成有难度、有挑战的工作。

在日常的学生会工作中，我利用熟练的计算机操作能力，每天准时完成自己本职的早、午、晚班级量化分的统计工作。在闲余时间，还积极努力地帮助其他委员，完成信息收集和统计工作。

今年 6 月，我利用网络共享文档，完成了学生会各项活动的信息收集工作。在获得准确数据的同时，还获得了老师的好评。

在我心中，每位同学都是学生会的精英，让我们一起努力，为学生会创造更辉煌的明天！谢谢大家！

郭星泽

2022年9月15日

图 2-1-1　“学生会竞选稿”效果图

思路解析

使用 WPS 文字制作竞选稿，先要创建空白文档，然后在文档中输入竞选稿的内容和特殊符号，最后编辑与打印文档。其制作思路如下：

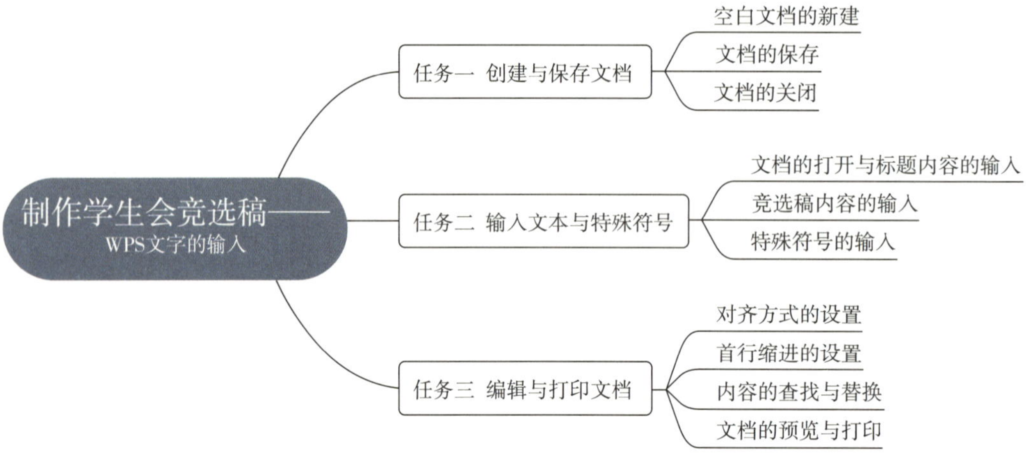

任务一　创建与保存文档

任务目标

能够创建、保存和关闭文档。

任务实施

一、新建空白文档

双击桌面上的“WPS Office”程序图标启动程序。在主界面中单击

“新建”按钮进入“新建”页面，在窗口左侧选择“新建文字”选项，单击“新建空白文字”，完成空白文档的创建，如图 2-1-2 所示。

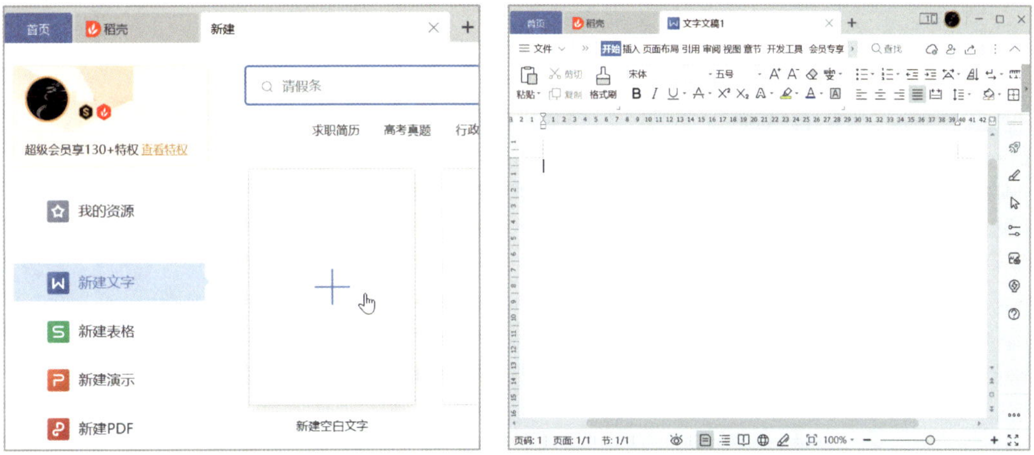

a）　　　　b）

图 2-1-2　新建空白文档

a）“新建文字”选项　b）新创建的空白文档

WPS 文字的工作界面主要包括标题栏、窗口控制区、快速访问工具栏、选项卡、功能区、文字编辑区、状态栏和视图控制区等部分，如图 2-1-3 所示。

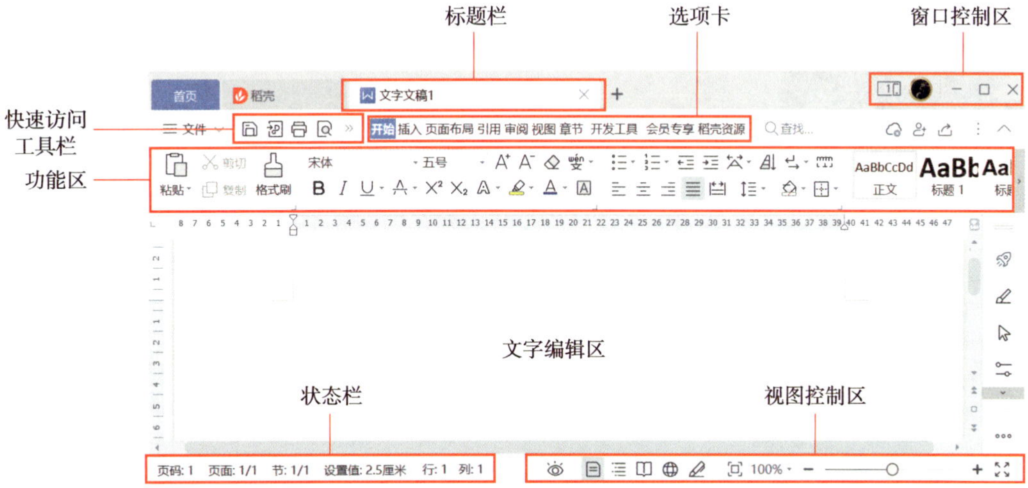

图 2-1-3　WPS 文字的工作界面

二、保存文档

新建的空白文档并未保存于本地计算机中，应先保存文档后再继续编辑。单击文档窗口左上方快速访问工具栏中的“保存”按钮（见图 2-1-4a），或单击“文件”菜单后选择“保存”命令，在弹出的“另存文件”对话框中选择保存位置（如保存到桌面，可选择“我的桌面”选项），将“文件名”设置为“学生会竞选稿”，单击“保存”按钮。此时，可看到文档标题由“文字文稿 1”变为“学生会竞选稿”，如图 2-1-4b 所示。

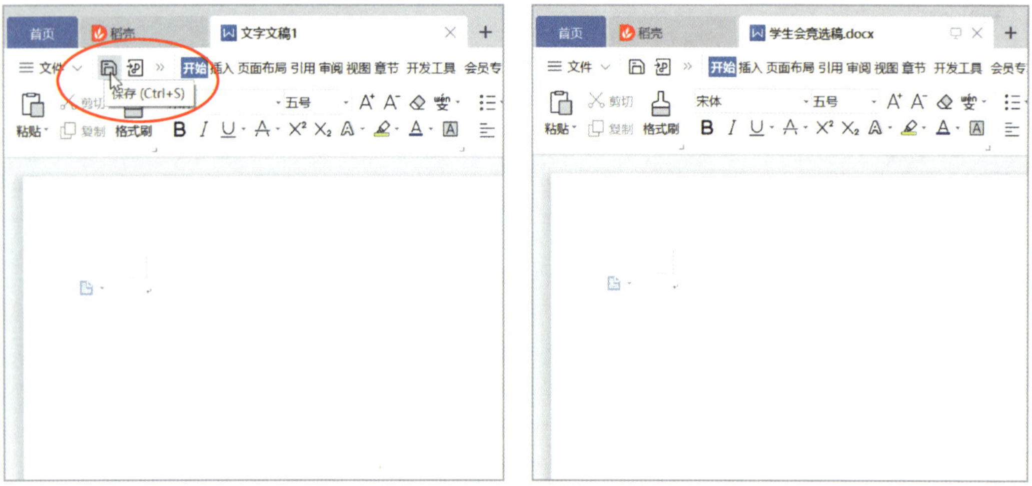

a）　　b）

图 2-1-4　保存文档

a）按钮位置　b）完成效果

知识点拨

文件保存格式

WPS 文字中默认的保存格式是“.docx”，这是与 Microsoft Office 兼容的常用格式，除此之外，WPS 文字还可以将文档保存为自有的“.wps”格式、Microsoft Office 早期的“.doc”格式，以及“.txt”文本格式等，在“另存文件”对话框中，可通过“文件类型”下拉列表来选择。

若需要将已保存的文件另存一份其他格式或相同格式的备份，可单击“文件”菜单后，选择“另存为”命令。

三、关闭文档

如完成文档编辑后需要退出，可单击文档标题右侧的“关闭”按钮，如图 2-1-5a

所示。如需要退出整个 WPS 程序，可单击窗口控制区的“关闭”按钮，如图 2-1-5b 所示。

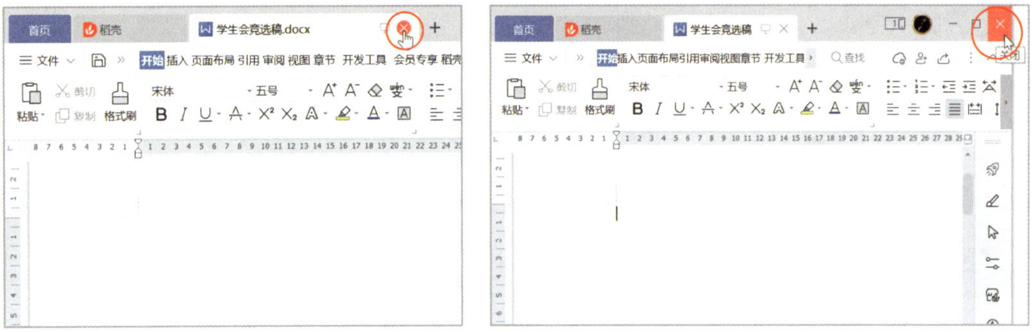

a）　　　　b）

图 2-1-5　关闭文档与关闭 WPS 程序

a）关闭当前文档　b）关闭 WPS 程序

知识点拨

WPS 文字使用技巧

1. 在文档编辑过程中，要养成随时保存文档的良好习惯。对已有的文档再次保存时，不会弹出“另存文件”对话框，而是直接覆盖原文档。“保存”命令的快捷键为“Ctrl+S”。

2. WPS 文字除了可以新建空白文档外，还提供了多种多样免费或收费的文档模板。模板是一种已经编辑好格式和内容框架的文档，用户只需要根据模板提示输入相应内容即可快速制作出精美的文档。使用模板可快速创建简历、信函、计划书等。以创建书法字帖为例，模板的使用方法是：在主界面中单击“新建”按钮进入“新建”页面，在窗口左侧选择“新建文字”选项，单击“教学工具”，在“书法字帖”组中选择需要的模板，单击“立即使用”，如图 2-1-6 所示。

图 2-1-6　使用模板新建文档

任务二　输入文本与特殊符号

任务目标

能够在文档中输入文本与特殊符号。

任务实施

在文字编辑区有一根不断闪烁的竖线，称为插入点光标，光标所在的位置即文本输入的位置。在输入文本前，应先切换至合适的输入法，再输入文本内容。

在输入文本内容过程中，光标会自动向右移动。当输入完一行文本后，光标会自动跳转至下一行。在没有完整输入一行文本时，如需要结束本行，可按下“Enter”键跳转至下一行。如需要删除光标前的文本，可按下“Backspace”键。

一、打开文档并输入标题内容

打开“学生会竞选稿 .docx”文档，切换至中文输入法，将光标置于首行左侧，输入内容“生活部部长竞选稿”后，按下“Enter”键，跳转至下一行，如图 2-1-7 所示。

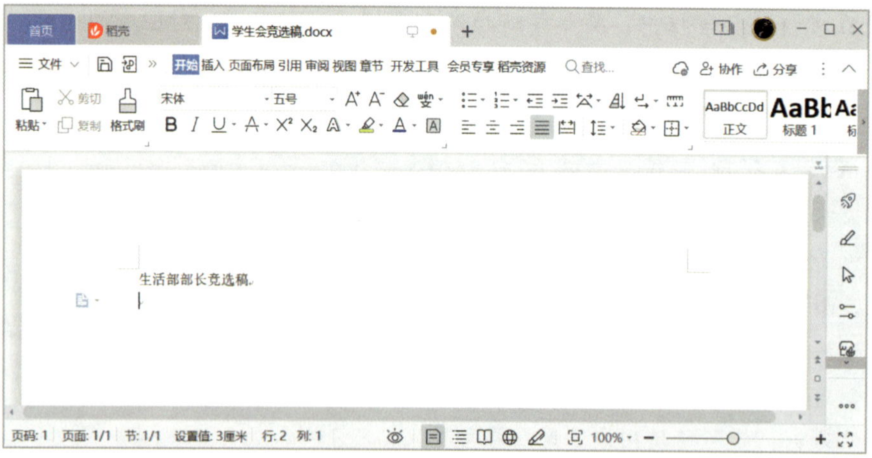

图 2-1-7　输入标题内容

二、输入竞选稿内容

按照相同的方法，完成图 2-1-8 所示竞选稿初稿内容的输入，按下“Ctrl+S”组合键保存当前文档。

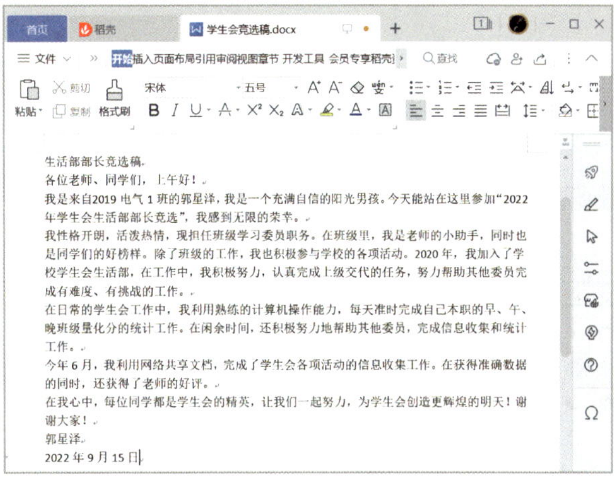

图 2-1-8　输入竞选稿内容

三、输入特殊符号

在输入内容过程中，常需输入一些符号，逗号“，”、句号“。”、顿号“、”、冒号“：”等常用符号可以通过键盘直接输入，而对于一些特殊符号，如“☑”“①”“★”“→”等，则可从 WPS 文字的字符库中添加到文档中。

1．打开“符号”对话框

删除内容“2019 电气 1 班”中“1”；单击“插入”选项卡下的“符号”下拉按钮，在下拉命令列表中选择“其他符号”命令，如图 2-1-9 所示。

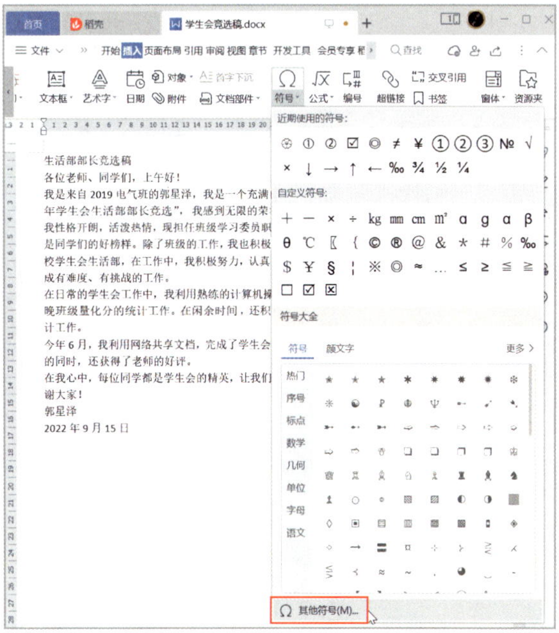

图 2-1-9　“其他符号”命令

2. 选择特殊符号

在弹出的“符号”对话框中，选择“字体”下拉列表中的“Wingdings”选项，如图 2-1-10a 所示；在字符库里找到“①”，单击“插入”按钮，效果如图 2-1-10b 所示。

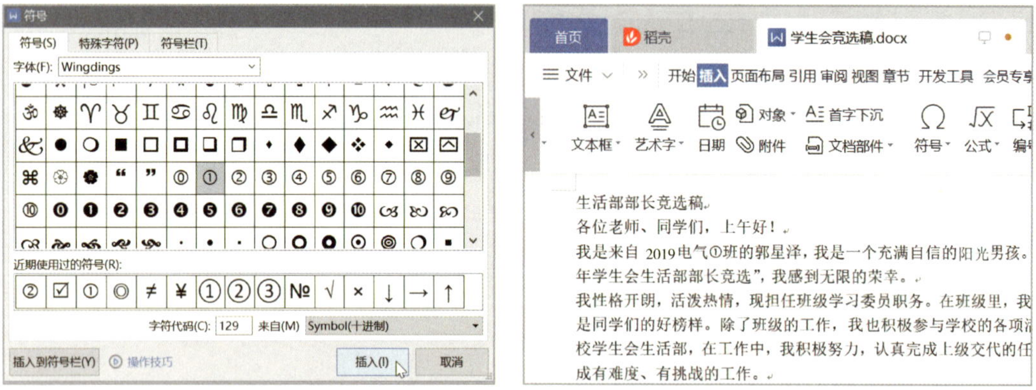

a） b）

图 2-1-10 选择特殊符号

a）“符号”对话框 b）符号插入效果

任务三 编辑与打印文档

任务目标

能够编辑文档、预览与打印文档。

任务实施

一、设置对齐方式

1. 设置居中对齐

将鼠标指针移至标题行左边的空白处，当指针变成白色箭头“↗”形状时，单击鼠标左键选定标题行，如图 2–1–11a 所示。单击“开始”选项卡下“段落”组中的“居中对齐”按钮，如图 2–1–11b 所示。

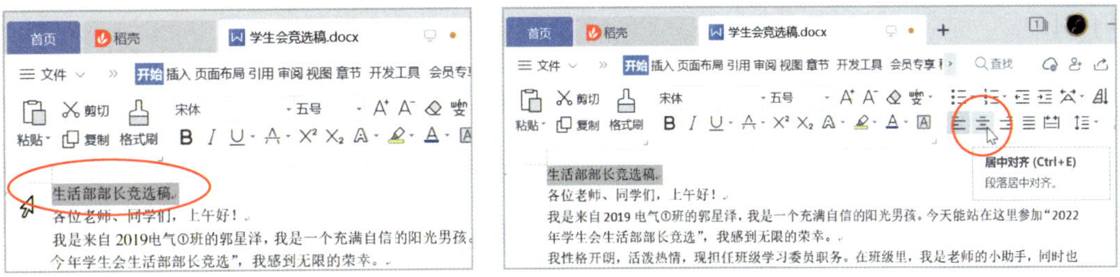

a）　　　　b）

图 2–1–11　设置居中对齐

a）选中标题行　b）“居中对齐”按钮的位置

2. 设置右对齐

将光标插入点置于正文最后的内容“郭”字前，按住鼠标左键向下拖动至日期结尾处释放，选中人名和日期。单击“开始”选项卡下“段落”组中的“右对齐”按钮，效果如图 2–1–12 所示。

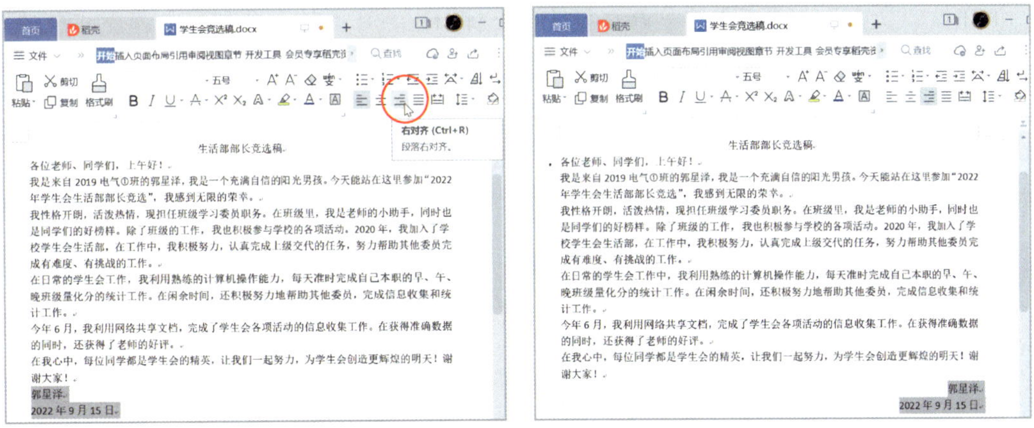

a）　　　　b）

图 2–1–12　设置右对齐

a）“右对齐”按钮的位置　b）设置效果

二、设置首行缩进

将光标插入点置于正文第一段“我”字前，按住鼠标左键向下拖动至最后一段处释放。单击“开始”选项卡下“段落”组中的“对话框启动器”按钮，如图 2–1–13a 所示，在弹出的“段落”对话框中将“特殊格式”设置为“首行缩进”，“度量值”设置为“2”字符，单击“确定”按钮，如图 2–1–13b 所示。

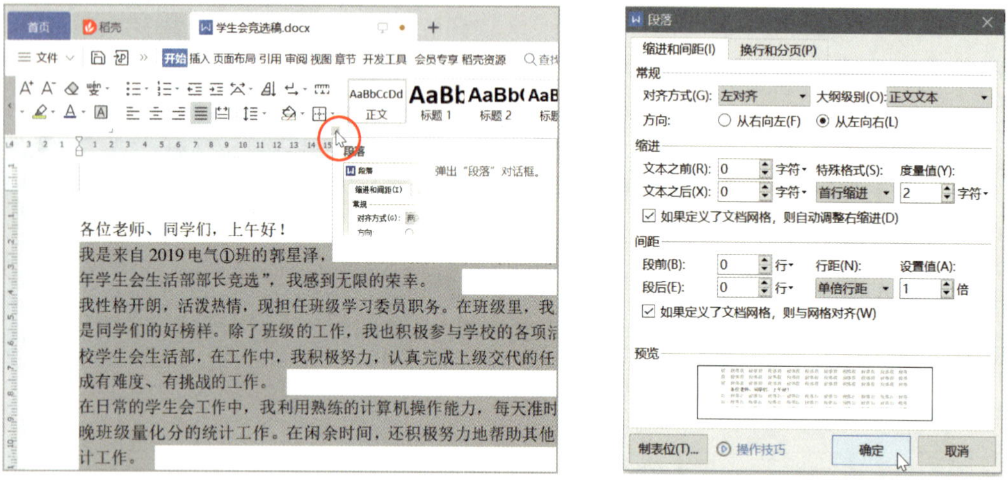

a）　　b）

图 2-1-13　设置首行缩进

a）按钮位置　b）“段落”对话框

三、查找与替换内容

1. 查找内容

单击“开始”选项卡下的“查找替换”下拉按钮，在下拉命令列表中选择“查找”命令，如图 2-1-14a 所示，弹出“查找和替换”对话框。在“查找内容”文本框中输入文本“信息”，单击“查找下一处”按钮，查找到对应的内容后，光标会自动跳转到内容所在的位置。如果需要继续查找下一处内容，则继续单击“查找下一处”按钮，如图 2-1-14b 所示。

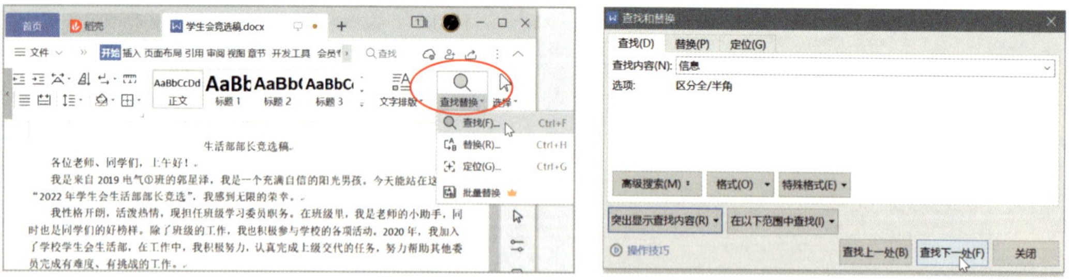

a）　　b）

图 2-1-14　查找内容

a）“查找替换”按钮的位置　b）“查找和替换”对话框

2. 替换内容

单击“开始”选项卡下的“查找替换”下拉按钮，在下拉命令列表中选择“替换”命令；弹出“查找和替换”对话框，在“查找内容”文本框中输入文本“信息”，在

“替换为”文本框中输入文本“数据”，如图 2–1–15a 所示；单击“全部替换”按钮，会弹出提示对话框显示替换结果，单击“确定”按钮，如图 2–1–15b 所示。

a）　　b）

图 2–1–15　替换内容

a）替换设置　b）替换结果

四、预览与打印文档

1. 打印前预览文档

单击文档左上角快速访问工具栏中的“打印预览”按钮，如图 2–1–16a 所示；弹出“打印预览”窗口，可预览打印效果，如图 2–1–16b 所示；单击“关闭”按钮退出打印预览。

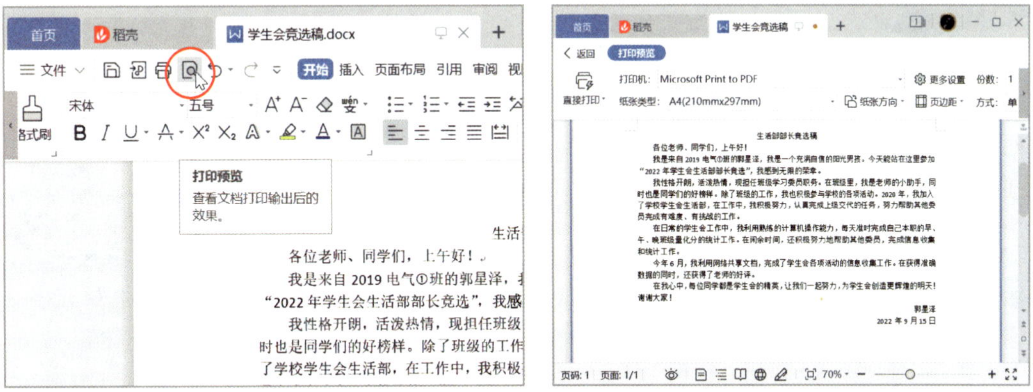

a）　　b）

图 2–1–16　打印前预览文档

a）“打印预览”按钮的位置　b）预览效果

2. 打印文档

连接好打印机后，单击文档左上角快速访问工具栏中的“打印”按钮，如图 2–1–17a 所示；弹出“打印”对话框，将“页码范围”设置为“当前页”，“份数”设置为“1”，单击“确定”按钮，如图 2–1–17b 所示。

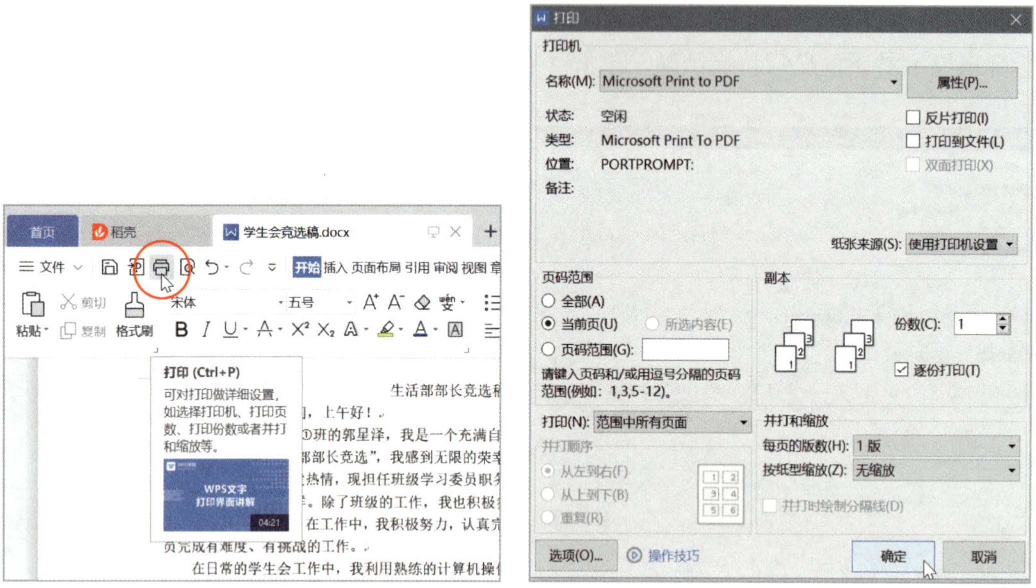

a）　　　　　　　　　　　　　　　　b）

图 2-1-17　打印文档

a）“打印”按钮的位置　b）“打印”对话框

知识点拨

文本的相关操作

1. 选定文本

在文档中录入文本后，常需要对文本进行复制、移动、粘贴、删除等编辑操作，进行以上操作时，要先选定文本，再对文本进行相应操作。选定文本有以下几种方法。

（1）选定连续文本

将光标插入点置于需要选择的文本起始处，然后按住鼠标左键拖动，直到需要选择的文本结尾处释放鼠标。

（2）选定一行

将鼠标指针移至某行左边的空白处，当指针变成白色箭头“↗”形状时，单击鼠标左键即可选定一行文本。

（3）选定一段

将鼠标指针移至某段左边的空白处，当指针变成白色箭头“↗”形状时，双击鼠标左键即可选定一段文本。

（4）选定整篇文档

将鼠标指针移至文档左边的空白处，当指针变成白色箭头“”形状时，连续单击鼠标左键 3 次（或按住“Ctrl”键单击鼠标左键）即可选定整篇文档，也可按下“Ctrl+A”组合键选定整篇文档。

2. 无格式粘贴文本

对文本完成复制或剪切操作后，如果使用常规的粘贴方式，会将原文本的相关格式一起粘贴。如果不需要将原文本格式一起粘贴，可使用无格式粘贴功能，方法是：对文本复制或剪切操作后，在粘贴的位置右击，在弹出的快捷菜单中选择“只粘贴文本”命令。

3. 撤销与恢复文本

在编辑文档过程中，难免会出现一些误操作，当执行了错误的操作后，可以通过撤销功能将错误的操作撤销，恢复到误操作之前的状态，方法是：单击快速访问工具栏中的“撤销”按钮，或按下“Ctrl+Z”组合键，完成撤销操作。单击“恢复”按钮，或按下“Ctrl+Y”组合键，可恢复被撤销的操作。

实战与小结

实战演练

制作会议通知

会议通知是企业常用的文档之一。本任务主要练习新建文档、输入文本、输入特殊符号、查找与替换等操作。未执行替换文本操作前效果如图 2–1–18 所示。

思路如下：

1. 新建一个 WPS 文字空白文档，并重命名为“会议通知 .docx”。

2. 按要求在文档中输入会议内容及特殊符号。

3. 将标题行文本“网络安全培训会议通知”设置为居中对齐，将正文各段落设置为首行缩进 2 个字符，将落款文本设置为右对齐。

4. 使用查找与替换功能，将会议通知中的“单位”替换为“公司”。

5. 保存文档。

网络安全培训会议通知

各部门：

为贯彻落实全国网络安全和信息化工作会议精神，进一步加强我公司网络安全工作，保证网络安全和信息化工作持续健康发展，提高员工信息安全意识，公司决定召开关于员工信息安全知识的培训会议，请公司各部门相关人员做好准备，积极配合。

现将会议具体事宜通知如下：

一、会议内容：

1. 分析当前单位网络安全形势。

2. 针对如何做好公司网络安全做讲座。

二、会议时间：2022 年 9 月 25 日上午 8:30-11:30

三、会议地点：三楼报告厅②

四、参加人员：各部门安排 3 名以上人员参加。

★★★请参会人员安排好本职工作，提前 10 分钟进入会场，带好笔记本认真做好记录。

特此通知

XXX 公司

2022 年 9 月 20 日

图 2-1-18 “会议通知”效果图

能力提升

制作个人请假条

结合本项目所学知识，练习制作一篇“个人请假条”文档。制作完成后效果如图 2-1-19 所示。

请假条

尊敬的刘老师：

您好！我是 2019 级电气①班的学生王景天，因本人需参加学生会组织的全体志愿者前往香山敬老院慰问活动，特向您请假，请假时间为 2022 年 10 月 14 日 09：00—11：30，请假期间有效联系方式为131********。

离校期间，本人将严格遵守学校的管理规定，注意人身安全，听从学生会管理，不参与违法或危险系数较高的活动。恳请您批准！

请假人：王景天

2022 年 10 月 13 日

图 2-1-19 个人请假条

思路如下：

1. 新建一个 WPS 文字空白文档，并重命名为“请假条 .docx”。
2. 按要求输入请假条内容和特殊符号。
3. 设置标题行、正文及落款格式。
4. 保存文档。

项目小结

本项目主要介绍了新建 WPS 文字空白文档，保存文档，在文档中输入文本、特殊字符和编辑文档等内容，各项操作的具体方法见表 2-1-1。

表 2-1-1　项目小结

目标	操作方法
新建空白文档	软件启动完毕，在主界面中单击“新建”按钮进入“新建”页面，在窗口左侧选择“新建文字”选项，单击“新建空白文字”，完成空白文档的创建
保存文档	1. 第一次保存文档：单击文档窗口快速访问工具栏中的“保存”按钮，弹出“另存文件”对话框，设置保存路径和文件名称，单击“保存”按钮 2. 保存已有文档：单击文档窗口快速访问工具栏中的“保存”按钮，或按下“Ctrl+S”组合键
输入文本	将光标插入点定位于文本输入起始位置，切换至合适的输入法，输入文本
输入特殊符号	单击“插入”选项卡下的“符号”下拉按钮，在下拉命令列表中选择“其他符号”命令；弹出“符号”对话框，选择“字体”下拉列表中的“Wingdings”选项；在字符库里找到合适的符号，单击“插入”按钮
查找和替换	单击“开始”选项卡下的“查找替换”下拉按钮，在下拉命令列表中选择“查找”或“替换”命令（或按下“Ctrl+F”组合键），弹出“查找和替换”对话框，在对话框中设置查找文本或替换文本
选定文本	1. 选定连续文本：将光标插入点置于需要选择的文本起始处，然后按住鼠标左键拖动，直到需要选择的文本结尾处释放鼠标 2. 选定一行：将鼠标指针移至某行左侧空白处，当指针变成白色箭头“”形状时，单击鼠标左键即可选定一行文本 3. 选定一段：将鼠标指针移至某段左侧空白处，当指针变成白色箭头“”形状时，双击鼠标左键即可选定一段文本 4. 选定整篇文档：将鼠标指针移至文档左边的空白处，当指针变成白色箭头“”形状时，连续单击鼠标左键 3 次（或按住“Ctrl”键单击鼠标左键）即可选定整篇文档，也可直接按下“Ctrl+A”组合键选定整篇文档

续表

目标	操作方法
编辑文档	1. 设置对齐方式：单击“开始”选项卡下“段落”组中的对齐方式命令 2. 设置首行缩进：单击“开始”选项卡下“段落”组中的“对话框启动器”按钮，弹出“段落”对话框，将“特殊格式”设置为“首行缩进”，单击“确定”按钮 3. 复制：选定需要复制的文本后，按下“Ctrl+C”组合键可执行复制操作 4. 移动：选定需要移动的文本后，按下“Ctrl+X”组合键可执行移动操作 5. 粘贴：将光标插入点置于目标位置后，按下“Ctrl+V”组合键可执行粘贴操作 6. 删除：按下“Backspace”键可删除光标插入点前的文本
预览文档	单击文档左上角快速访问工具栏的“打印预览”按钮，弹出“打印预览”对话框，可以预览文档效果
打印文档	单击文档左上角快速访问工具栏的“打印”按钮，弹出“打印”对话框，设置“页码范围”“份数”等参数后单击“确定”按钮

项目二
制作黑板报、手抄报活动文档——WPS 文字的编辑

文档的文字和段落排版合理、结构清晰，可使阅读者在阅读时感到赏心悦目。本项目主要介绍 WPS 文字的字体格式、段落格式、页面格式等相关排版知识。

学习要点

◆设置字体格式　◆设置段落格式
◆设置页面布局　◆设置页眉页脚
◆设置特殊版式美化文档　◆打印文档

项目描述

2019 电气①班学生郭星泽接到学生会刘老师的任务，需要制作一份以“劳动创造美好生活”为主题的黑板报、手抄报大赛评比活动宣传文档，制作完成后打印并分发到各个班级供同学们查看。要求宣传文档版式美观，结构清晰，能体现活动内容、活动主题、评比时间和奖项分配等相关信息。

制作完成后的效果图如图 2-2-1 所示。

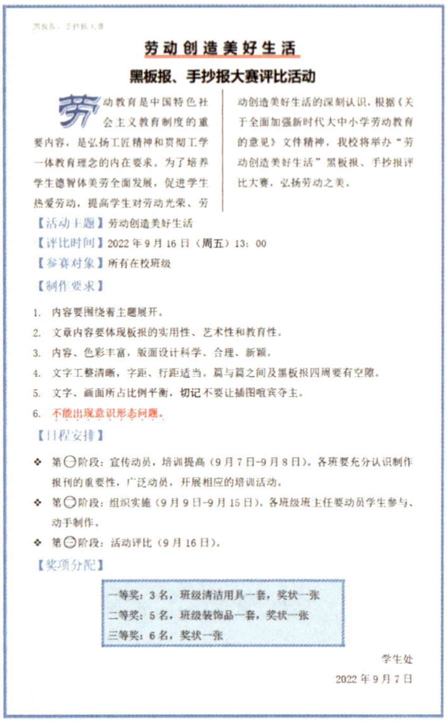

黑板报、手抄报大赛

劳动创造美好生活

黑板报、手抄报大赛评比活动

劳动教育是中国特色社会主义教育制度的重要内容，是弘扬工匠精神和贯彻工学一体教育理念的内在要求。为了培养学生德智体美劳全面发展，促进学生热爱劳动，提高学生对劳动光荣、劳动创造美好生活的深刻认识，根据《关于全面加强新时代大中小学劳动教育的意见》文件精神，我校将举办“劳动创造美好生活”黑板报、手抄报评比大赛，弘扬劳动之美。

【活动主题】劳动创造美好生活

【评比时间】2022 年 9 月 16 日（周五）13：00

【参赛对象】所有在校班级

【制作要求】

1. 内容要围绕着主题展开。
2. 文章内容要体现板报的实用性、艺术性和教育性。
3. 内容、色彩丰富，版面设计科学、合理、新颖。
4. 文字工整清晰，字距、行距适当。篇与篇之间及黑板报四周要有空隙。
5. 文字、画面所占比例平衡，切记不要让插图喧宾夺主。
6. 不能出现意识形态问题。

【日程安排】

- 第㊀阶段：宣传动员，培训提高（9 月 7 日-9 月 8 日）。各班要充分认识制作报刊的重要性，广泛动员，开展相应的培训活动。
- 第㊁阶段：组织实施（9 月 9 日-9 月 15 日）。各班级班主任要动员学生参与、动手制作。
- 第㊂阶段：活动评比（9 月 16 日）。

【奖项分配】

一等奖：3 名，班级清洁用具一套，奖状一张
二等奖：5 名，班级装饰品一套，奖状一张
三等奖：6 名，奖状一张

学生处
2022 年 9 月 7 日

图 2-2-1 “黑板报、手抄报大赛评比活动宣传文档”效果图

思路解析

郭星泽同学在制作“黑板报、手抄报大赛活动”文档时，先对文档内容进行字体格式和段落格式的编排，再对文档进行页面布局编排，最后美化文档。其制作思路如下：

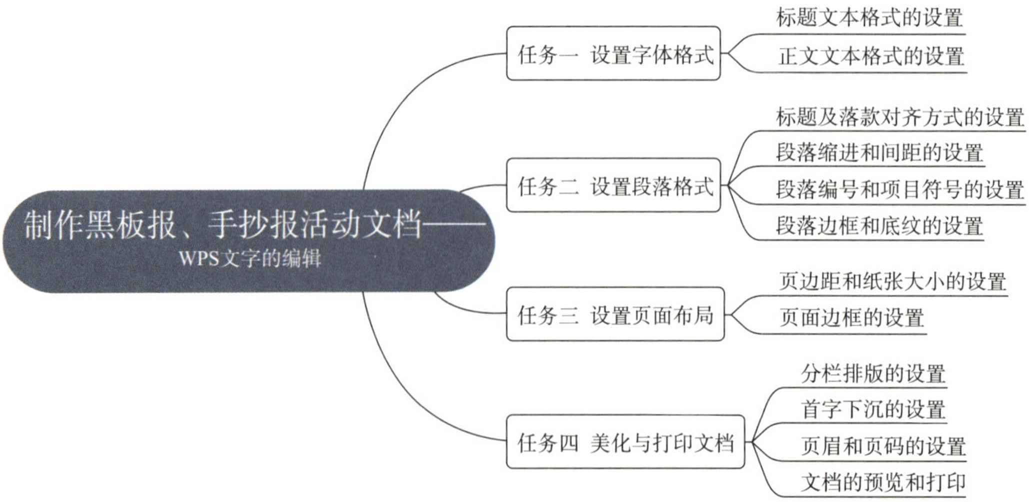

任务一　设置字体格式

任务目标

能够设置文档文本的字体、字形、字号、下划线等字体格式。

任务实施

一、设置标题文本格式

1. 设置字体、字形、字号

打开素材文件“劳动创造美好生活 .docx”；选定标题文本“劳动创造……评比活动”，单击“开始”选项卡下字体组中的“对话框启动器”按钮，如图 2-2-2a 所示；弹出“字体”对话框，设置“中文字体”为“微软雅黑”，“字形”为“加粗”，“字号”为“三号”，单击“确定”按钮，如图 2-2-2b 所示。

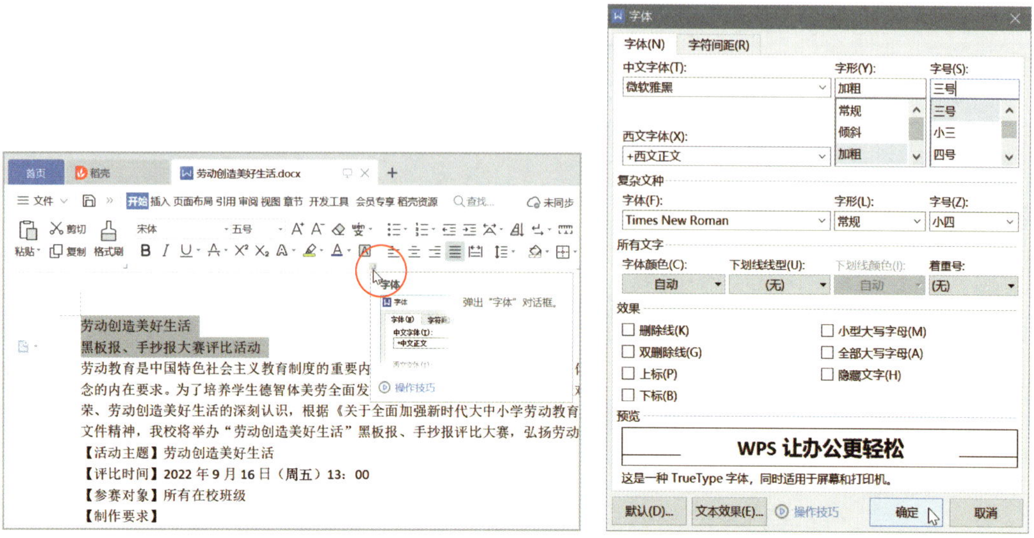

a）　　　　　　　　b）

图 2-2-2　设置标题文本格式
a）按钮位置　b）“字体”对话框

2. 设置下划线和字符间距

选定标题文本中的“劳动创造美好生活”，单击“开始”选项卡下“字体”组中的

“对话框启动器”按钮；弹出“字体”对话框，设置“下划线线型”为“双实线”，“下划线颜色”为标准色的“红色”，如图 2-2-3a 所示；切换至“字符间距”选项卡，将“间距”设置为“加宽 0.1 厘米”，如图 2-2-3b 所示；单击“确定”按钮完成设置。

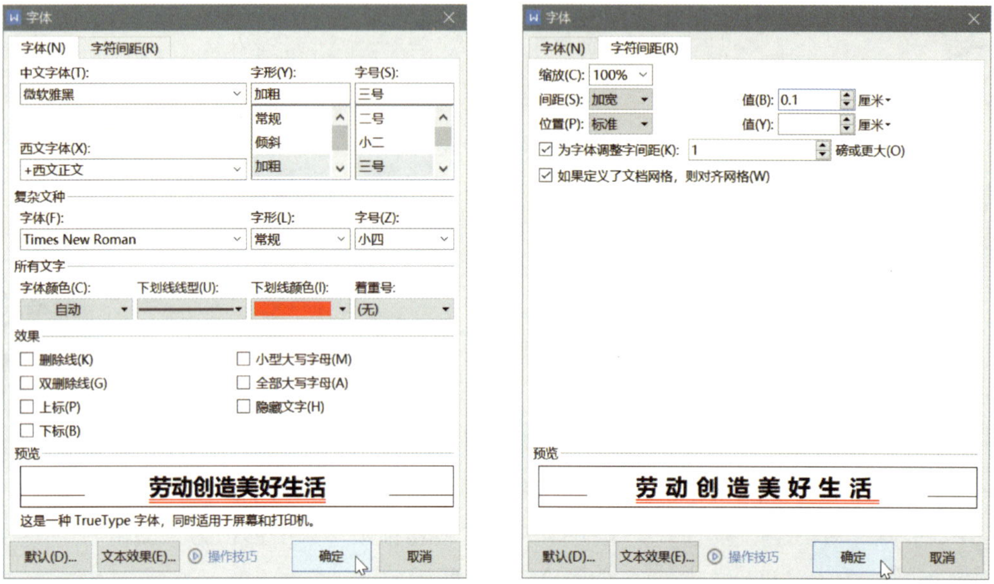

a）　　　　b）

图 2-2-3　设置标题文本格式

a）设置字体　b）设置字符间距

知识点拨

字体格式的快速设置

设置字体格式时，可直接在“开始”选项卡下“字体”组中进行设置，如图 2-2-4 所示。

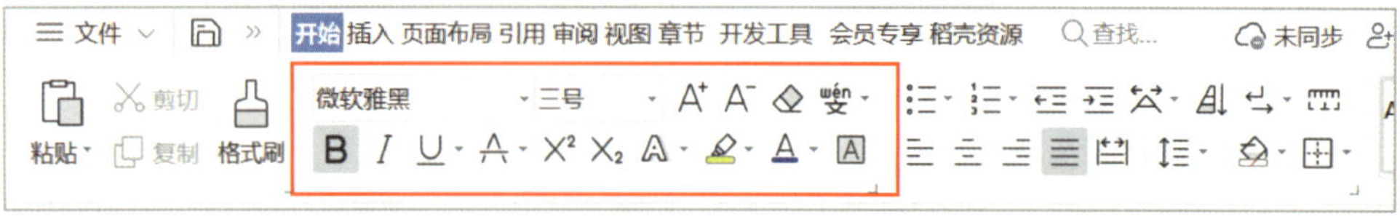

图 2-2-4　“开始”选项卡下“字体”组

二、设置正文文本格式

1. 设置字体、字形、字号

选定除标题以外的文本，在“字体”组中，设置“字体”为“宋体”，“字号”为“小四”，如图 2-2-5a 所示；选定文本“【活动主题】”，在“字体”组中，设置“字体”为“宋体”，“字号”为“四号”，“字体颜色”为“矢车菊蓝，着色 1”，如图 2-2-5b 所示；按照相同的方法，为文本“【评比时间】”“【参赛对象】”“【制作要求】”“【日程安排】”“【奖项分配】”设置字体格式。

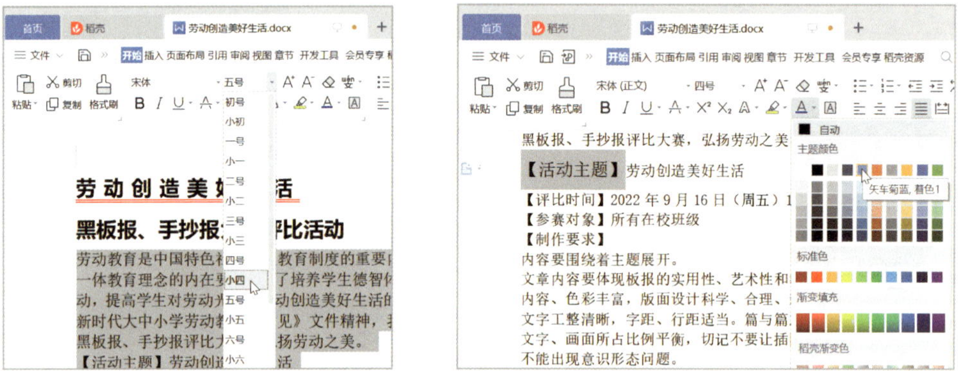

a）　　　　b）

图 2-2-5　设置文本格式

a）设置字体　b）设置颜色

2. 设置着重号、带圈字符

选定文本“不能出现意识形态问题。”，在“字体”组中，设置“字体颜色”为标准色中的“红色”，“字形”为“加粗”，如图 2-2-6a 所示；添加“着重号”，如图 2-2-6b 所示；选定文本“第一阶段”中的“一”，在“字体”组中，单击“其他选项”下拉按钮，单击“带圈字符”命令，如图 2-2-6c 所示；弹出“带圈字符”对话框，选择“增大圈号”样式，单击“确定”按钮，如图 2-2-6d 所示。按照相同的方法，将文字“二”、“三”也设置为“带圈字符”。

a）　　　　b）

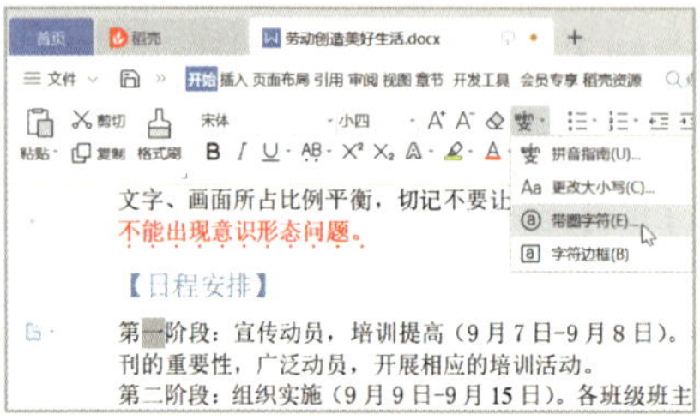

c）

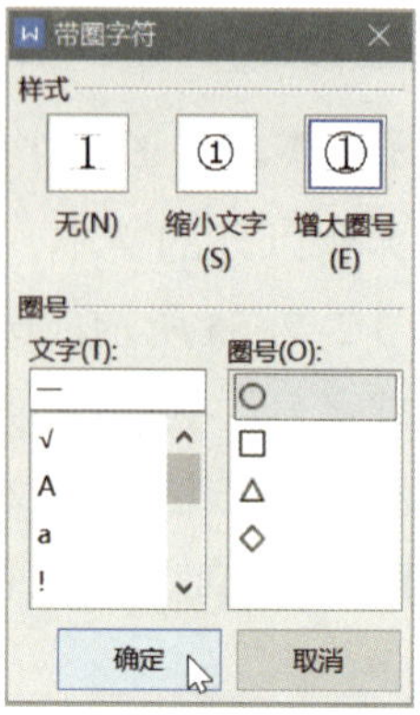

d）

图 2-2-6 设置文本格式

a）“加粗”按钮 b）“着重号”按钮 c）“带圈字符”按钮 d）“带圈字符”对话框

知识点拨

格式刷的使用

在编排文档时，有时候会遇到对较多内容使用相同的字体格式和段落格式的情况，此时可使用格式刷功能快速编排文本。

在任务一中，编排文本“【活动主题】”“【评比时间】”“【参赛对象】”“【制作要求】”“【日程安排】”“【奖项分配】”字体格式时，要设置“字体”为“宋体”，“字号”为“四号”，“字体颜色”为“矢车菊蓝，着色 1”。使用格式刷快速编排文本的操作步骤如下：

1. 设置文本字体格式

选定文本“【活动主题】”，在“字体”组中，设置“字体”为“宋体”，“字号”为“四号”，“字体颜色”为“矢车菊蓝，着色 1”，如图 2-2-7 所示。

2. 使用格式刷

选定文本“【活动主题】”，双击“开始”选项卡下的“格式刷”按钮；待指针变成“”形状后，按住鼠标左键拖动，逐一选中目标文本“【评比时间】”“【参赛对象】”“【制作要求】”“【日程安排】”“【奖项分配】”，即可自动更改其格式，如图 2-2-8 所示。完成后单击“格式刷”按钮，取消格式刷功能。

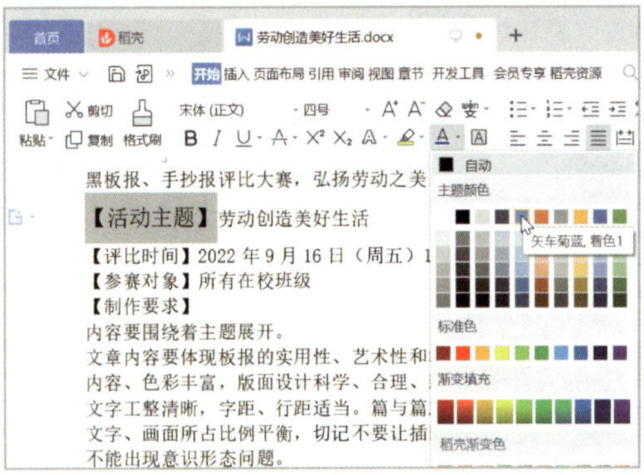

图 2-2-7　设置字体格式

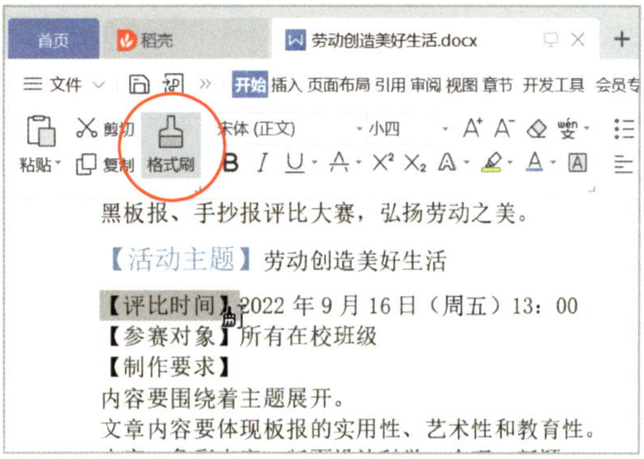

图 2-2-8　使用格式刷

任务二　设置段落格式

任务目标

能够设置对齐方式、缩进、间距、编号和项目符号等段落格式。

任务实施

一、设置标题及落款对齐方式

选定标题文本“劳动创造……评比活动”；单击“开始”选项卡下“段落”组中的“对话框启动器”按钮；弹出“段落”对话框，设置“对齐方式”为“居中对齐”，“行距”为“1.5 倍行距”，单击“确定”按钮，如图 2-2-9a 所示。按照相同的方法，将落款处文本“学生处 2022 年 9 月 7 日”的“对齐方式”设置为“右对齐”，如图 2-2-9b 所示。

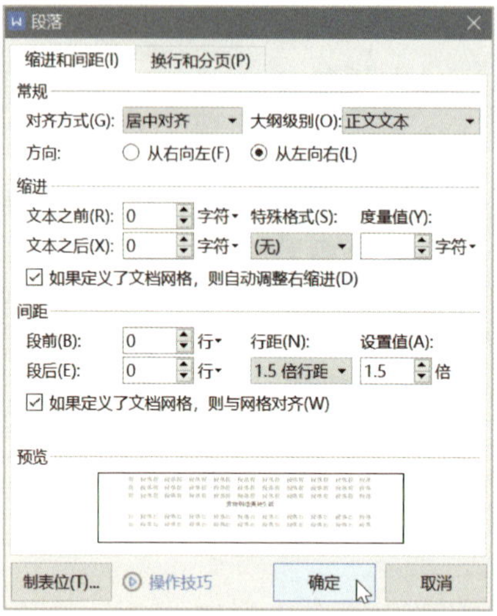

a）

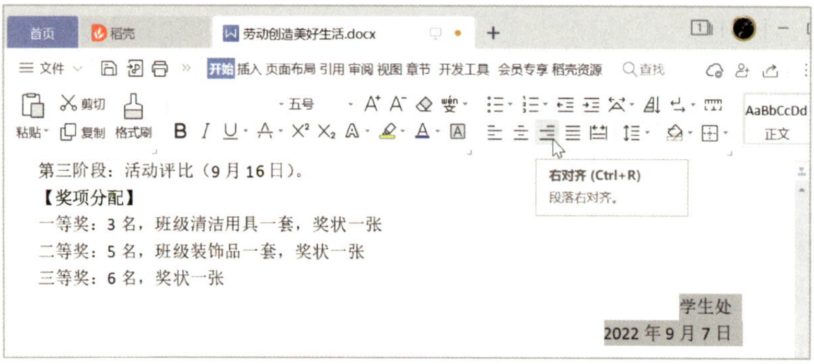

b）

图 2-2-9　设置段落格式

a）“段落”对话框　b）设置效果

二、设置段落缩进和间距

1. 设置段落缩进

选定正文第 1 段文本“劳动教育是……弘扬劳动之美。”，单击“开始”选项卡下“段落”组中的“对话框启动器”按钮；弹出“段落”对话框，设置“特殊格式”为“首行缩进”，“度量值”为“2”字符，单击“确定”按钮，如图 2-2-10a 所示；按照相同的方法，选定文本“一等奖……”“二等奖……”“三等奖……”，在“段落”对话框中，将“缩进”中的“文本之前”“文本之后”均设置为“8”字符，单击“确定”按钮，如图 2-2-10b 所示。

2. 设置段落行距

选定除标题以外的文本“劳动教育是……2022 年 9 月 7 日”；在“段落”对话框

中，将“行距”设置为“固定值”，“设置值”为“22 磅”，单击“确定”按钮，如图 2-2-11 所示。

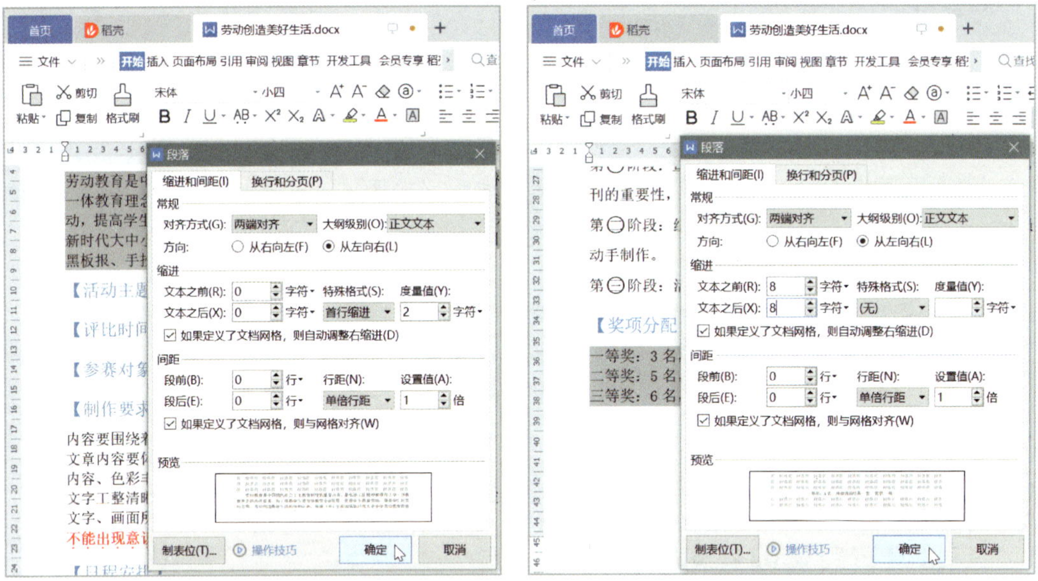

a）　　　　b）

图 2-2-10　设置段落缩进

a）设置首行缩进　b）设置前后缩进

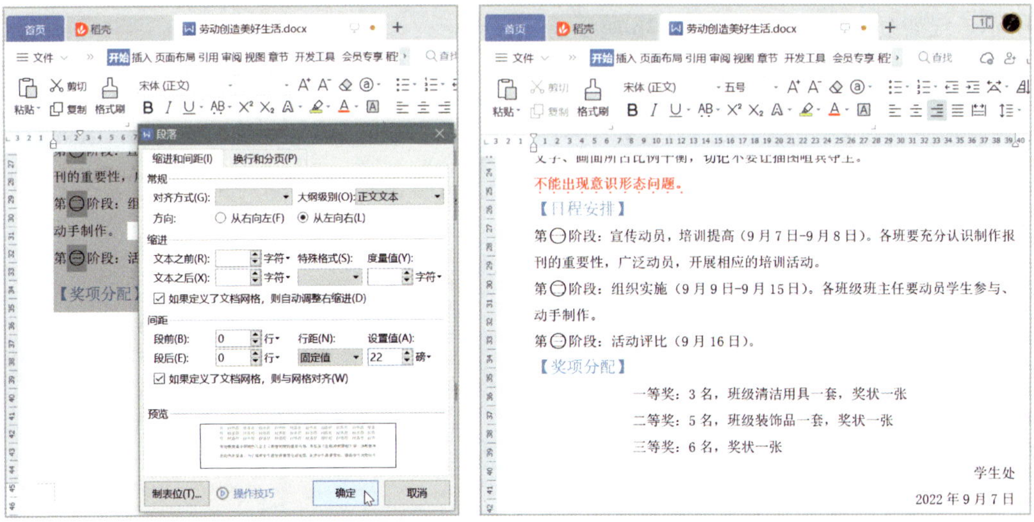

a）　　　　b）

图 2-2-11　设置段落行距

a）设置行距　b）设置效果

知识点拨

段落格式的快速设置

设置段落格式时，可直接在“开始”选项卡下“段落”组中进行设置，如图 2-2-12 所示。

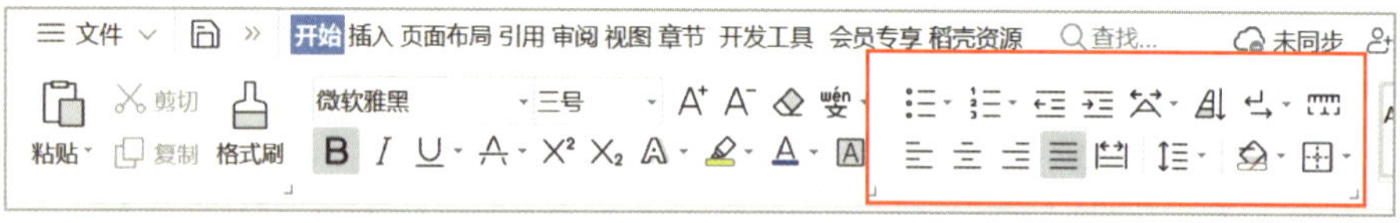

图 2-2-12 “开始”选项卡下“段落”组

三、设置段落编号和项目符号

1. 设置段落编号

选定正文“【制作要求】”下的文本“内容要围绕……意识形态问题。”；在“段落”组中，单击“编号”按钮，在下拉列表中单击第 1 排第 4 个编号样式，如图 2-2-13a 所示。设置后的效果如图 2-2-13b 所示。

a）　　　　b）

图 2-2-13 设置段落编号
a）按钮位置　b）设置效果

2. 设置项目符号

选定正文文本“第㊀阶段……，第㊁阶段……，第㊂阶段……”；在“段落”组中，单击“项目符号”按钮，在下拉列表中单击第 1 排第 5 个项目符号，如图 2-2-14a 所示。设置后的效果如图 2-2-14b 所示。

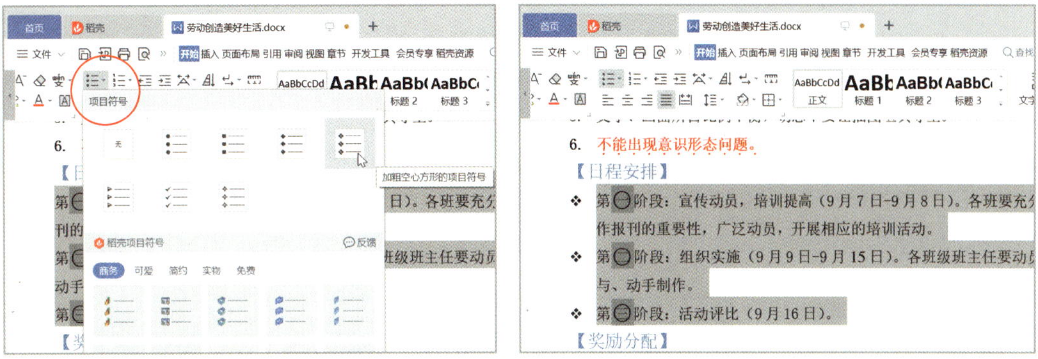

a）　　　　b）

图 2-2-14　设置段落项目符号

a）按钮位置　b）设置效果

四、设置段落边框和底纹

1. 设置段落边框

选定文本“一等奖……”“二等奖……”“三等奖……”；单击“段落”组中的“边框”按钮，在下拉列表中单击“边框和底纹”命令，如图 2-2-15a 所示；弹出“边框和底纹”对话框，单击“边框”选项卡，选择“设置”为“方框”，“线型”为“”，“颜色”为“矢车菊蓝，着色 1”，“宽度”为“3 磅”，“应用于”为“段落”，单击“确定”按钮，如图 2-2-15b 所示。

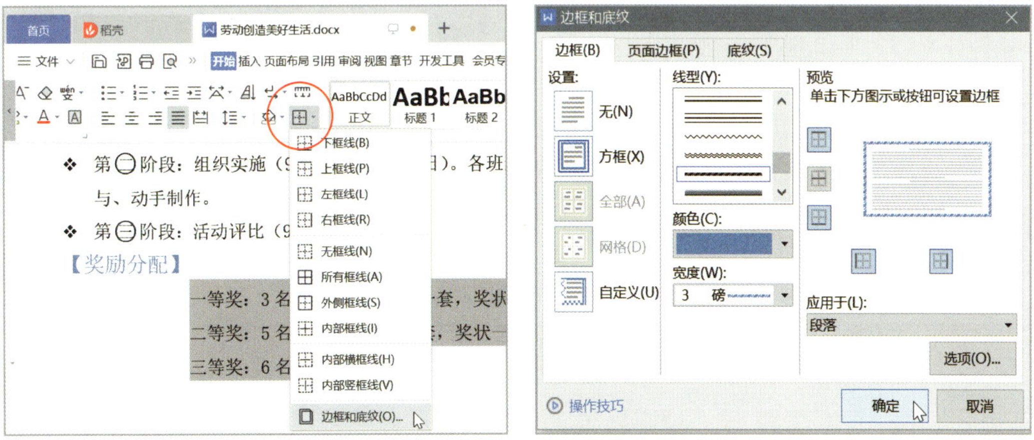

a）　　　　b）

图 2-2-15　设置段落边框

a）按钮位置　b）边框的设置

2. 设置段落底纹

选定文本“一等奖……”“二等奖……”“三等奖……”；打开“边框和底纹”对话框，切换至“底纹”选项卡，将“填充”设置为主题颜色的“矢车菊蓝，着色 1，浅色 80%”，“应用于”设置为“段落”，单击“确定”按钮，如图 2-2-16a 所示。设置后的效果如图 2-2-16b 所示。

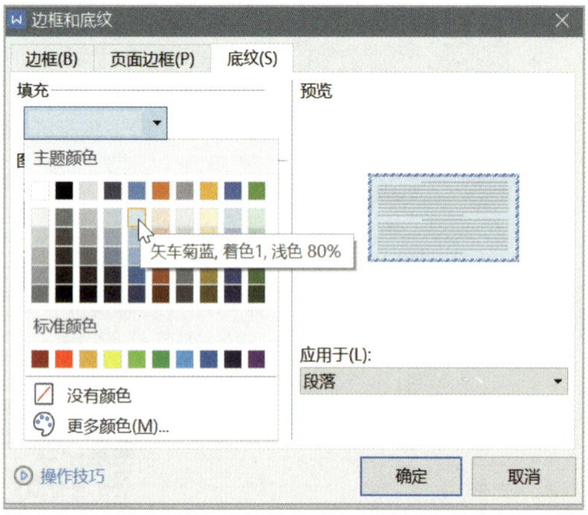

a）

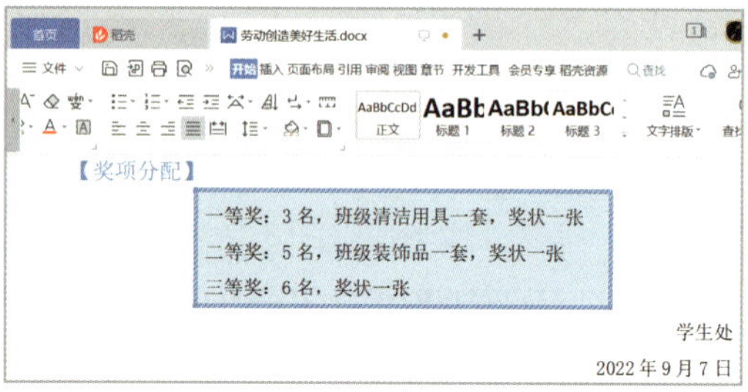

b）

图 2-2-16　设置段落底纹
a）底纹的设置　b）设置效果

知识点拨

边框和底纹的添加与取消

1. 为段落文本设置边框和底纹有两种形式，一种是添加段落边框和段落底纹，一种是添加文本边框和文本底纹，其效果见表 2-2-1。

表 2-2-1　为段落添加边框和底纹的效果

类型	效果图	操作方法
段落边框和段落底纹	一等奖：3 名，班级清洁用具一套，奖状一张 二等奖：5 名，班级装饰品一套，奖状一张 三等奖：6 名，奖状一张	打开“边框和底纹”对话框，在“段落”选项卡和“底纹”选项卡中，将“应用于”设置为“段落”

续表

类型	效果图	操作方法
文本边框和文本底纹	一等奖：3 名，班级清洁用具一套，奖状一张 二等奖：5 名，班级装饰品一套，奖状一张 三等奖：6 名，奖状一张	打开“边框和底纹”对话框，在“段落”选项卡和“底纹”选项卡中，将“应用于”设置为“文本”

2. 设置边框和底纹后，如需要更换边框或底纹，可以先去掉原有的边框或底纹，再重新添加。删除段落边框和段落底纹的方法是：选定段落文本，打开“边框和底纹”对话框，在“边框”选项卡中选择“设置”为“无”，“应用于”为“段落”，单击“确定”按钮，如图 2-2-17a 所示；在“底纹”选项卡中，设置“填充”为“没有颜色”，“应用于”为“段落”，单击“确定”按钮，如图 2-2-17b 所示。

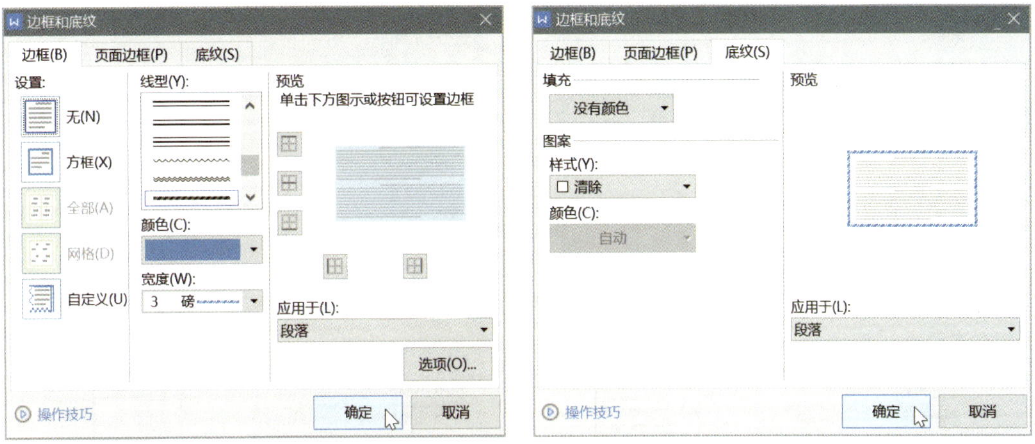

a）　　　　b）

图 2-2-17　删除段落边框和底纹

a）边框的设置　b）底纹的设置

任务三　设置页面布局

任务目标

能够设置文档页边距、纸张大小，以及添加页面边框等。

任务实施

一、设置页边距和纸张大小

单击“开始”选项卡下“页面设置”组中的“对话框启动器”按钮；弹出“页面设置”对话框，设置“页边距”为“上”“下”各“2”厘米，“左”“右”各“3”厘米，“应用于”为“整篇文档”，如图 2-2-18a 所示；切换至“纸张”选项卡，将“纸张大小”设置为“A4”，单击“确定”按钮，如图 2-2-18b 所示。

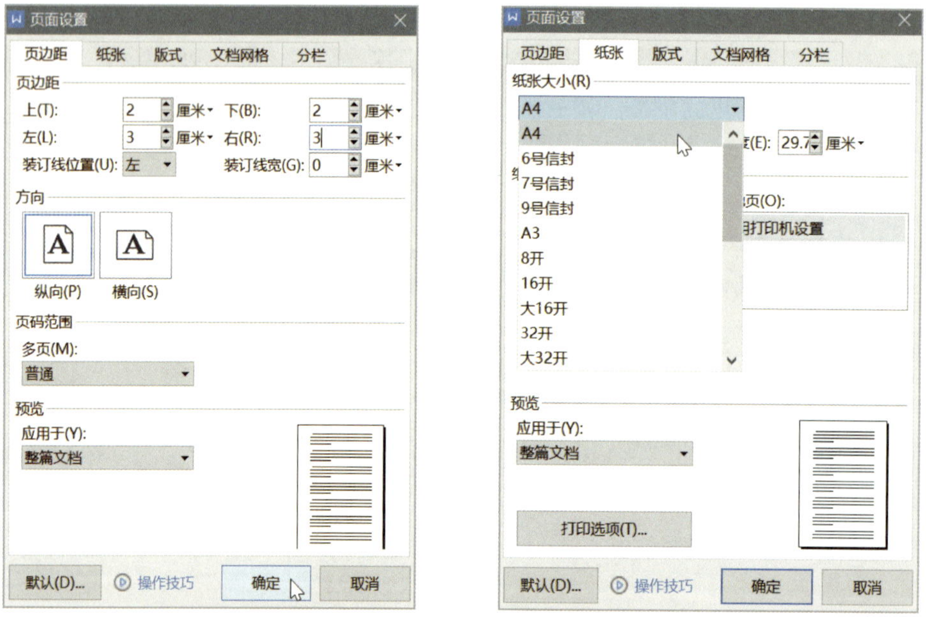

a）　　　　　　　　b）

图 2-2-18　设置页边距和纸张大小

a）设置页边距　b）设置纸张大小

二、设置页面边框

单击“开始”选项卡下的“页面边框”按钮，弹出“边框和底纹”对话框，单击“页面边框”选项卡，选择“设置”为“方框”，“线型”为“——”，“颜色”为主题颜色“矢车菊蓝，着色 1”，“宽度”为“3 磅”，“应用于”为“整篇文档”，如图 2-2-19a 所示；单击“选项”按钮，弹出“边框和底纹选项”对话框，将“距正文”设置为“上”“下”“左”“右”均为“30”磅，单击“确定”按钮，如图 2-2-19b 所示。

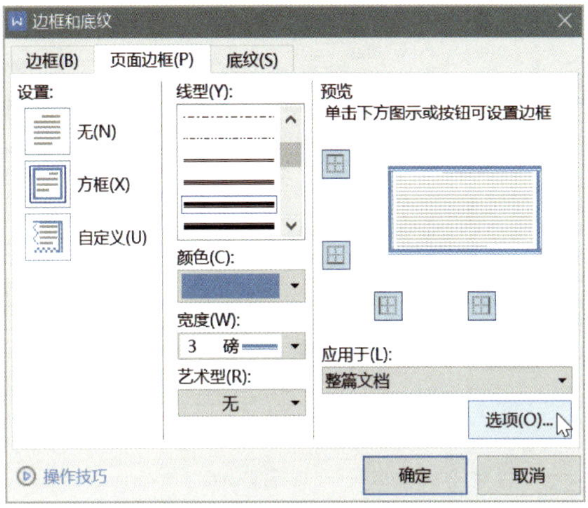

a）

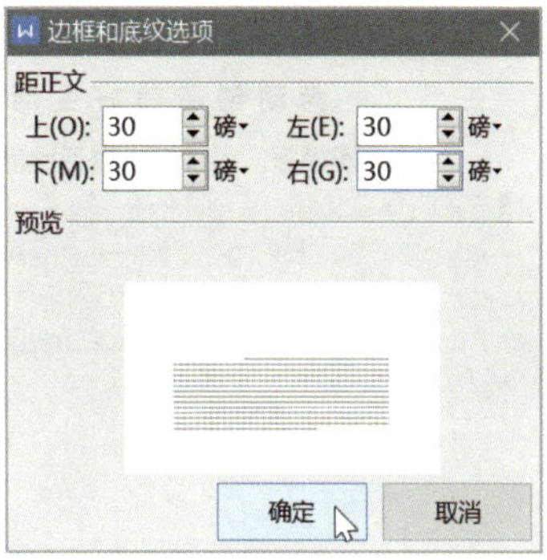

b）

图 2-2-19　设置页面边框

a）“页面边框”选项卡　b）“边框和底纹选项”对话框

任务四　美化与打印文档

任务目标

能够设置分栏排版、首字下沉，以及添加页眉页脚等特殊版式。

任务实施

一、设置分栏排版

选定正文第 1 段文本“劳动教育是……弘扬劳动之美。”；单击“页面布局”选项卡下的“分栏”按钮，在下拉命令列表中单击“更多分栏”命令，如图 2-2-20a 所示；弹出“分栏”对话框，设置“预设”为“两栏”，“间距”为“3”字符，勾选“分隔线”复选框，单击“确定”按钮，如图 2-2-20b 所示。

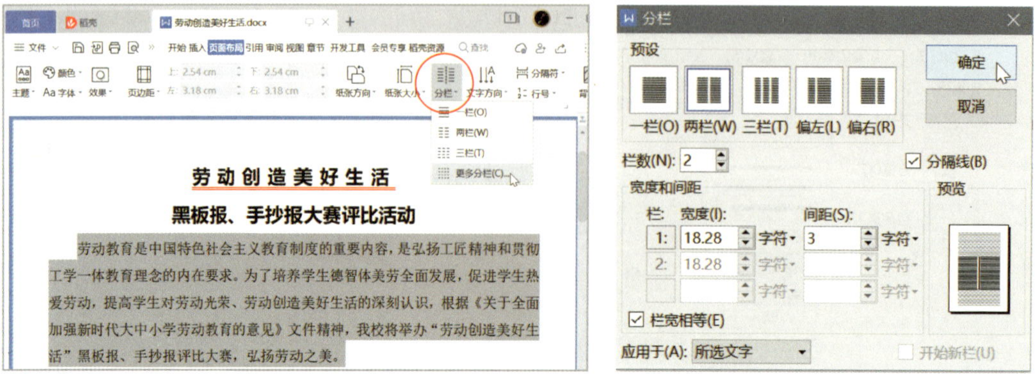

a）　　b）

图 2-2-20　设置分栏排版

a）按钮位置　b）“分栏”对话框

二、设置首字下沉

选定正文第 1 段文本“劳”；单击“插入”选项卡下的“首字下沉”按钮，如图 2-2-21a 所示；弹出“首字下沉”对话框，设置“位置”为“下沉”，“字体”为“华文隶书”，“下沉行数”为“2”，单击“确定”按钮，如图 2-2-21b 所示；选定文本“劳”，单击“字体”组中的“文字效果”下拉按钮 A▾，在下拉命令列表中选择“艺术字”的“填充 - 钢蓝，着色 5，轮廓 - 背景 1，清晰阴影 - 着色 5”，如图 2-2-21c 所示，完成后查看效果，如图 2-2-21d 所示。

三、设置页眉和页码

1. 设置页眉

单击“插入”选项卡下的“页眉页脚”按钮，如图 2-2-22a 所示；在页眉处左侧录入文本“黑板报、手抄报大赛”，设置“字号”为“小五”；完成后，单击“页眉页脚”选项卡下的“关闭”按钮，退出页眉编辑状态，如图 2-2-22b 所示。

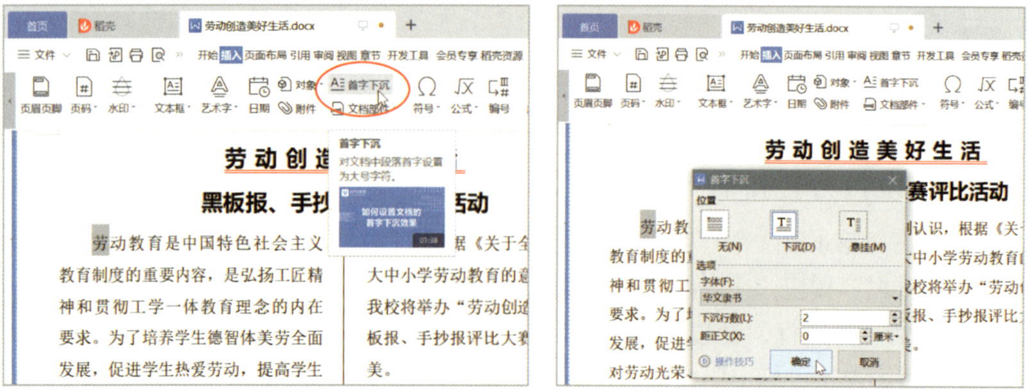

a）　　b）

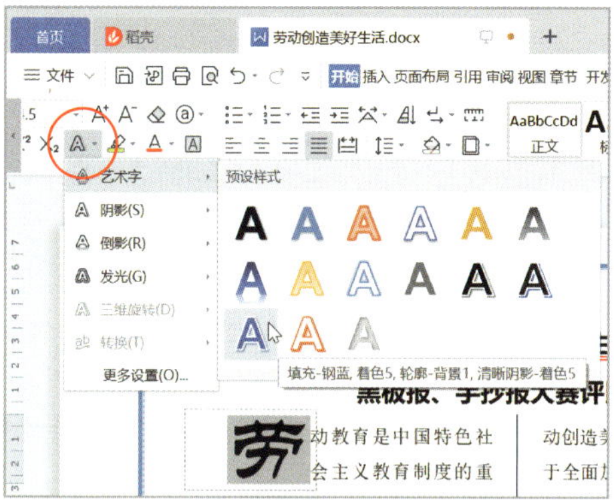

c）

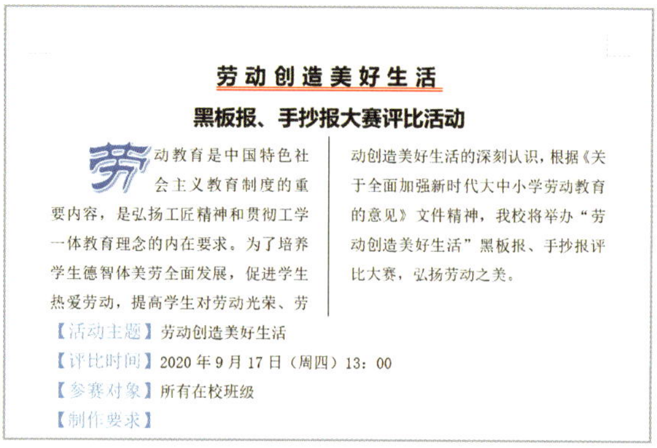

d）

图 2-2-21　设置首字下沉和文字效果

a）“首字下沉”按钮位置　b）“首字下沉”对话框　c）“艺术字”按钮位置　d）设置效果

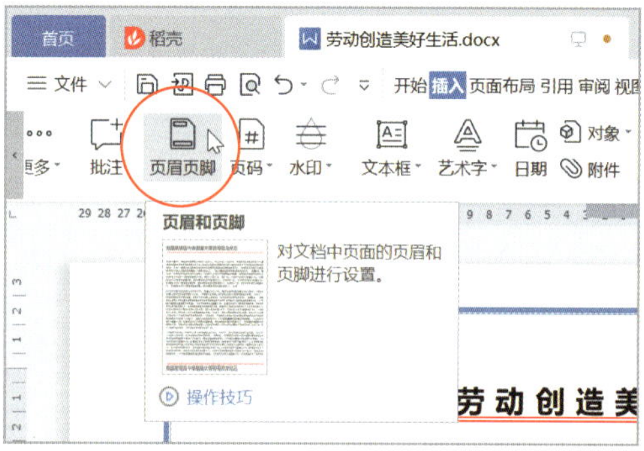

a）

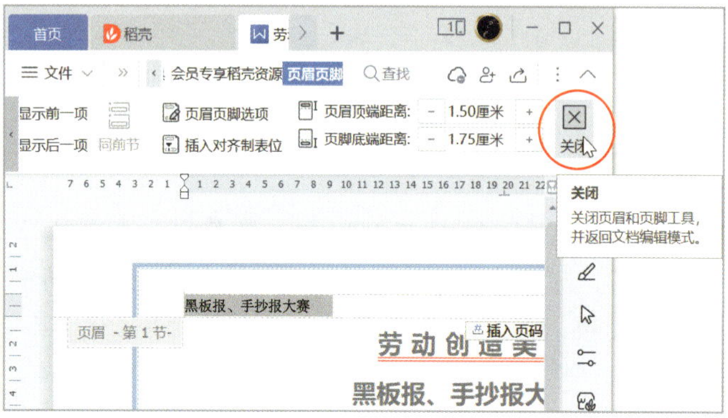

b）

图 2-2-22　设置页眉

a）“页眉页脚”按钮　b）关闭“页眉页脚”设置

2. 插入页码

单击“插入”选项卡下的“页码”下拉按钮，选择“页脚中间”选项，完成页码的插入，如图 2-2-23a 所示。

3. 设置页码格式

单击“页码设置”按钮，设置“样式”为“第 1 页共 × 页”，单击“确定”按钮，如图 2-2-23b 所示。

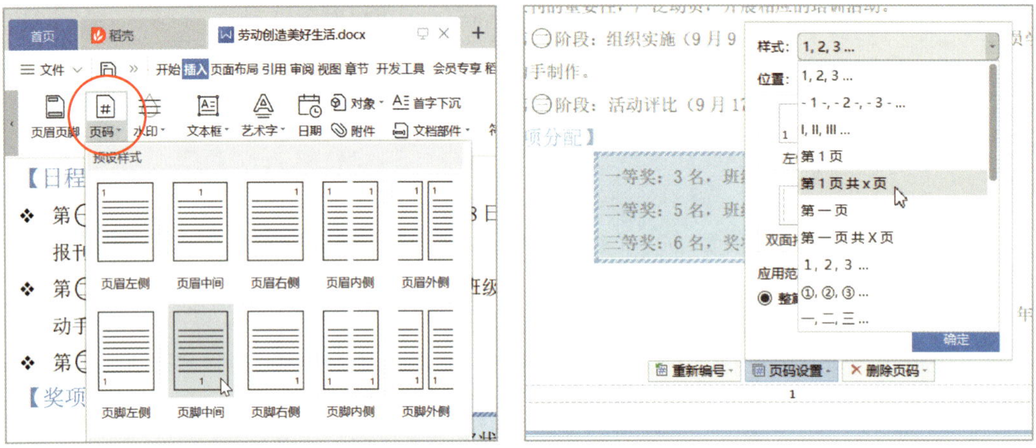

a）　　　　　　　　　　　　　　　　b）

图 2-2-23　设置页码

a）按钮位置　b）页码样式设置

知识点拨

页眉页脚设置技巧

1. 删除多余的页眉横线。在 WPS 文档中插入页眉后，页眉处可能会出现一条横线。当不需要这条横线时，可将其删除。方法是：双击页眉处，打开“页眉页脚”选项卡，单击“页眉横线”按钮，在下拉命令列表中选择“删除横线”命令，如图 2-2-24 所示。

2. 多样式编辑页码。插入页码后，在页码上方显示“重新编号”“页码设置”“删除页码”按钮。单击“重新编号”按钮，可重新设置该页的起始页码，如图 2-2-25a 所示；单击“页码设置”按钮，可设置页面样式和位置；单击“删除页码”按钮，可删除页码，如图 2-2-25b 所示。

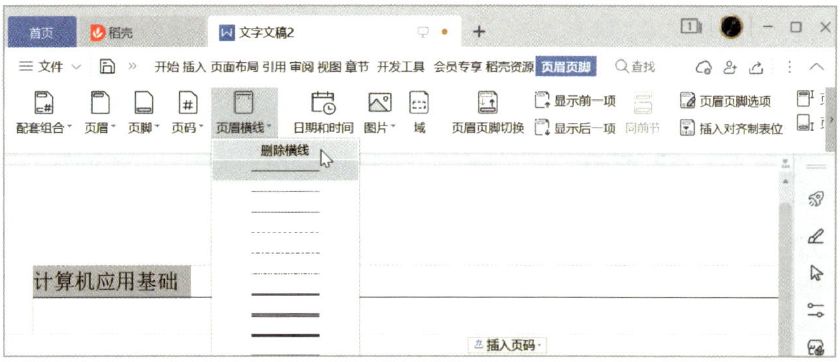

图 2-2-24　删除页眉横线

a）　b）

图 2-2-25　多样式编辑页码

a）重新编号　b）删除页码

四、预览和打印文档

1. 预览文档

单击“快速访问工具栏”中的“打印预览”按钮，如图 2-2-26a 所示，弹出“打印预览”窗口，可预览打印效果，如图 2-2-26b 所示。单击“关闭”按钮可退出打印预览。

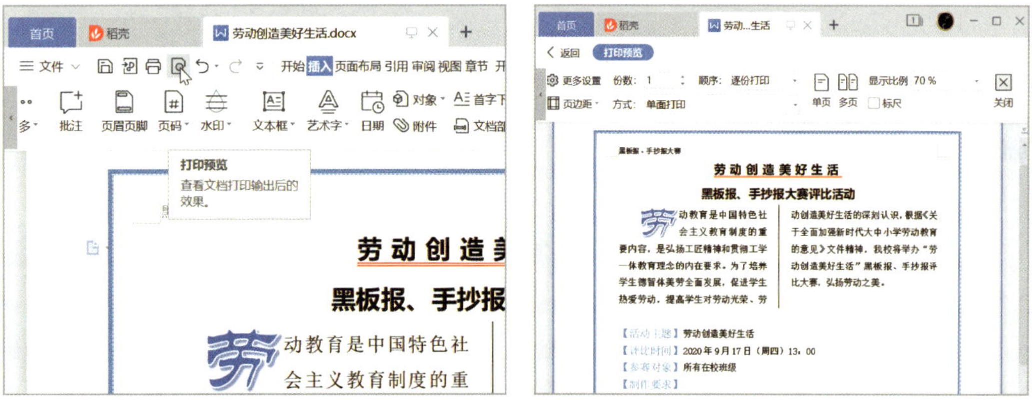

a）　b）

图 2-2-26　打印预览

a）按钮位置　b）预览效果

2. 打印文档

连接好打印机后，单击“快速访问工具栏”中的“打印”按钮，如图 2-2-27a 所示，弹出“打印”对话框中，设置打印机及打印范围、打印份数等参数，单击“确定”按钮，如图 2-2-27b 所示。

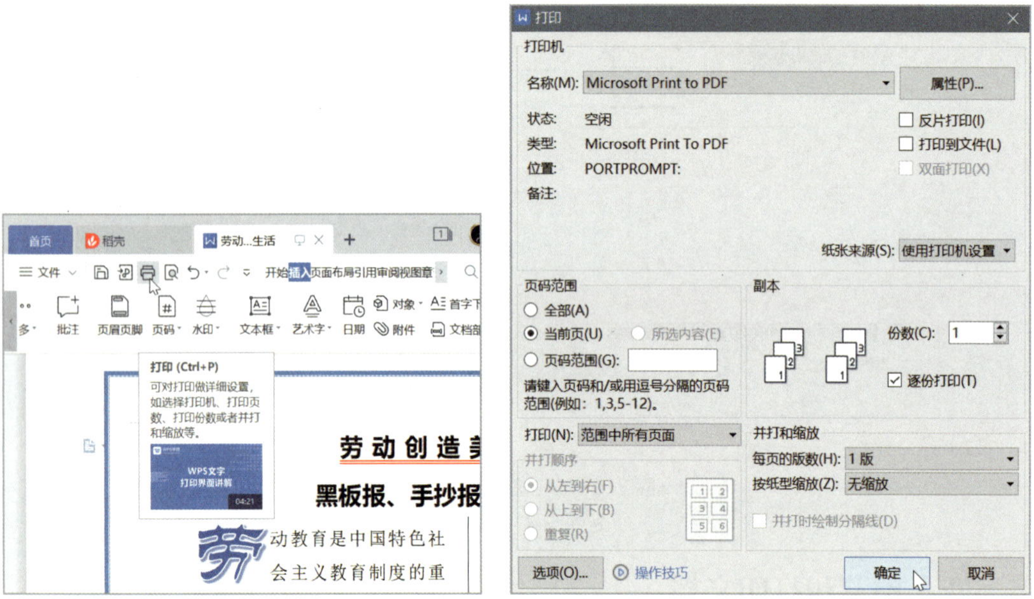

a）　　　　　　　　　　　　b）

图 2-2-27　打印文档

a）按钮位置　b）“打印”对话框

实战与小结

实战演练

制作采购合同

采购合同是商务性的契约文件，是企业经过双方谈判协商一致而签订的文件。本任务主要练习制作采购合同封面，设置采购合同正文的字体格式和段落格式，美化文档等相关操作。制作完成后的效果图如图 2-2-28 所示。

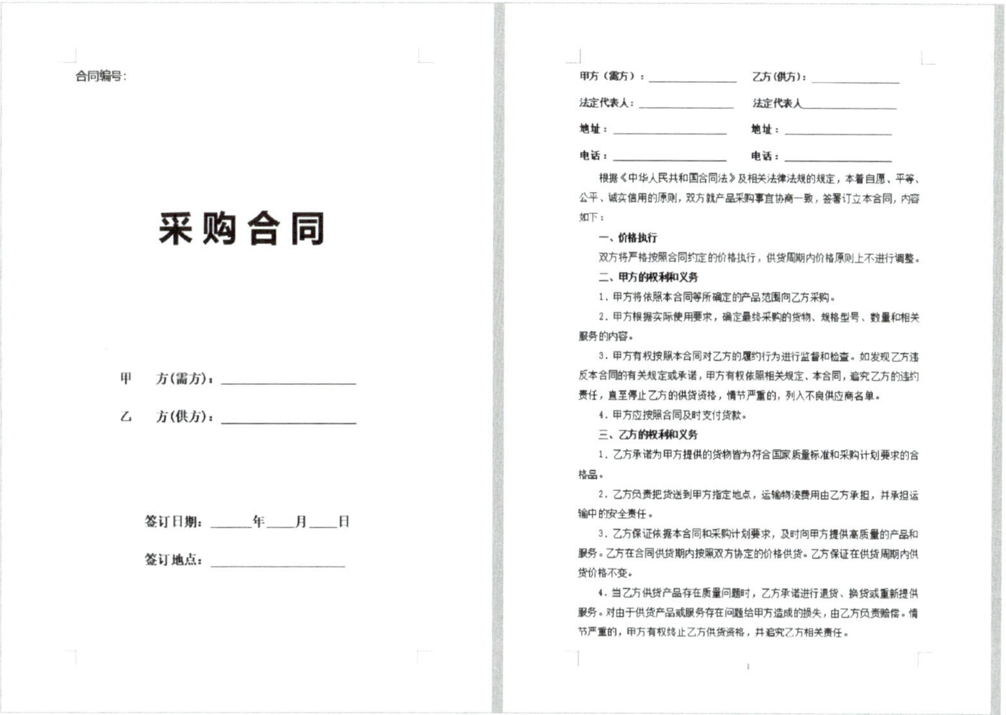

合同编号：

采购合同

甲　方(需方)：__________

乙　方(供方)：__________

签订日期：____年____月____日

签订地点：__________

甲方（需方）：__________　乙方(供方)：__________

法定代表人：__________　法定代表人__________

地址：__________　地址：__________

电话：__________　电话：__________

根据《中华人民共和国合同法》及相关法律法规的规定，本着自愿、平等、公平、诚实信用的原则，双方就产品采购事宜协商一致，签署订立本合同，内容如下：

一、价格执行

双方将严格按照合同约定的价格执行，供货周期内价格原则上不进行调整。

二、甲方的权利和义务

1．甲方将依照本合同等所确定的产品范围向乙方采购。

2．甲方根据实际使用要求，确定最终采购的货物、规格型号、数量和相关服务的内容。

3．甲方有权按照本合同对乙方的履约行为进行监督和检查。如发现乙方违反本合同的有关规定或承诺，甲方有权依照相关规定、本合同，追究乙方的违约责任，直至停止乙方的供货资格，情节严重的，列入不良供应商名单。

4．甲方应按照合同及时支付货款。

三、乙方的权利和义务

1．乙方承诺为甲方提供的货物皆为符合国家质量标准和采购计划要求的合格品。

2．乙方负责把货送到甲方指定地点，运输物流费用由乙方承担，并承担运输中的安全责任。

3．乙方保证依据本合同和采购计划要求，及时向甲方提供高质量的产品和服务。乙方在合同供货期内按照双方协定的价格供货。乙方保证在供货周期内供货价格不变。

4．当乙方供货产品存在质量问题时，乙方承诺进行退货、换货或重新提供服务。对由于供货产品或服务存在问题给甲方造成的损失，由乙方负责赔偿。情节严重的，甲方有权终止乙方供货资格，并追究乙方相关责任。

1

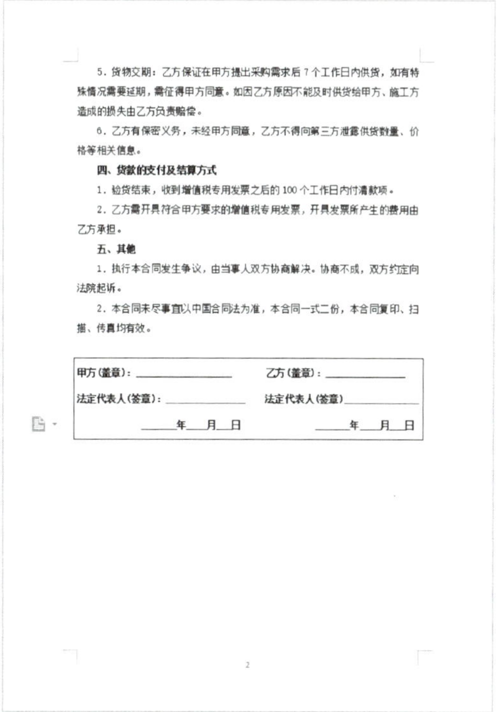

5．货物交期：乙方保证在甲方提出采购需求后7个工作日内供货，如有特殊情况需要延期，需征得甲方同意。如因乙方原因不能及时供货给甲方、施工方造成的损失由乙方负责赔偿。

6．乙方有保密义务，未经甲方同意，乙方不得向第三方泄露供货数量、价格等相关信息。

四、货款的支付及结算方式

1．验货结束，收到增值税专用发票之后的100个工作日内付清款项。

2．乙方需开具符合甲方要求的增值税专用发票，开具发票所产生的费用由乙方承担。

五、其他

1．执行本合同发生争议，由当事人双方协商解决。协商不成，双方约定向法院起诉。

2．本合同未尽事宜以中国合同法为准，本合同一式二份，本合同复印、扫描、传真均有效。

甲方(盖章)：__________	乙方(盖章)：__________
法定代表人(签章)：__________	法定代表人(签章)__________
____年___月___日	____年___月___日

2

图2-2-28　“采购合同”效果图

思路如下：

一、封面制作

1. 新建一个 WPS 文字空白文档，并重命名为“采购合同 .docx”。

2. 在文档中输入“采购合同”封面中的所有内容。

3. 按要求设置封面内容格式。

（1）文本“合同编号:”，字体为“微软雅黑”，字号为“四号”，对齐方式为“左对齐”。

（2）文本“采购合同”，字体为“微软雅黑”，字号为“初号”，字形为“加粗”，字符间距为“加宽 0.2 厘米”，对齐方式为“居中对齐”，段落间距为段前、段后各“8 行”。

（3）文本“甲方（需方）:”“乙方（供方）:”，字体为“宋体”，字号为“三号”，字形为“加粗”，段落缩进为文本之前“5 字符”，段落间距为行距“1.5”倍，其中文本“甲”“乙”的字符间距均加宽“0.5 厘米”。

（4）文本“签订日期：　　年　　月　　日”，字体为“宋体”，字号为“三号”，字形为“加粗”，段落缩进为文本之前“8 字符”，间距为段前“6 行”，段落间距为行距“1.5 倍”。

（5）文本“签订地点:”，字体为“宋体”，字号为“三号”，字形为“加粗”，段落缩进为文本之前“8 字符”，段落间距为段后“6 行”，段落间距为行距“1.5 倍”。

（6）在“采购合同”封面手写内容处添加下划线。

二、正文制作

1. 打开素材文件“采购合同正文 .docx”，将正文内容复制到封面页的下一页。

2. 按要求设置正文内容格式。

（1）正文前的甲方、乙方个人信息内容，字体为“宋体”，字号为“小四”，字形为“加粗”，段落间距为行距“2 倍”。

（2）正文后的落款签字信息内容，字体为“宋体”，字号为“小四”，字形为“加粗”，段落间距为行距“2 倍”，并添加 1 磅单实线段落边框。

（3）其余正文内容，字体为“宋体”，字号为“小四”，各段落首行缩进为文本之前“2 字符”，段落间距为行距“1.5 倍”；其中一级标题内容的字形为“加粗”。

3. 为采购合同添加页码，其中，封面页不显示页码。

4. 保存文档。

能力提升

制作企业内部招聘公告

结合本项目所学的字体格式、段落格式、页面格式等相关知识，练习制作一份“企业内部招聘公告”文档。制作完成后的参考效果图如图 2-2-29 所示。

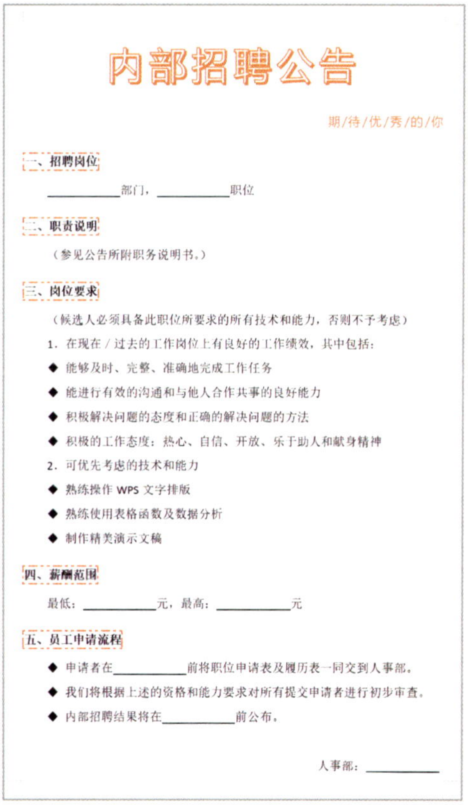

内部招聘公告

期/待/优/秀/的/你

一、招聘岗位

__________部门，__________职位

二、职责说明

（参见公告所附职务说明书。）

三、岗位要求

（候选人必须具备此职位所要求的所有技术和能力，否则不予考虑）

1. 在现在／过去的工作岗位上有良好的工作绩效，其中包括：

◆ 能够及时、完整、准确地完成工作任务

◆ 能进行有效的沟通和与他人合作共事的良好能力

◆ 积极解决问题的态度和正确的解决问题的方法

◆ 积极的工作态度：热心、自信、开放、乐于助人和献身精神

2. 可优先考虑的技术和能力

◆ 熟练操作 WPS 文字排版

◆ 熟练使用表格函数及数据分析

◆ 制作精美演示文稿

四、薪酬范围

最低：__________元，最高：__________元

五、员工申请流程

◆ 申请者在__________前将职位申请表及履历表一同交到人事部。

◆ 我们将根据上述的资格和能力要求对所有提交申请者进行初步审查。

◆ 内部招聘结果将在__________前公布。

人事部：__________

图 2-2-29　内部招聘公告的效果图

思路如下：

1. 打开素材文件“内部招聘公告 .docx”。
2. 设置标题和正文的字体格式和段落格式。
3. 为正文中的一级标题文本添加文本边框。
4. 保存文档。

项目小结

本项目主要介绍了在 WPS 中设置字体格式、段落格式、页面格式和使用特殊版式美化文档等知识，其知识内容和操作方法见表 2-2-2。

表 2-2-2　项目小结

目标	知识内容	操作方法
设置字体格式	字体、字形、字号、字体颜色、下划线、着重号、删除线、上标、下标、字符间距	单击“开始”选项卡下“字体”组中的“对话框启动器”按钮；弹出“字体”对话框，设置相应的格式
	文字效果、拼音指南、带圈字符	在“开始”选项卡下“字体”组中进行设置
设置段落格式	对齐方式、缩进、间距	单击“开始”选项卡下“段落”组中的“对话框启动器”按钮；弹出“段落”对话框，设置相应的格式
	项目符号、编号、段落边框和底纹	在“开始”选项卡下“段落”组中进行设置
设置页面布局	页边距、纸张方向、纸张大小、分栏、文档背景、页面边框	通过“页面布局”选项卡下的相关按钮进行设置
特殊版式美化文档	页眉和页脚、首字下沉	通过“插入”选项卡下的相关按钮进行设置

项目三
制作班级宣传海报——WPS 文字的图文混排

在 WPS 文字排版时，可插入艺术字、图片、形状图形等对象编排和美化文档，使文档更加精美。本项目主要介绍使用 WPS 文字中的艺术字、图片、形状图形、文本框、智能图形等工具美化文档的方法。

学习要点

◆插入并修饰图片
◆插入与编辑艺术字
◆插入与编辑形状图形
◆使用文本框
◆使用智能图形

项目描述

2019 电气①班学生郭星泽参加了学生会组织的班级宣传海报比赛。经过构思后，郭星泽决定围绕班级介绍、班级架构、班徽等方面的内容制作班级宣传海报。

制作完成后的效果图如图 2-3-1 所示。

图 2-3-1　“班级宣传海报”效果图

思路解析

为了完成班级宣传海报的制作，郭星泽使用了图片、艺术字、文本框、智能图形等工具编排文档，让班级宣传海报更精美。其制作思路如下：

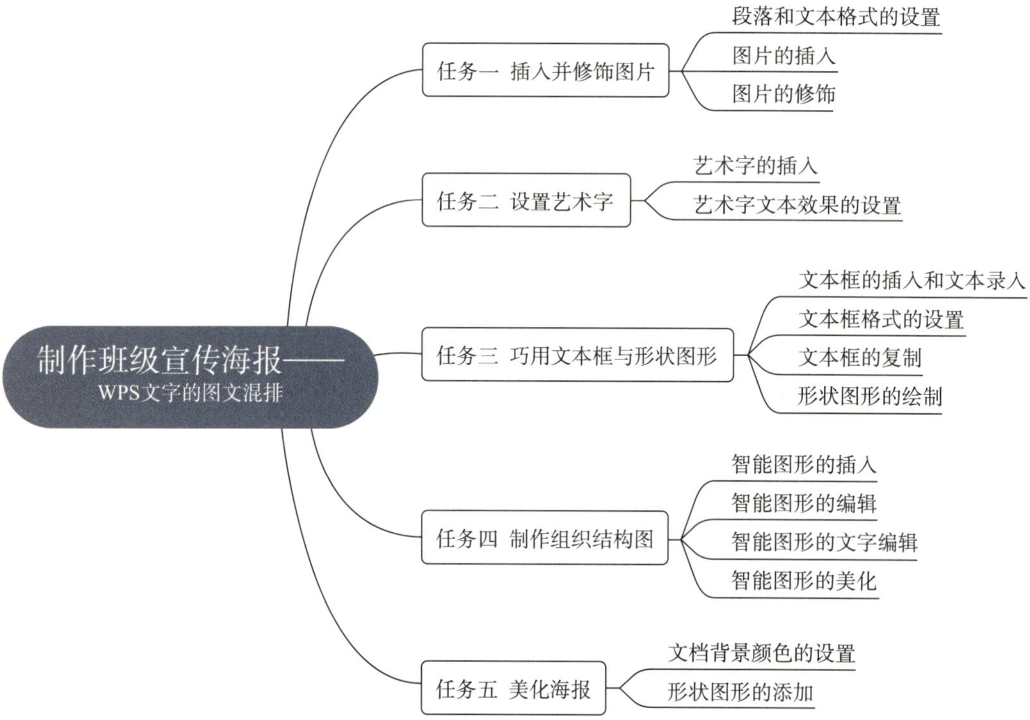

任务一　插入并修饰图片

任务目标

能够在文档中插入和设置图片格式。

任务实施

一、设置段落和文本格式

1. 设置段落边框

打开素材文件“班级宣传海报.docx”；选定班徽介绍内容“该班徽……一起奋斗！”；单击“开始”选项卡下的“边框”下拉按钮，在下拉列表中单击“边框和底纹”命令；弹出“边框和底纹”对话框，如图 2-3-2a 所示，设置边框的“线型”“颜色”“宽度”，取消左、右边框线，单击“确定”按钮；完成后的效果如图 2-3-2b 所示。

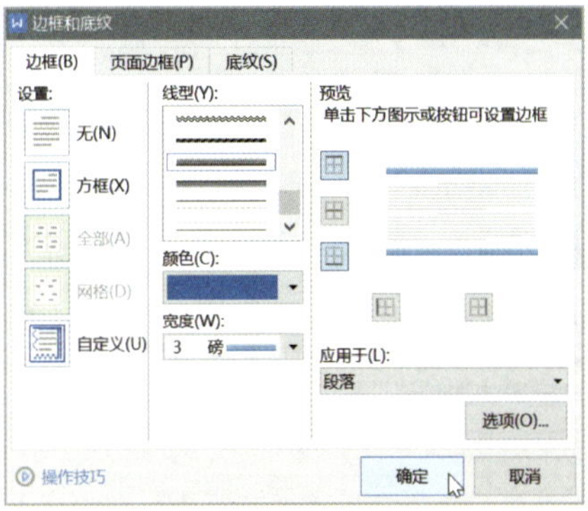

a）

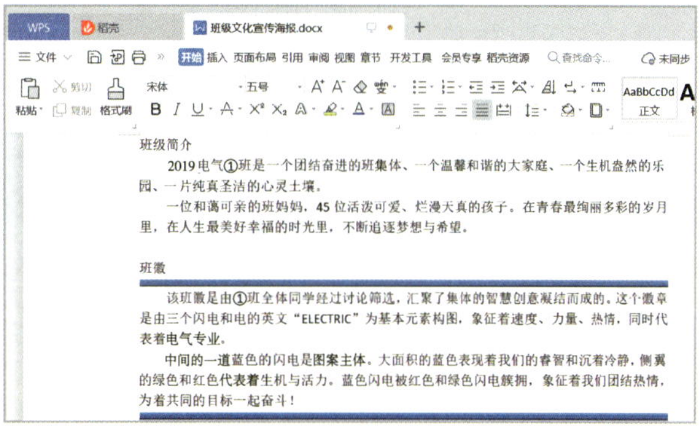

b）

图 2-3-2　设置段落边框

a）“边框和底纹”对话框　b）设置效果

2. 设置字符和段落格式

选定班徽介绍内容“该班徽……一起奋斗！”；在“开始”选项卡下的“字体”组中设置“字体”为“楷体”，“字号”为“小四”，“字形”为“加粗”；单击“段落”组中的“对话框启动器”按钮，弹出“段落”对话框，将“行距”设置为“1.5 倍”，单击“确定”按钮，如图 2-3-3 所示。

二、插入图片

将光标插入点置于该段中，单击“插入”选项卡下的“图片”按钮，如图 2-3-4a 所示；弹出“插入图片”对话框，选择素材图片“班徽.png”，单击“打开”按钮，如图 2-3-4b 所示。

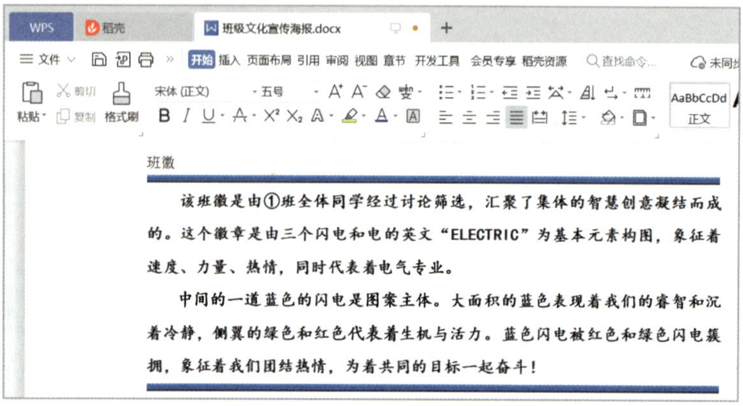

图 2-3-3 设置字符格式和段落格式

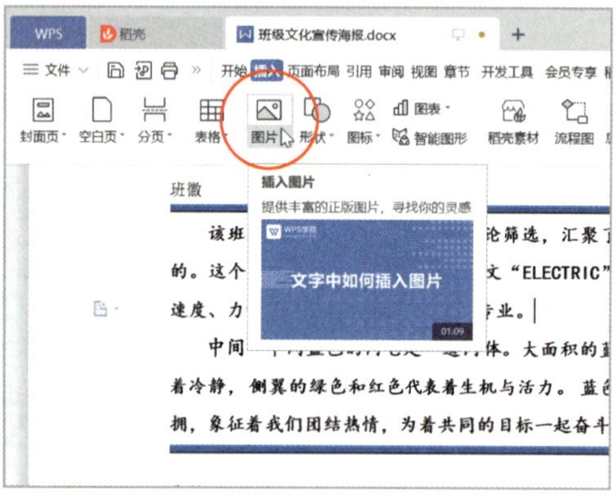

a）

b）

图 2-3-4 插入图片

a）按钮位置 b）选择图片

三、修饰图片

1. 设置图片环绕方式

选定“班徽”图片，单击“图片工具”选项卡下的“环绕”下拉按钮，在下拉列表中单击“紧密型环绕”命令，如图 2-3-5a 所示；并将图片移动到该段文本中间位置，如图 2-3-5b 所示。

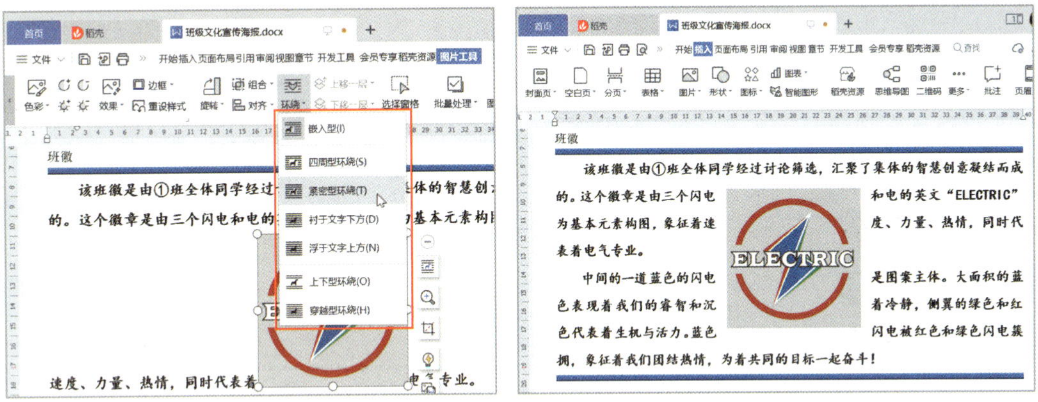

a）　　　　b）

图 2-3-5　设置图片环绕方式

a）选项位置　b）设置效果

2. 抠除图片背景色

选定“班徽”图片，单击“图片工具”选项卡下的“抠除背景”下拉按钮，在下拉列表中单击“设置透明色”命令，如图 2-3-6a 所示；当鼠标指针变成吸管形状“ ”时，单击图片背景，抠除图片背景色，如图 2-3-6b 所示。

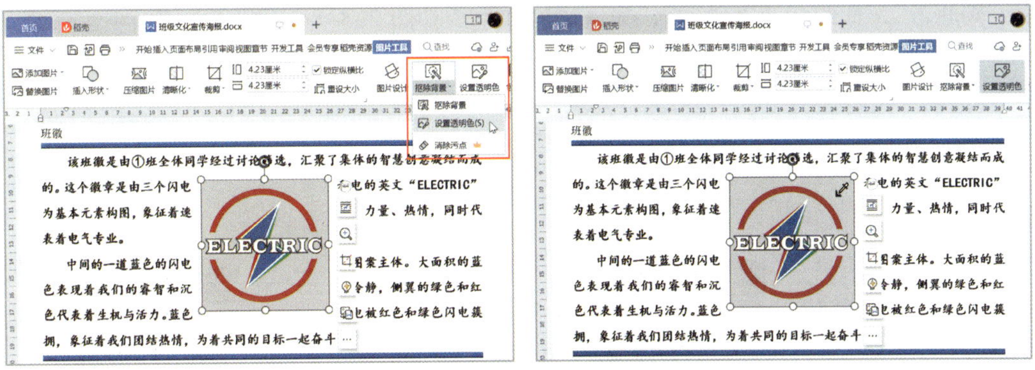

a）　　　　b）

图 2-3-6　抠除图片背景色

a）选项位置　b）选取背景色

3. 插入并裁剪图片

按照相同的方法，在文档中插入素材图片“班级图.png”，设置“图片环绕方式”为“紧密型环绕”；选定该图片，单击“图片工具”选项卡下的“裁剪”下拉按钮，在下拉列表中单击“正五边形”命令，如图 2-3-7a 所示；此时图片四周出现黑色的控制点，单击控制点并拖动到合适位置后按下键盘上的“Esc”键，图片被裁剪，如图 2-3-7b 所示。

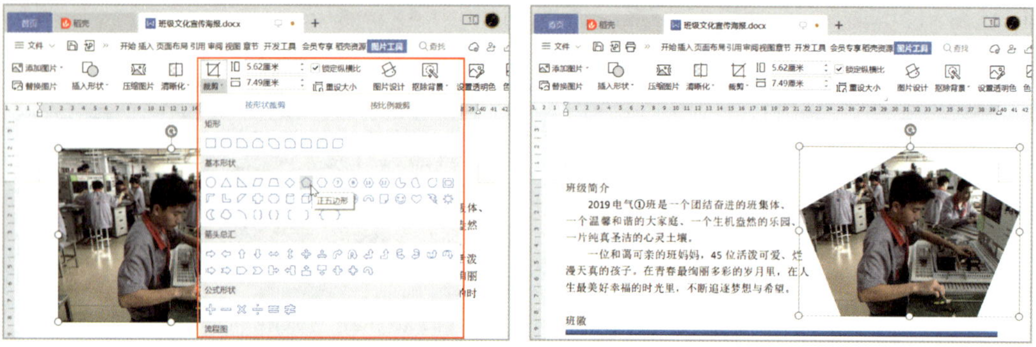

a）　　　　b）

图 2-3-7　裁剪图片

a）选项位置　b）设置效果

4. 设置图片效果

选定“班级图”图片，单击图片上方的旋转图标“![]”，向右旋转大约 20°，如图 2-3-8a 所示；选定图片，单击“图片工具”选项卡下的“效果”下拉按钮，在下拉列表中用鼠标指针指向“柔化边缘”，在展开的子菜单中单击“10 磅”命令，如图 2-3-8b 所示；选定图片，勾选“图片工具”选项卡下的“锁定纵横比”，设置宽度为“6 厘米”，如图 2-3-8c 所示；完成后的效果图如图 2-3-8d 所示。

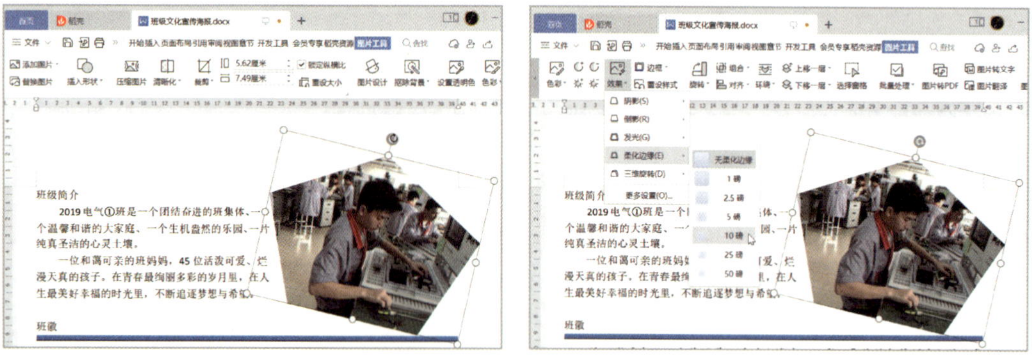

a）　　　　b）

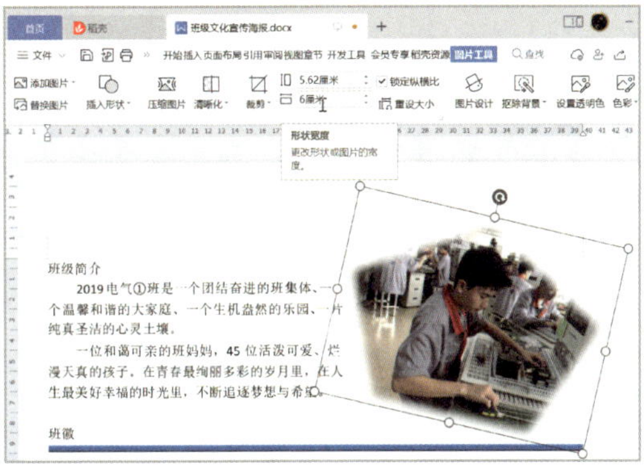

c）

d）

图 2-3-8　设置图片效果

a）旋转　b）柔化边缘　c）调整大小　d）完成效果

知识点拨

图片的设置

1. 图片环绕方式

图片环绕方式是指文字在图片周围的排列方式，包括“嵌入型”“四周型环绕”“紧密型环绕”“衬于文字下方”“浮于文字上方”等 7 种。插入图片后，默认情况下图片的环绕方式是嵌入型。嵌入型图片在文档中不能被灵活地移动。因此，当需要灵活调整图片位置时，可将图片的环绕方式设置为非嵌入型的环绕方式。

2. 设置图片效果

插入图片后，可为图片设置更多特殊效果，如为图片添加边框、阴影、倒影、发光、柔化边缘等效果。

任务二　设置艺术字

任务目标

能够添加艺术字，并设置艺术字效果。

任务实施

一、插入艺术字

单击“插入”选项卡下的“艺术字”下拉按钮，在下拉列表中单击“填充－钢蓝，着色 5，轮廓－背景 1，清晰阴影－着色 5”预设样式，如图 2-3-9a 所示；弹出艺术字文本框，在文本框中录入内容“班级宣传海报”，如图 2-3-9b 所示。

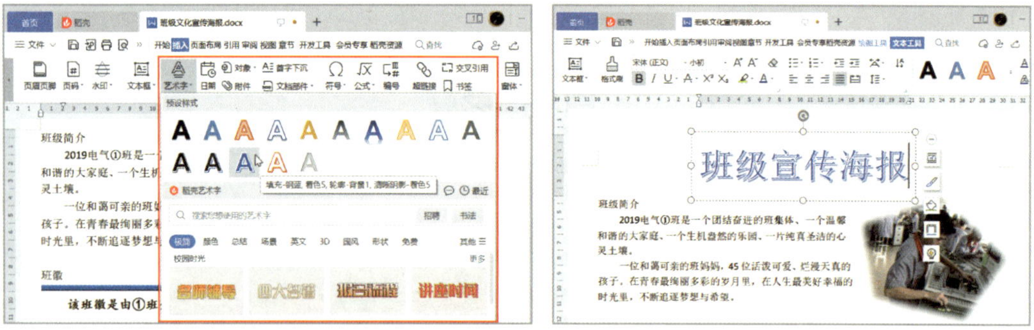

a）　　　　b）

图 2-3-9　插入艺术字
a）选项位置　b）设置效果

二、设置艺术字文本效果

选定艺术字文本“班级宣传海报”，单击“文本工具”选项卡下的“文本效果”下拉按钮，在下拉列表中将鼠标指针指向“倒影”，在展开的子菜单中选择“紧密倒影，接触”命令，如图 2-3-10a 所示。设置效果如图 2-3-10b 所示。

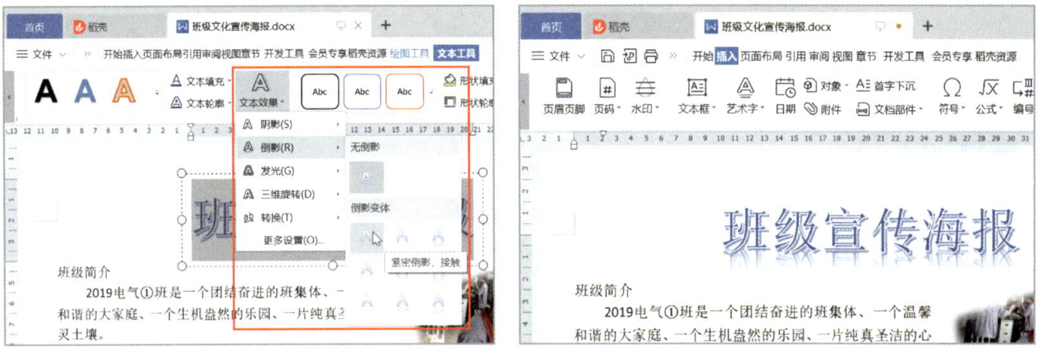

a）　　　　b）

图 2-3-10　设置艺术字文本效果

a）选项位置　b）设置效果

知识点拨

艺术字设置

艺术字是 WPS 文字中具有特殊效果的字体，属于图形对象，因此，可以设置艺术字的环绕方式、形状样式等效果，还可以对艺术字文本内容设置文本效果、字体和字号等。其操作方法和设置图形对象相同。

1. 设置艺术字样式

插入艺术字后，如对当前艺术字样式不满意可更改艺术字样式。方法是：选定艺术字，单击“文本工具”选项卡下的艺术字预设样式框内的任意一种预设样式。

2. 设置艺术字形状属性

单击艺术字文本框右上角的相关按钮可对艺术字的形状属性进行设置，如布局选项按钮、艺术字形状样式按钮、艺术字形状填充按钮、艺术字形状轮廓按钮等。此外，也可单击“绘图工具”选项卡下的相关命令进行设置。

3. 设置艺术字形状效果

选定艺术字，单击“绘图工具”选项卡下的“形状效果”下拉按钮，然后根据需要在下拉列表中选择“添加阴影”“倒影”“发光”“柔化边缘”等效果命令。

任务三　巧用文本框与形状图形

任务目标

能够使用形状图形和文本框对文档进行排版。

任务实施

一、插入文本框并录入文本

单击“插入”选项卡下的“文本框”下拉按钮，在下拉列表中单击“横向”命令，如图 2-3-11a 所示；鼠标指针变成“十”形状后，按住鼠标左键拖动，创建出一个文本框；在文本框中录入内容“班级简介”，设置其“字体”为“楷体”，“字号”为“一号”，“字形”为“加粗”，如图 2-3-11b 所示。

a）　　b）

图 2-3-11　插入文本框并录入文本
a）选项位置　b）设置效果

二、设置文本框格式

1. 设置文本框填充色和轮廓

选定“班级简介”文本框，单击“绘图工具”选项卡下的“填充”下拉按钮，在下拉列表中单击“无填充颜色”命令，如图 2-3-12a 所示；单击“轮廓”下拉按钮，在下拉列表中单击“无边框颜色”命令，如图 2-3-12b 所示。

2. 复制文本框

选定“班级简介”文本框，按住“Ctrl”键拖动至目标位置后释放，完成文本框的复制，如图 2–3–13a 所示；在文本框中录入文本“班徽”；将“班徽”文本框移至合适的位置，如图 2–3–13b 所示。

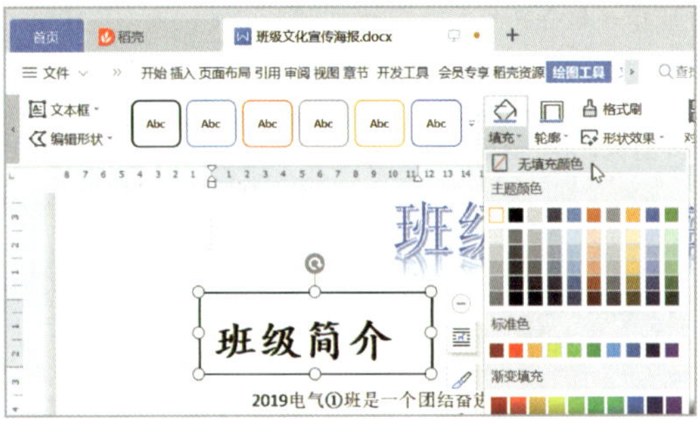

a）

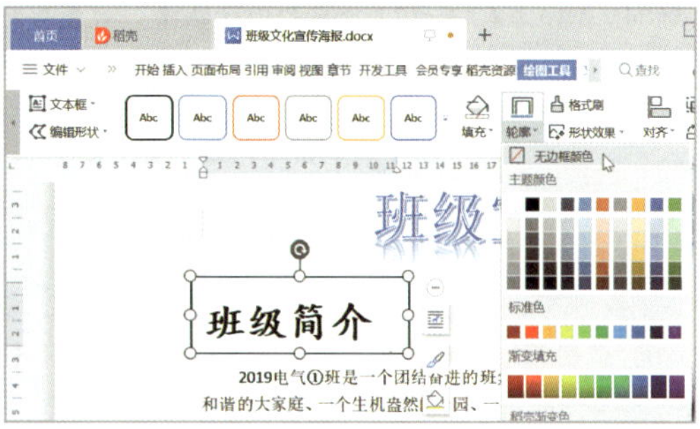

b）

图 2–3–12　设置填充色和轮廓

a）选项位置　b）设置效果

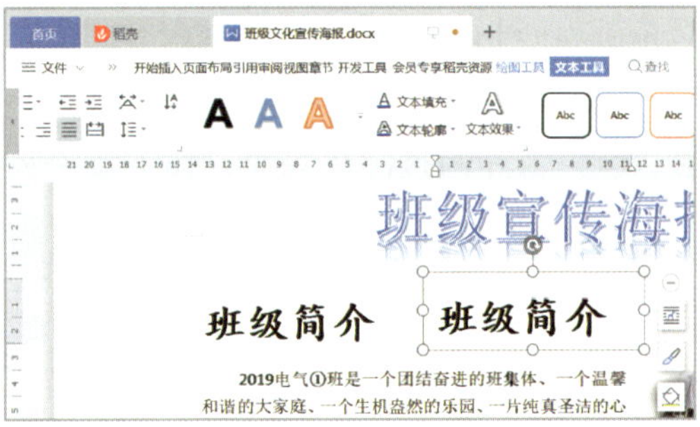

a）

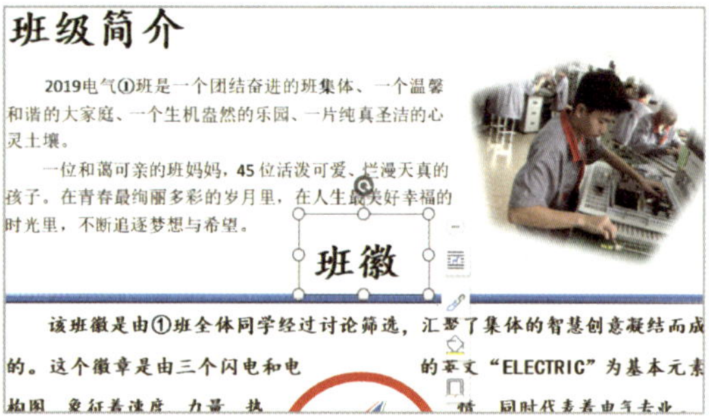

b）

图 2–3–13　复制文本框

a）通过拖动复制文本框　b）修改文字并调整位置

三、继续插入并复制文本框

1. 插入并设置文本框

插入一个横向文本框，将文档中文本内容“班训：奋斗不止，自强不息。”剪切至文本框中，设置内容“字形”为“加粗”，“对齐方式”为“居中对齐”；设置内容“班训”的“字号”为“小四”；设置内容“奋斗不止，自强不息。”的“字号”为“五号”；文本框“填充”为“无填充色”，“轮廓”为“无边框颜色”，设置效果如图 2–3–14a 所示。

2. 复制并设置文本框

选定文本框，按住“Ctrl+Shift”组合键沿水平方向拖动文本框至目标位置后释放，复制一个文本框；用同样方法再复制一个；将文档中文本内容“班级目标：眼中有光，心中有爱，快乐成长。”和“班级口号：我努力，我进步，我成功，我快乐。”分别粘贴至文本框中，并按照相同方法设置其字符格式和段落格式，设置效果如图 2–3–14b 所示。

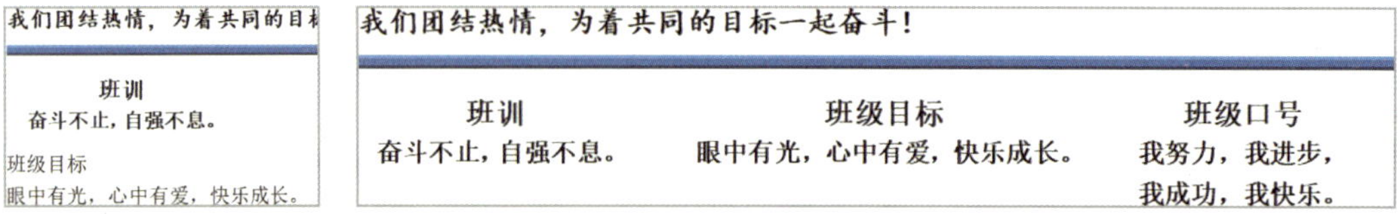

a）　　　　　　　　　　　　　　b）

图 2–3–14　复制并设置文本框

a）插入并设置文本框　b）复制和修改文本框

四、绘制形状图形

1. 绘制形状图形

单击“插入”选项卡下的“形状”下拉按钮，在下拉列表中单击“对角圆角矩形”命令，如图 2–3–15a 所示，绘制一个“对角圆角矩形”图形；将文本内容“电气①班是……梦想与希望。”剪切至对角圆角矩形中；设置其文本的“字体”为“微软雅黑”，“字号”为“小四”，“行距”为“固定值 20 磅”，并调整图形大小，设置效果如图 2–3–15b 所示。

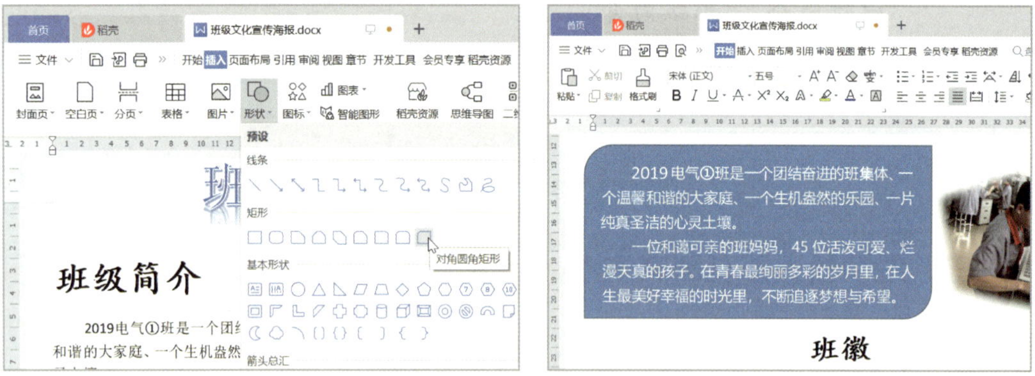

a）　　　　　　　　　　　　　　b）

图 2–3–15　绘制“对角圆角矩形”形状图形

a）选项位置　b）设置效果

2. 绘制其他形状图形

按照相同的方法，绘制一个“剪去对角的矩形”，如图 2–3–16a 所示；将文档文本内容“班主任寄语……有用的人才。”剪切至“剪去对角的矩形”中；设置其文本的“字体”为“楷体”，“字号”为“小四”，设置效果如图 2–3–16b 所示。

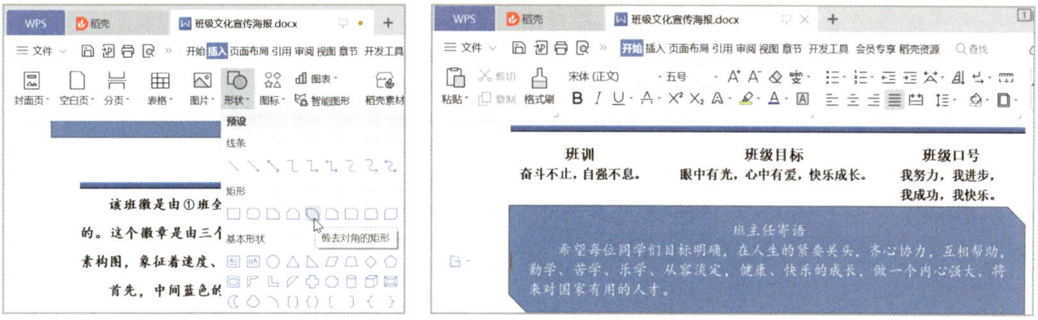

a）　　　　　　　　　　　　　　　　b）

图 2-3-16　绘制“剪去对角的矩形”形状图形

a）选项位置　b）设置效果

3. 绘制直线

单击“插入”选项卡下的“形状”下拉按钮，在下拉列表中单击“直线”命令，按住“Shift”键拖动鼠标指针绘制一条垂直的直线，如图 2-3-17a 所示；选中该直线，按住“Ctrl+Shift”组合键沿水平方向拖动至目标位置，复制一条垂直的直线，如图 2-3-17b 所示。

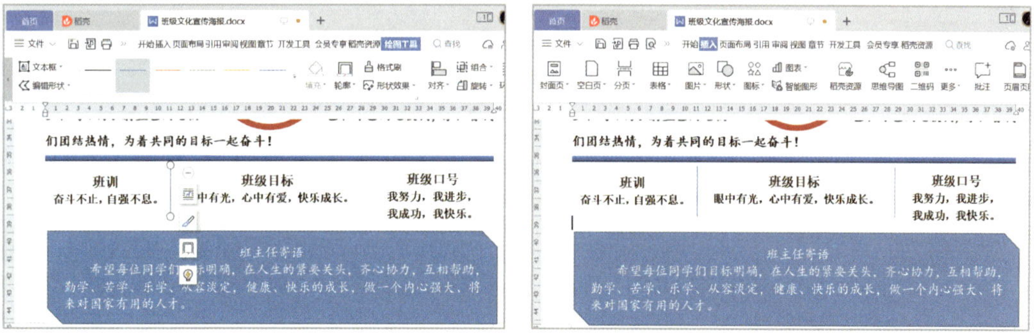

a）　　　　　　　　　　　　　　　　b）

图 2-3-17　绘制“垂直的直线”

a）绘制一条直线　b）复制一条直线

知识点拨

特殊图形的绘制设置和美化设置

WPS 文字提供了多种形状图形，如线条、矩形、基本形状、箭头等，使用这些图形可制作出各种各样的形状图形，如流程图、指示牌等。

在绘制图形时，配合“Shift”键，可绘制出特殊图形，如正方形或正圆；配合“Ctrl”键，可在任意位置快速复制图形；配合“Ctrl+Shift”组合键，可在水平或垂直方向复制图形。

绘制图形后，可对图形的样式进行美化，如设置图形边框、底纹和阴影等效果，还可以使用预设的图形样式美化图形，其操作方法可参考设置艺术字、图片效果的方法。

任务四　制作组织结构图

任务目标

能够使用智能图形绘制组织结构图。

任务实施

一、插入智能图形

单击“插入”选项卡下的“智能图形”按钮；弹出“智能图形”对话框，选择“层次结构”选项卡中的“组织结构图”，如图 2-3-18 所示。

二、编辑智能图形

1．删除项目

单击“组织结构图”图形中第二行左边项目，按下“Delete”键将其删除；按照相同的方法，将第三行第 2 个项目删除，如图 2-3-19 所示。

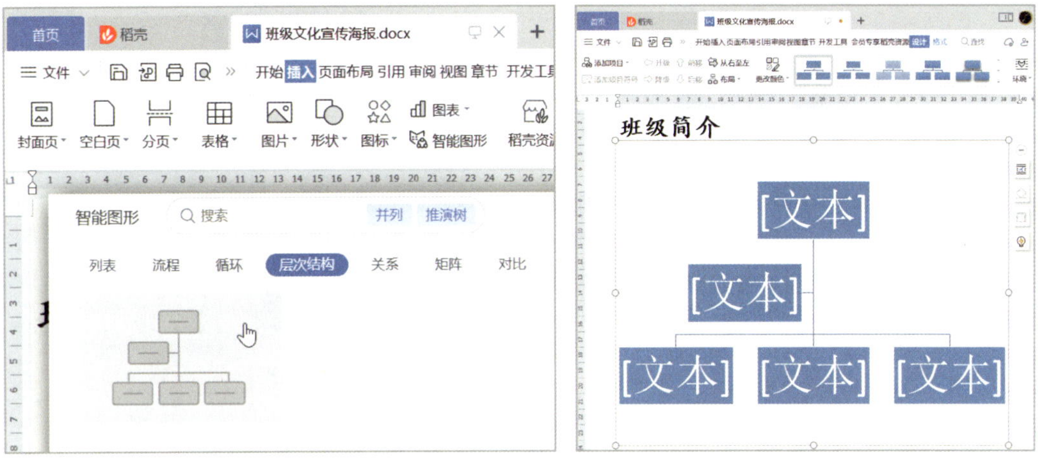

a）　　　　　　　　　　b）

图 2-3-18　插入“组织结构图”模板

a）选择“组织结构图”　b）插入后的效果

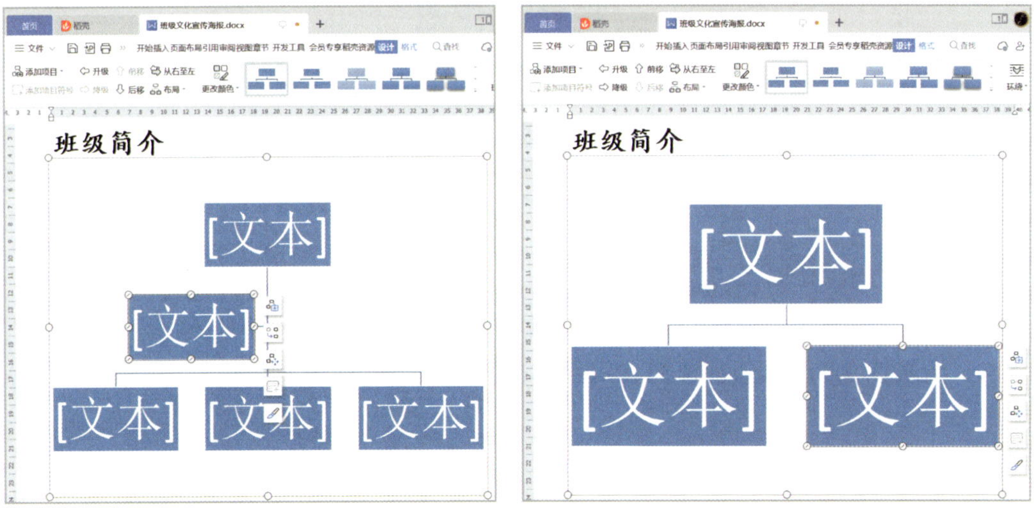

a）　　　　　　　　　　b）

图 2-3-19　删除“组织结构图”中的项目

a）选中图形　b）删除后的效果

2. 添加项目

选定“组织结构图”中第二行第 1 个项目，单击其右侧的“添加项目”按钮；单击快捷菜单中“在下方添加项目”命令，添加一个下一级项目，如图 2-3-20a 所示；选定新创建的项目，单击“添加项目”按钮，单击快捷菜单中“在后面添加项目”命令，添加一个同级项目，如图 2-3-20b 所示；按照相同的方法，继续创建项目，如图 2-3-20c 所示。

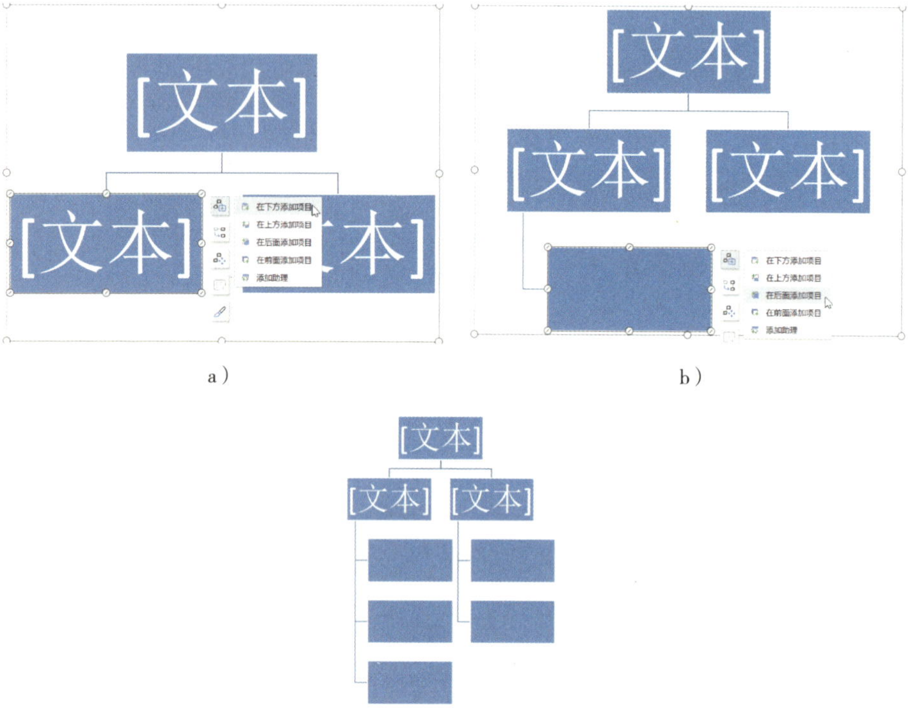

a）　　b）

c）

图 2-3-20　添加“组织结构图”中的项目

a）插入下一级项目　b）插入同级项目　c）完成效果

3. 调整图形布局

选定第二行第 1 个项目；单击其右侧的“布局”按钮，单击快捷菜单中的“标准”命令，如图 2-3-21a 所示；按照相同的方法，将右边的项目布局设置为“标准”型，如图 2-3-21b 所示。

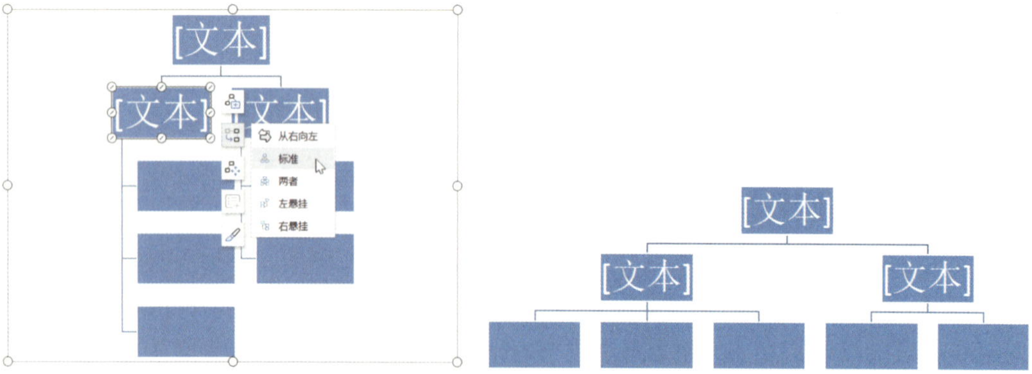

a）　　b）

图 2-3-21　调整图形布局

a）设置布局方式　b）完成效果

三、智能图形的文字编辑

选定第一行的项目，录入内容“班主任”；按照相同的方法，录入其余项目内容，如图 2-3-22 所示。

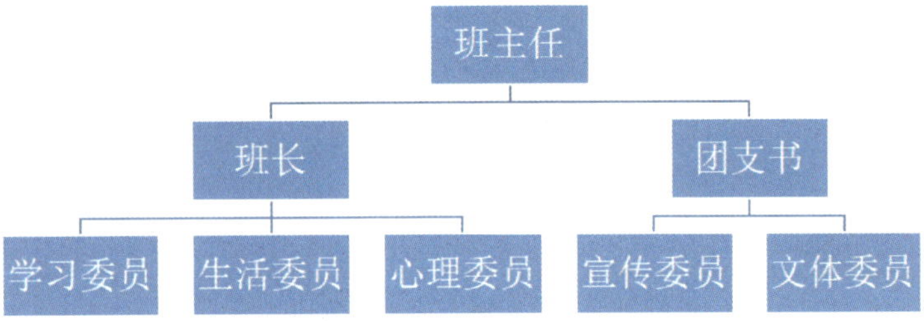

图 2-3-22　在项目内添加文字

四、美化智能图形

选定智能图形，单击“设计”选项卡下的“更改颜色”下拉按钮；在下拉列表中单击“彩色”中的第 1 种，如图 2-3-23a 所示；将智能图形的“环绕方式”设置为“上下型环绕”，如图 2-3-23b 所示；并将组织结构图移至文档右上角位置，完成效果如图 2-3-23c 所示。

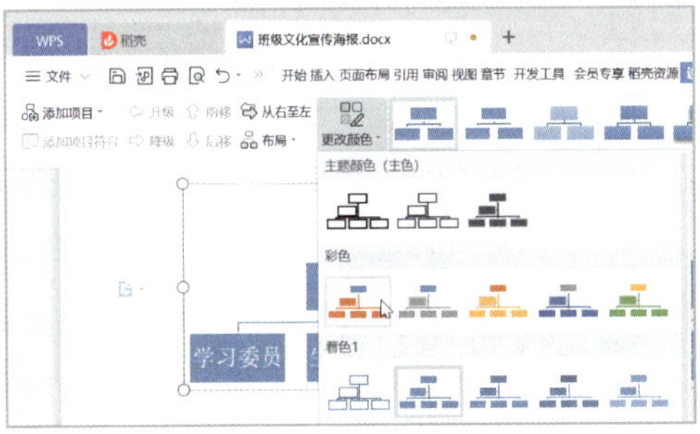

a）

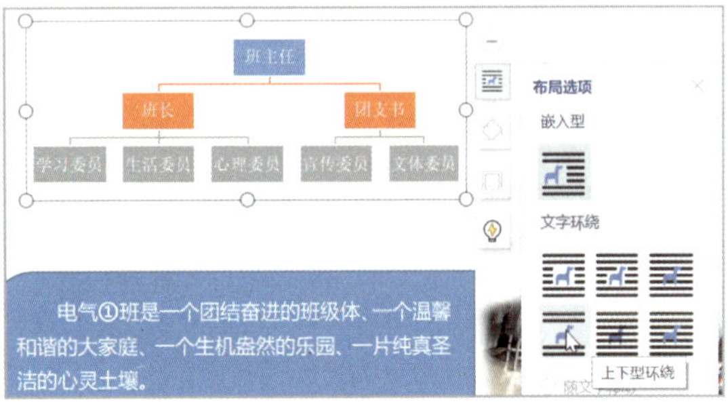

b）

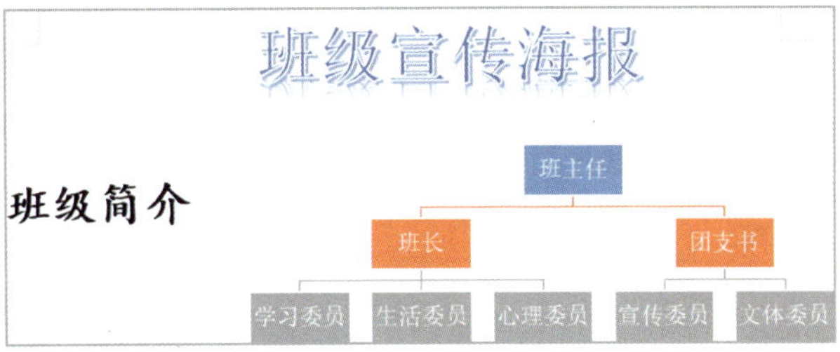

c）

图 2-3-23　美化智能图形

a）选择配色方式　b）设置环绕方式　c）完成效果

任务五　美化海报

任务目标

能够对海报进行美化。

任务实施

一、设置文档背景颜色

单击“页面布局”选项卡下的“背景”下拉按钮；将鼠标指针指向下拉列表中的“其他背景”，在展开的子菜单中单击“图案”命令；弹出“填充效果”对话框，选择“浅色上对角线”图形，将“前景色”设置为“矢车菊蓝，着色 1，浅色 80%”，如图 2-3-24a 所示，单击“确定”按钮，完成效果如图 2-3-24b 所示。

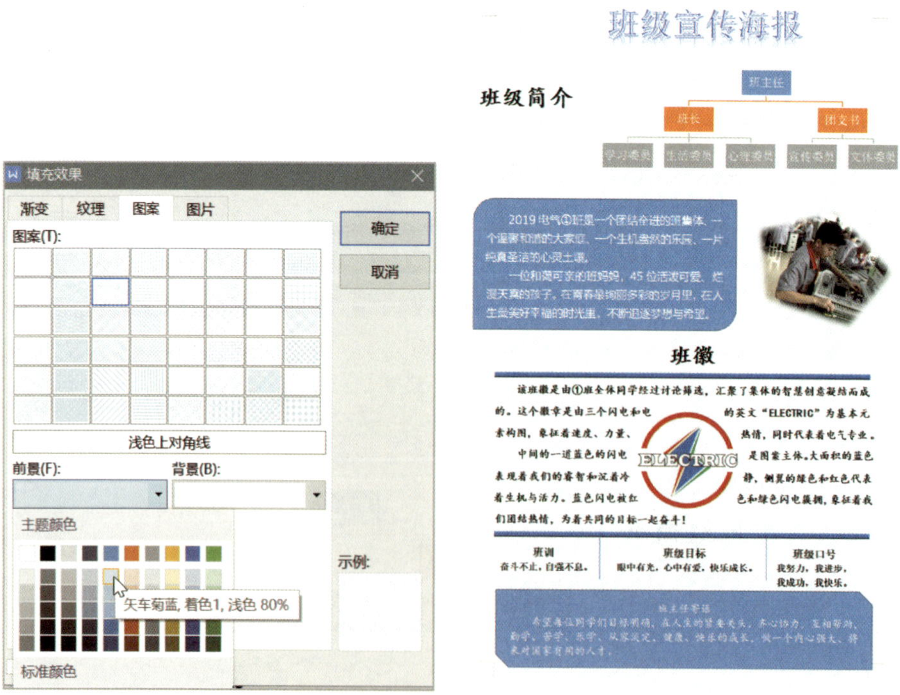

a）　　　　　　　　b）

图 2-3-24　设置文档背景色

a）“填充效果”对话框　b）完成效果

二、添加形状图形

在文档中绘制一个“星与旗帜”中“波形”的形状图形；选定“波形”图形，单击“绘图工具”选项卡下的“下移一层”下拉按钮，在下拉列表中选择“置于底层”命令，如图 2-3-25a 所示；设置其“填充”为“无填充颜色”，“轮廓”为“线型”的“3 磅”，完成效果如图 2-3-25b 所示。

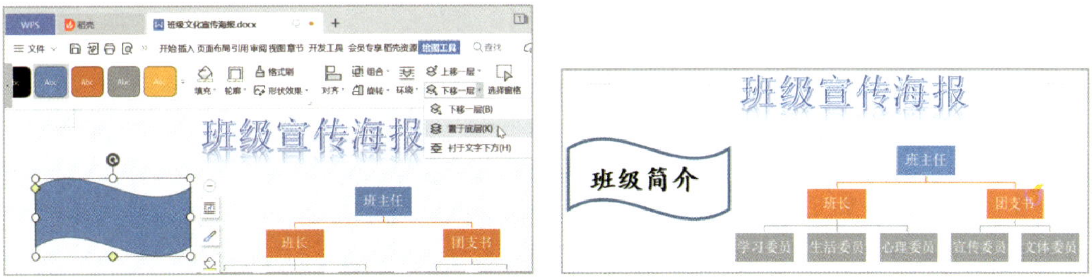

a） b）

图 2-3-25 绘制“波形”图形并调整其图形层次

a）插入图形 b）完成效果

知识点拨

图形的设置

1. 图形的排列

如文档中有多个图形交错重叠时，有时需要调整图形之间的排列顺序，方法是：选定图形后单击鼠标右键，在快捷菜单中选择“置于顶层”或“置于底层”命令，也可根据需要单击“上移一层”或“下移一层”按钮逐层调整。

2. 图形的组合

当一个图案由多个图形或文本框组合而成时，可以通过“组合”功能将其组合成整体，以便于移动、调整大小或设置格式，方法是：选定一个图形，按住“Ctrl”键依次选择需要组合的图形，待选定所有图形后，单击“绘图工具”选项卡下的“组合”下拉按钮，在下拉列表中单击“组合”命令。如果要取消组合图形，则可在选定组合图形后参照上述步骤选择“取消组合”命令。此外，还可在选定图形后单击鼠标右键，在快捷菜单中选择“组合”或“取消组合”命令。

实战与小结

实战演练

制作垃圾分类宣传海报

垃圾分类的目的是提高垃圾的资源价值和经济价值，力争物尽其用，减少垃圾处理量和处理设备的使用，降低处理成本，减少土地资源的消耗。结合本项目所学知识制作一份“垃圾分类宣传海报”文档。制作完成后的效果图如图 2-3-26 所示。

图 2-3-26 “垃圾分类宣传海报”效果图

思路如下：

1. 新建一个 WPS 文字空白文档，并重命名为“垃圾分类宣传海报 .docx”。

2. 设置文档页面布局。页面纸张大小为“A4”，页边距为“上、下 2 厘米，左、右 3 厘米”；页面背景为“纹理”下的“纸纹 2”；添加“浅绿色 3 磅”的页面边框，页面边框距离正文“上下左右均为 30 磅”。

3. 插入一个“云形标注”形状图形，设置其填充为“无填充颜色”，轮廓为“虚线线型”，宽度为“3 磅”。

4. 插入艺术字，艺术字文本内容为“垃圾分类”和“从我做起”，设置艺术字文本颜色，美化艺术字；将艺术字移至“云形标注”形状图形中。

5. 插入文本框，在文本框中录入“垃圾分一分　城市美十分”，将文本框移至“云形标注”形状图形中；继续插入文本框，在文本框中录入“实施垃圾分类　共建绿色文明”，字体为“华文隶书”，字号为“22”，字形为“加粗”，字体颜色为“浅绿色”，将文本框移至合适的位置。

6. 绘制并复制 10 个大小、颜色、样式一样的正圆，在圆形中录入相应文本，将圆形移至文档左上侧。

7. 插入文档中所需的素材图片，将图片环绕方式设置为“浮于文字上方”，调整图片大小，将图片移至文档合适的位置。

8. 继续插入文本框，在文本框中录入相应文本，调整文本框位置。

9. 美化海报，保存文档。

能力提升

制作企业项目申报流程图

结合项目所学的文本框、形状图形等相关知识，练习制作一份“企业项目申报流程图”文档。制作完成后的效果图如图 2-3-27 所示。

思路如下：

1. 新建一个 WPS 文字空白文档，并重命名为“企业项目申报流程图 .docx”。

2. 使用形状图形中的“线条”，流程图的“可选过程”“决策”“终止”形状及文本框形状绘制流程图。

3. 美化流程图。

4. 保存文档。

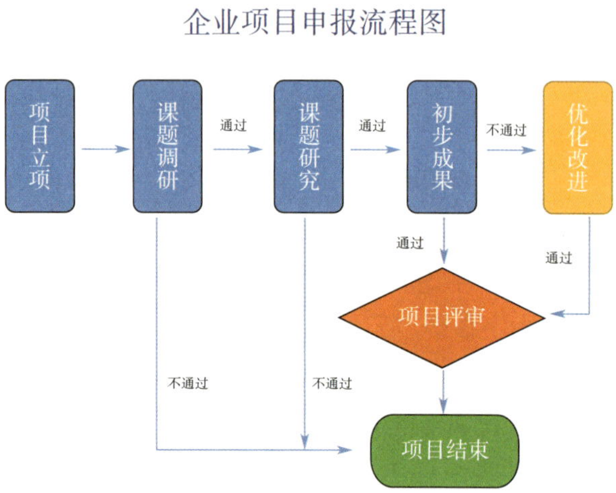

图 2-3-27 “企业项目申报流程图”效果图

项目小结

本项目主要介绍了在 WPS 文字中使用图片、艺术字、文本框、形状图形、智能图形等对象进行图文混排，各项操作的具体方法见表 2-3-1。

表 2-3-1　项目小结

目标	操作方法
插入图片	单击“插入”选项卡下的“图片”下拉按钮，在下拉列表中单击“本地图片”命令；弹出“插入图片”对话框，选择图片后，单击“打开”按钮
编辑图片	设置图片大小、图片效果、环绕方式等操作，抠除背景色，在“图片工具”选项卡下选择相关命令进行设置
插入艺术字	单击“插入”选项卡下的“艺术字”下拉按钮，在下拉列表中选择任意一种艺术字样式选项，在文本框中录入艺术字内容
插入文本框	单击“插入”选项卡下的“文本框”下拉按钮，在下拉列表中单击“横向”命令；此时鼠标指针变成“十”形状，按住鼠标左键拖动即可绘制一个文本框
插入形状图形	单击“插入”选项卡下的“形状”下拉按钮，在下拉列表中选择一种形状命令后，按住鼠标左键拖动即可绘制一个形状图形

续表

<table>
<tr><th colspan="2">目标</th><th>操作方法</th></tr>
<tr><td rowspan="2">编辑艺术字、文本框、形状图形</td><td rowspan="2">形状样式、形状填充、形状轮廓、形状效果、环绕方式、文本字体、字形、字号、艺术字样式、文本填充、文本轮廓、文本效果</td><td>选定对象后，在“绘图工具”选项卡下设置</td></tr>
<tr><td>选定文本后，在“文本工具”选项卡下设置</td></tr>
<tr><td colspan="2">插入智能图形</td><td>单击“插入”选项卡下的“智能图形”按钮；弹出“智能图形”对话框，选择智能图形模板，单击“确定”按钮</td></tr>
<tr><td rowspan="3">编辑智能图形</td><td>删除项目</td><td>选定需要删除的项目，按下“Delete”键</td></tr>
<tr><td>添加项目</td><td>选定项目，单击“设计”选项卡下的“添加项目”下拉按钮；在下拉列表中单击相应命令</td></tr>
<tr><td>调整图形布局，更改颜色及环绕方式</td><td>选定图形，在“设计”选项卡下选择相关功能命令进行设置</td></tr>
</table>

项目四
制作学生会报名表——WPS 文字表格的制作

工作与生活中会用到各种表格，如简历表、报名表、登记表等。在 WPS 文字排版中，使用表格可以更直观地展现数据信息，也可以使版面更美观。本项目主要介绍使用 WPS 文字创建表格、在表格中录入内容、编辑表格及美化表格等知识。

学习要点

◆创建表格
◆在表格中录入内容
◆编辑表格
◆美化表格
◆使用公式计算表格数据
◆排序表格数据

项目描述

19 电气①班学生郭星泽顺利竞选上了学生会生活部部长。学生会将要开展招新工作，郭星泽便开始制作学生会报名表，首先构思其内容和布局，然后使用 WPS 文字制作报名表，最后对报名同学的面试成绩进行简单的计算和排序。

制作完成后的学生会报名表效果如图 2-4-1 所示。

思路解析

使用 WPS 文字制作报名表，首先要创建表格，再根据表格的整体框架对单元格进

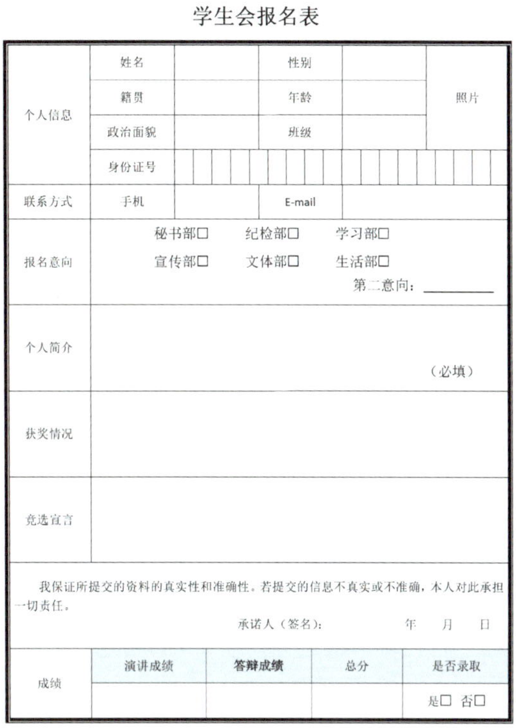

学生会报名表

个人信息	姓名		性别		照片
	籍贯		年龄		
	政治面貌		班级		
	身份证号				
联系方式	手机		E-mail		
报名意向	秘书部☐　纪检部☐　学习部☐ 宣传部☐　文体部☐　生活部☐ 第二意向：________				
个人简介	（必填）				
获奖情况					
竞选宣言					
我保证所提交的资料的真实性和准确性。若提交的信息不真实或不准确，本人对此承担一切责任。 承诺人（签名）：　　　年　　月　　日					
成绩	演讲成绩	答辩成绩	总分	是否录取	
				是☐　否☐	

图 2-4-1　“学生会报名表”效果图

行合并、拆分等操作，然后在录入文字过程中对表格进行细调，最后美化表格。其制作思路如下：

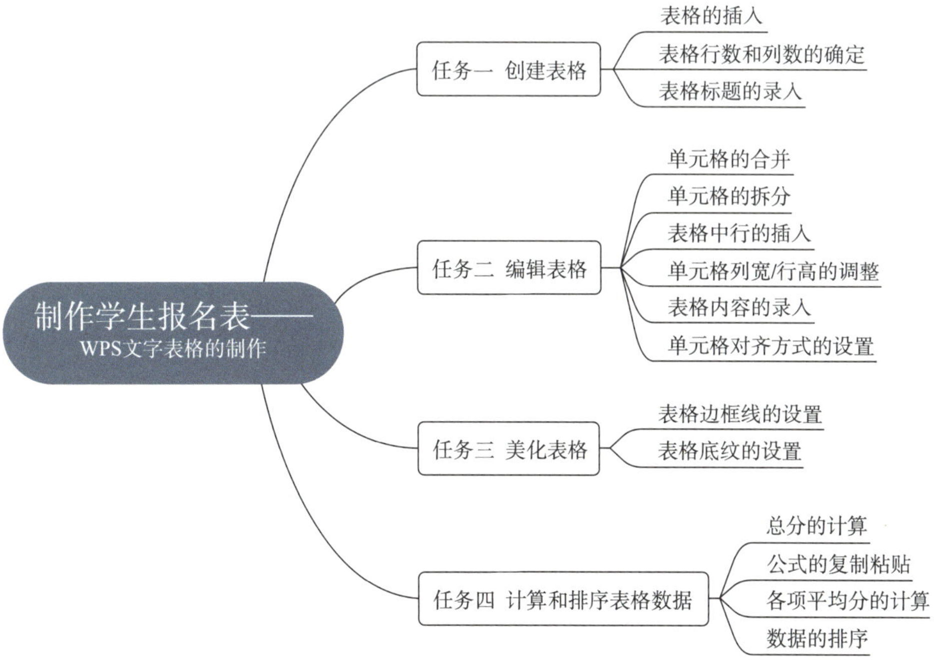

任务一　创建表格

任务目标

能够创建表格和选定表格。

任务实施

一、插入表格

新建一个 WPS 文字空白文档，将文档命名为“学生会报名表”。单击“插入”选项卡下的“表格”下拉按钮；在下拉列表中单击“插入表格”命令，如图 2-4-2 所示。

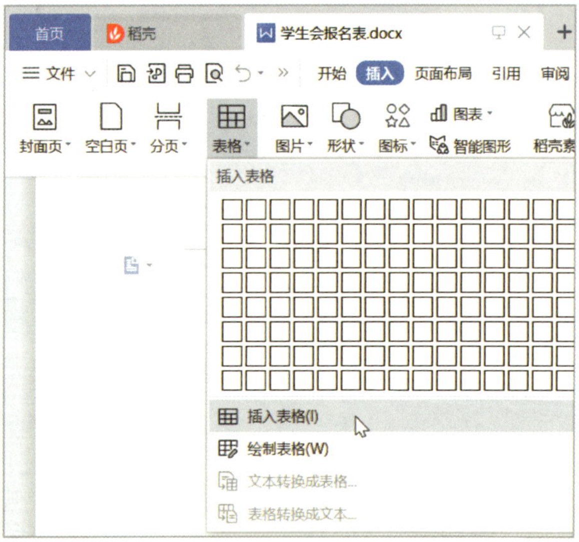

图 2-4-2　执行“插入表格”命令

二、确定表格的行数和列数

在弹出的“插入表格”对话框中，在“列数”文本框中输入“6”，在“行数”文本框中输入“10”，单击“确定”按钮即可完成创建一个 6 列 10 行的表格，如图 2-4-3 所示。

a）　　　　　　　　b）

图 2-4-3　确定表格的行数和列数

a）“插入表格”对话框　b）完成效果

知识点拨

创建表格的其他方法

在 WPS 文档中创建表格的方法有多种，除了使用以上方法外，还可以通过虚拟表格来创建，方法是：单击“插入”选项卡下的“表格”下拉按钮；在下拉列表“虚拟表格”中移动鼠标选择表格行列值后单击鼠标左键完成创建表格，如图 2-4-4 所示。

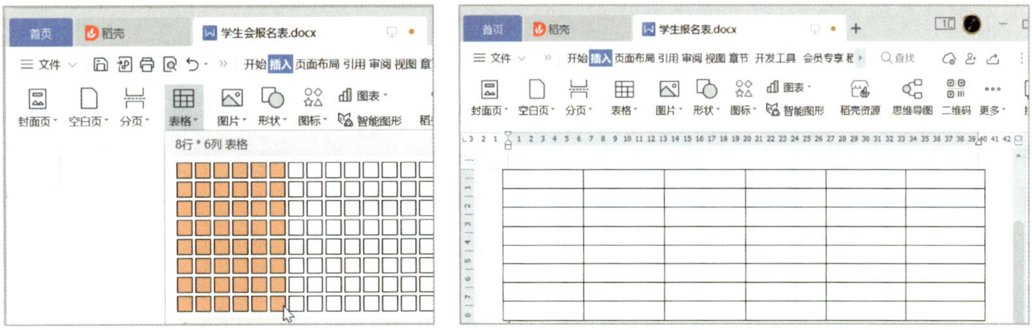

a）　　　　　　　　b）

图 2-4-4　使用“虚拟表格”创建表格

a）选择行数、列数　b）完成效果

三、录入表格标题

把鼠标指针移至表格中，表格左上角出现“✥”形状时，单击“✥”形状按住鼠标左键并向下拖动，将表格下移一行，如图 2-4-5a 所示；在表格上方录入标题内容

“学生会报名表”，设置标题“字号”为“小二”，“字形”为“加粗”，“对齐方式”为“居中对齐”，如图 2-4-5b 所示。

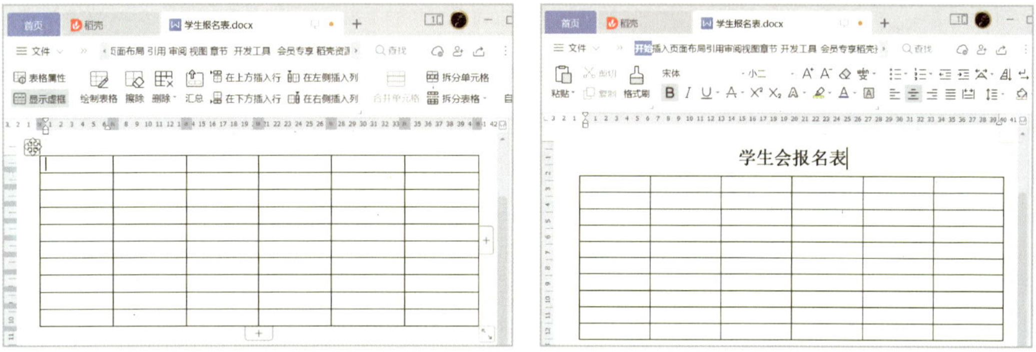

a） b）

图 2-4-5 录入表格标题

a）选中表格并移动 b）录入标题内容

知识点拨

表格的选定

对表格进行编辑时，需要先选定表格区域。根据选定的对象不同，有以下几种选定方法，见表 2-4-1。

1. 选定一个或多个单元格

将鼠标指针移至某个单元格左内侧，当指针变成黑色箭头形状“↗”时，单击鼠标左键可以选定该单元格；拖动鼠标可以选定多个连续的单元格。

2. 选定一行或多行

将鼠标指针移至某行左外侧，当指针变成白色箭头形状“↗”时，单击鼠标左键可以选定该行；拖动鼠标可以选定连续多行。

3. 选定一列或多列

将鼠标指针移至某列上方，当指针变成黑色箭头形状“⬇”时，单击鼠标左键可以选定该列；拖动鼠标可以选定连续多列。

4. 选定整个表格

将鼠标指针移至表格内，表格的左上角出现“⊞”标志时，单击“⊞”，即可选定整个表格。

表 2-4-1　表格的选定

项目	示例 1	示例 2
选定一个或多个单元格	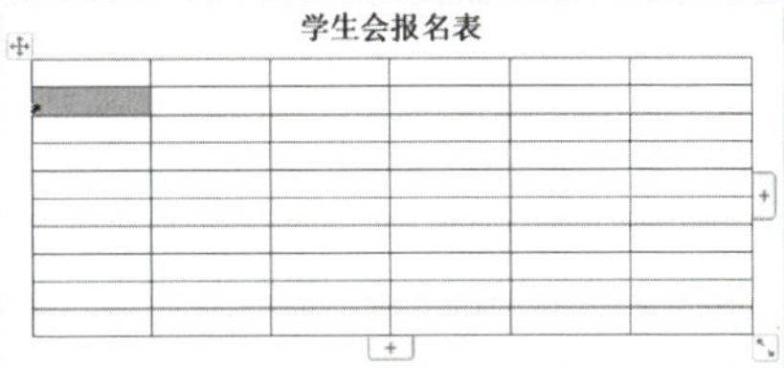	
选定一行或多行		
选定一列或多列	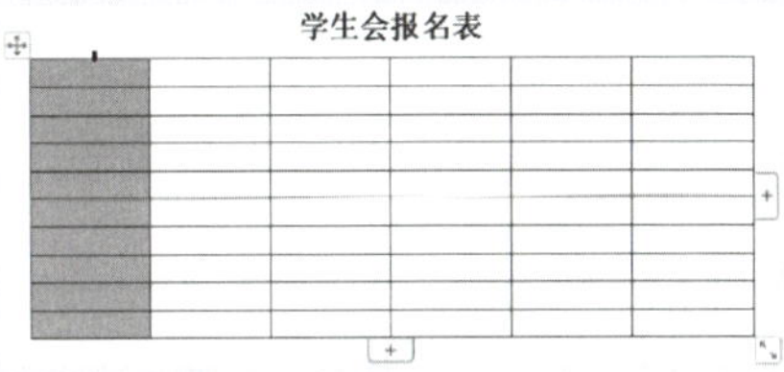	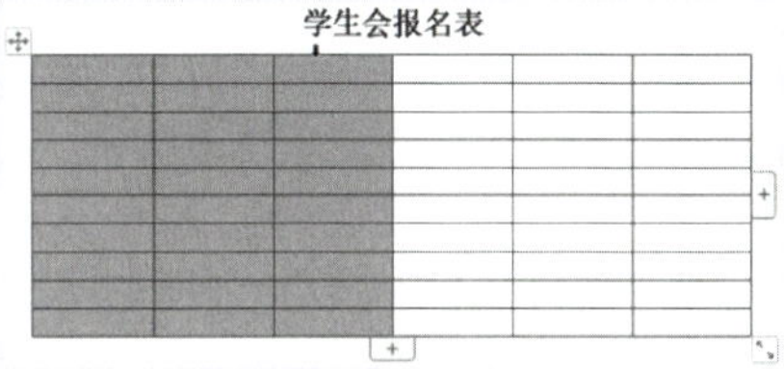

任务二　编辑表格

任务目标

能够合并、拆分单元格，插入行、列，调整表格行高、列宽等。

任务实施

一、合并单元格

打开“学生会报名表”文档，选定第 1 列的第 1 至 4 行单元格；单击“表格工具”

选项卡下的“合并单元格”命令，如图 2-4-6a 所示；按照相同的方法，继续合并其余单元格，如图 2-4-6b 所示。

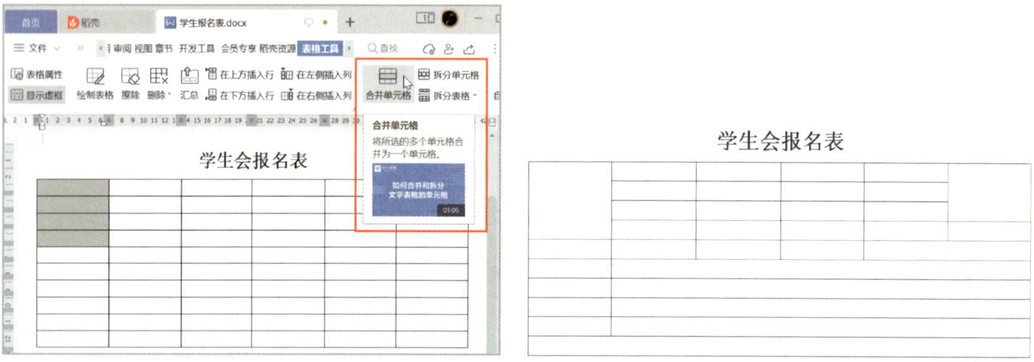

a）　　　　b）

图 2-4-6　合并单元格

a）选项位置　b）合并效果

二、拆分单元格

在“身份证号”一栏中，需要创建 18 个单元格，此时可对单元格进行拆分操作。选定第 4 行的第 3 至 6 列单元格，单击“表格工具”选项卡下的“拆分单元格”命令，如图 2-4-7a 所示；弹出“拆分单元格”对话框，在“列数”文本框中输入“18”，在“行数”文本框中输入“1”，单击“确定”按钮，拆分效果如图 2-4-7b 所示。

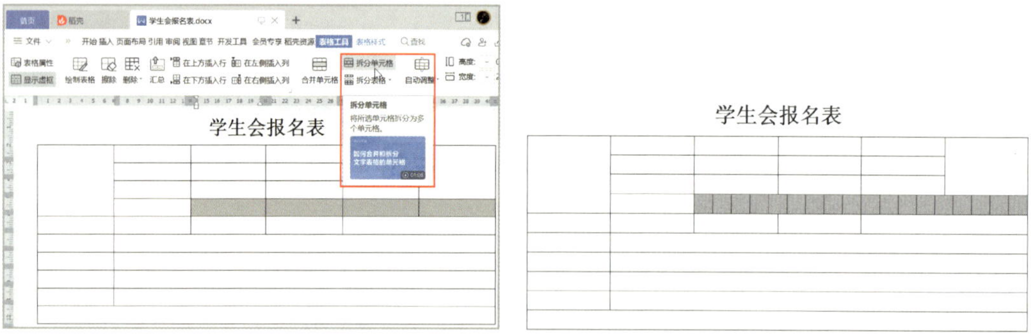

a）　　　　b）

图 2-4-7　拆分单元格

a）选项位置　b）拆分效果

三、在表格下方插入行

选定最后 1 行，单击“表格工具”选项卡下的“在下方插入行”命令，如图 2-4-8a 所示；选定最后一行，将其拆分为“5 列 2 行”，并合并相应单元格，拆分效果如图 2-4-8b 所示。

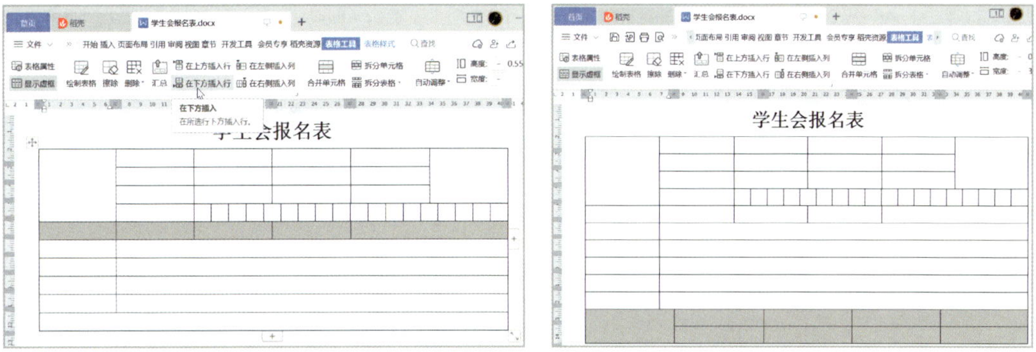

a）　　b）

图 2-4-8　插入行

a）选项位置　b）拆分效果

知识点拨

调整表格的行和列

在编辑表格过程中，常需要根据表格的框架增加行、列，删除行、列。

插入行 / 列的方法是：选定某行 / 列，单击“表格工具”选项卡下的“在上方插入行”“在下方插入行”“在左侧插入列”或“在右侧插入列”命令。

删除行 / 列的方法是：选定某行 / 列，单击“表格工具”选项卡下的“删除”下拉按钮，在下拉命令列表中选择“行”或“列”命令。

四、调整单元格列宽 / 行高

1. 调整单元格宽度

选定最后一行第一个单元格，在边框线上按住鼠标左键向左拖动边线至合适宽度，如图 2-4-9 所示。

2. 调整行高 / 列宽

选定第 1 至 5 行，在“表格工具”选项卡下的“高度”文本框中输入“1 厘米”，如图 2-4-10a 所示，按下“Enter”键；选定第 6 至 10 行，在“高度”文本框中输入“2.5 厘米”；选定表格最后两行，将行“高度”设置为“1 厘米”，设置效果如图 2-4-10b 所示。

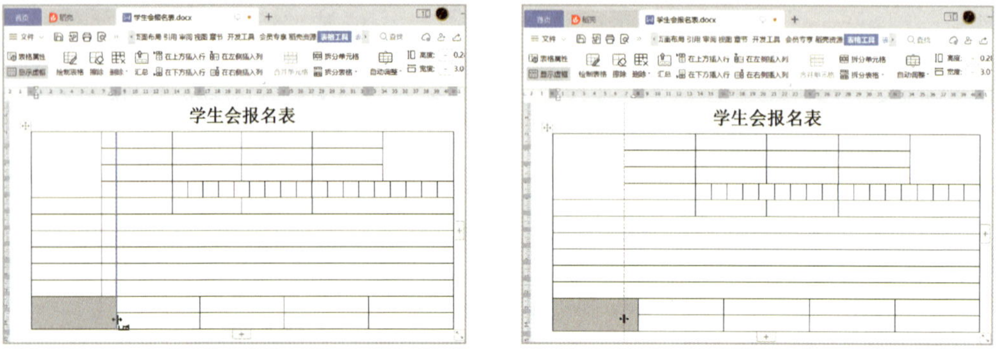

a）　　　　　　　　b）

图 2-4-9　调整单元格宽度

a）对准边线　b）拖动边线

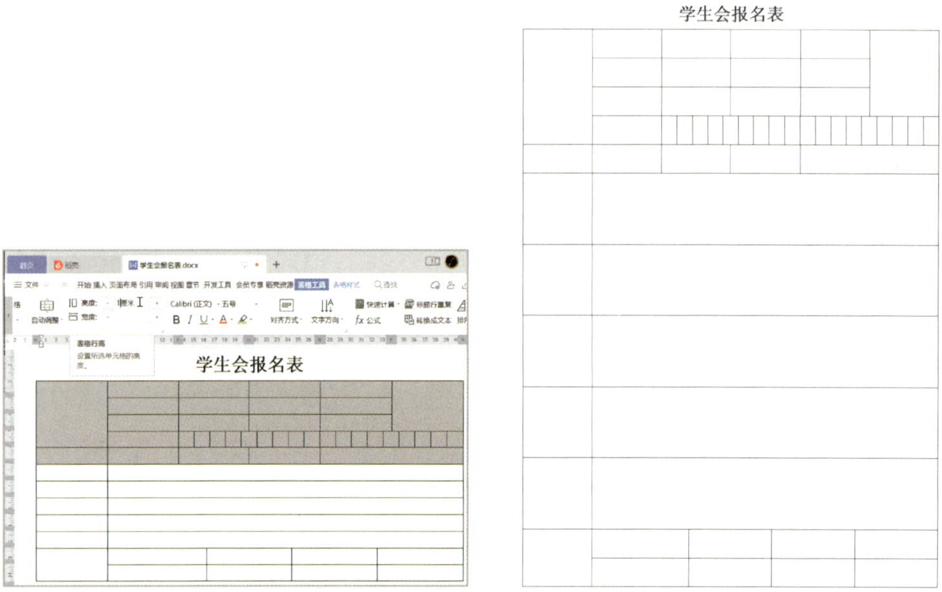

a）　　　　　　　　b）

图 2-4-10　设置行高

a）设置行高参数　b）设置效果

知识点拨

单元格的调整

1. 调整行高和列宽

除了使用“表格工具”设置行高、列宽的方法外，还可以通过以下方法设置：

（1）调整行高

将鼠标指针移至行与行之间边框线，当鼠标指针变成 形状时，按住鼠标左键，出现虚线时拖动边线，待拖动到合适行高时释放鼠标左键。

（2）调整列宽

将鼠标指针移至列与列之间边框线，当鼠标指针变成 形状时，按住鼠标左键，出现虚线时拖动边线，待拖动到合适列宽时释放鼠标左键。

2. 调整单元格宽度

在编辑表格时，如只需要调整某个或某几个单元格宽度，需先选定单元格，在边框线上按住鼠标左键并拖动边线至合适的宽度。

五、录入表格内容

将光标插入点置于单元格内，在单元格中录入相应内容，如图 2-4-11 所示。

学生会报名表

个人信息	姓名		性别		照片
	籍贯		年龄		
	政治面貌		班级		
	身份证号				
联系方式	手机		E-mail		
报名意向	秘书部☐　纪检部☐　学习部☐ 宣传部☐　文体部☐　生活部☐ 第二意向：＿＿＿＿				
个人简介	（必填）				
获奖情况					
竞选宣言					
我保证所提交的资料的真实性和准确性。若提交的信息不真实或不准确，本人对此承担一切责任。 承诺人（签名）：　　年　月　日					
成绩	演讲成绩	答辩成绩	总分	是否录取	
				是☐　否☐	

图 2-4-11　录入表格内容

六、设置单元格对齐方式

选定第 1 至 5 行，单击“表格工具”选项卡下的“对齐方式”下拉按钮；在下拉列表中单击“水平居中”命令，如图 2-4-12a 所示；按照相同的方法，设置其余单元格文本的对齐方式，设置效果如图 2-4-12b 所示。

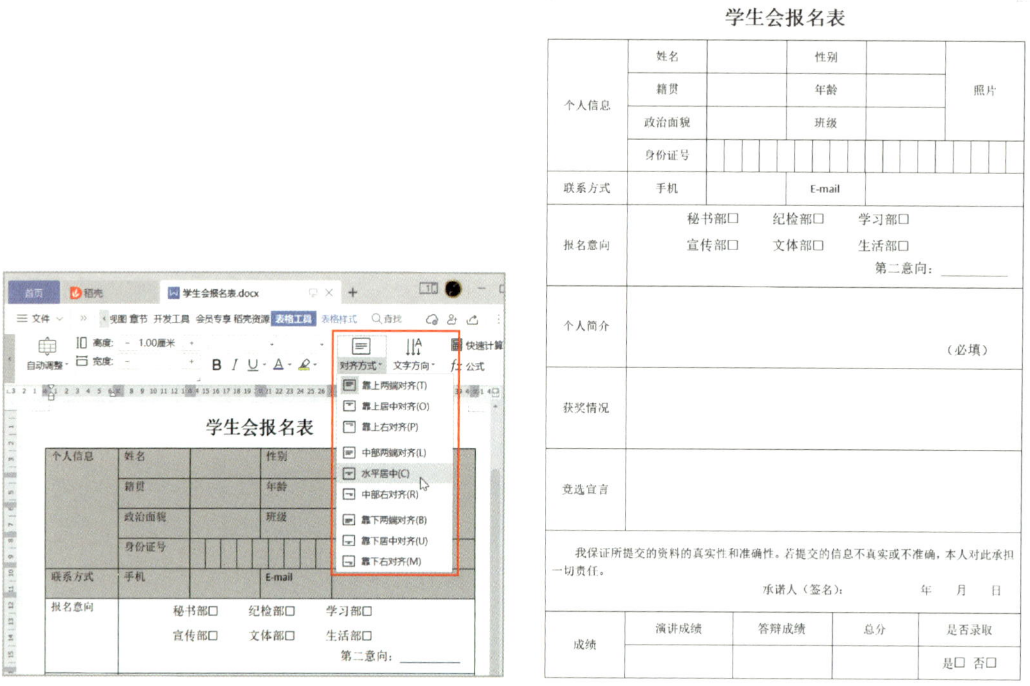

图 2-4-12　设置单元格文本的对齐方式

a）选项位置　b）设置效果

知识点拨

单元格对齐方式

单元格对齐方式是指文本在单元格内的对齐方式，共有 9 种，分别为靠上两端对齐、靠上居中对齐、靠上右对齐、中部两端对齐、水平居中、中部右对齐、靠下两端对齐、靠下居中对齐、靠下右对齐。在默认情况下，单元格文本对齐方式为“靠上两端对齐”。

任务三　美化表格

任务目标

能够设置表格边框线和底纹，使用表格样式美化表格。

任务实施

一、设置表格边框线

选定表格，单击“表格样式”选项卡下的“线型”下拉按钮，在下拉列表中选择合适的线型；单击“线型粗细”下拉按钮，在下拉列表中选择3磅宽的线型，如图2-4-13a所示；单击“边框”下拉按钮，在下拉列表中选择“外侧框线”命令，如图2-4-13b所示。

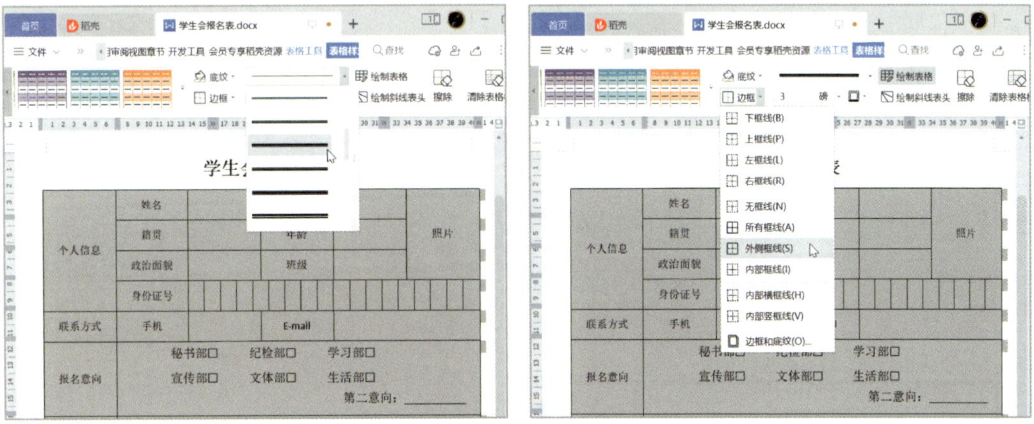

a）　　　　b）

图2-4-13　设置表格边框线

a）选择粗细　b）选择样式

二、设置表格底纹

选定“演讲成绩”“答辩成绩”“总分”“是否录取”四个单元格；单击“表格样式”下的“底纹”下拉按钮，在下拉列表中选择“矢车菊蓝，着色1，浅色80%”主题颜色，如图2-4-14所示。

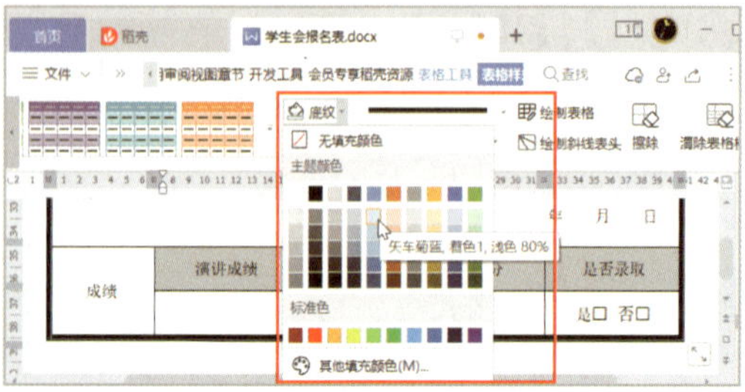

a）

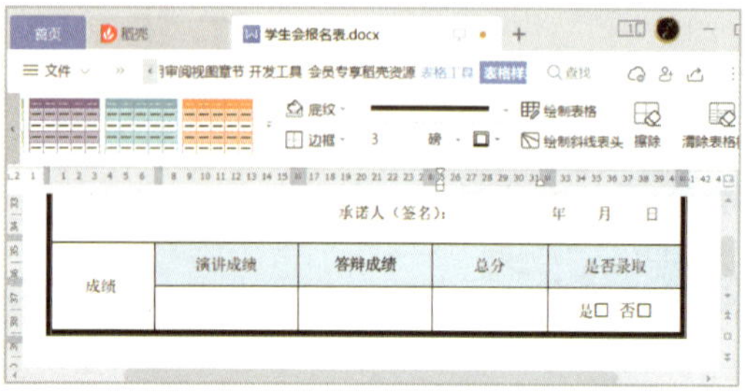

b）

图 2-4-14　设置表格底纹
a）选项位置　b）设置效果

知识点拨

表格样式

WPS 文字为表格提供了多种表格样式，通过设置表格样式，可快速美化表格，方法是：选定整个表格，单击“表格样式”选项卡下的“表格样式”下拉按钮，在表格样式库中选择任意一种样式，如图 2-4-15 所示。

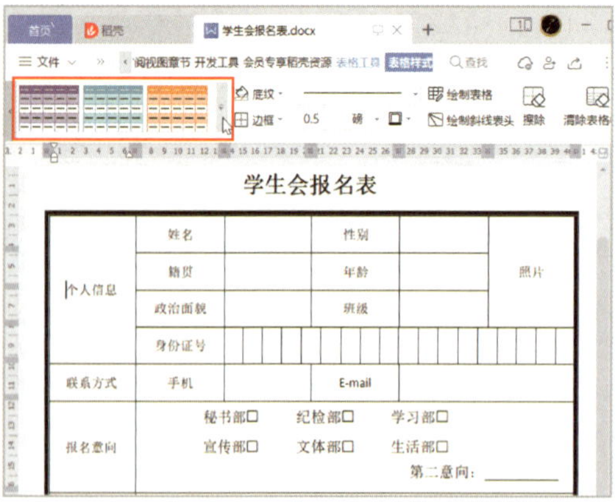

a）

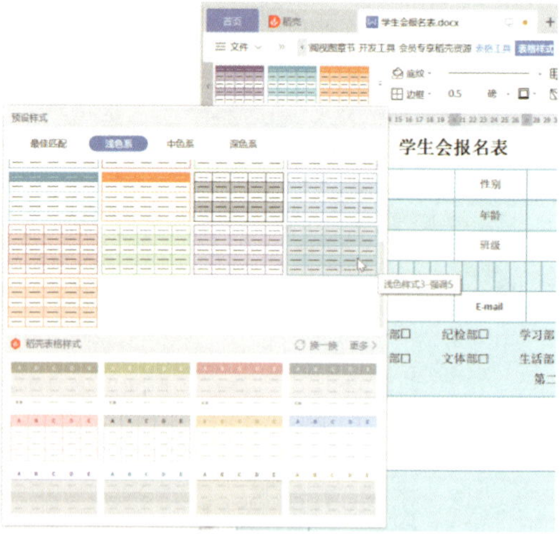

b）

图 2-4-15　设置表格样式
a）按钮位置　b）样式列表

任务四　计算表格数据并排序

任务目标

能够进行表格数据的计算与排序。

任务实施

一、计算总分

打开素材文件“学生会面试成绩表.docx”，将光标插入点置于“总分”列第一行的单元格内；单击“表格工具”选项卡下的“公式”按钮，如图 2-4-16a 所示；弹出“公式”对话框，在“公式”文本框中输入“=SUM（LEFT）”，单击“确定”按钮，如图 2-4-16b 所示。

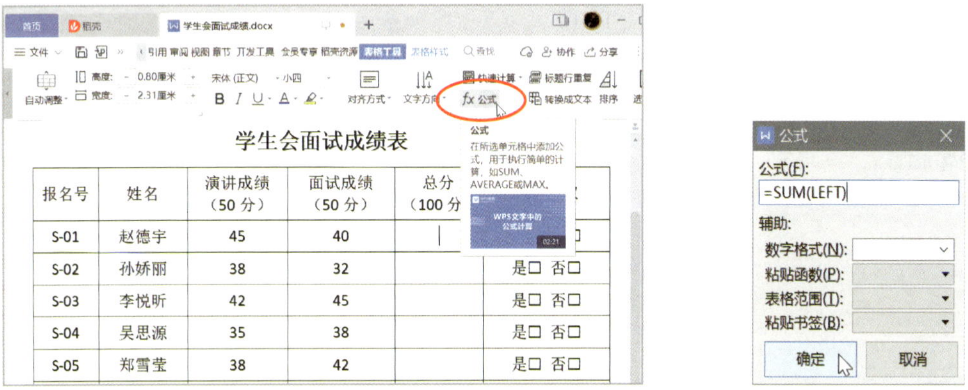

a）　　　　　　　　　　b）

图 2-4-16　计算总分

a）按钮位置　b）“公式”对话框

二、复制粘贴公式

选定“总分”列中第一行单元格的结果“85”，按下“Ctrl+C”组合键复制该公式；用“Ctrl+V”组合键粘贴公式至“总分”列第二行单元格内；选定新粘贴的“85”后右击，在快捷菜单中选择“更新域”命令，如图 2-4-17a 所示，计算出第二行单元格的总分。按照相同的方法，计算其余行单元格的总分，完成效果如图 2-4-17 所示。

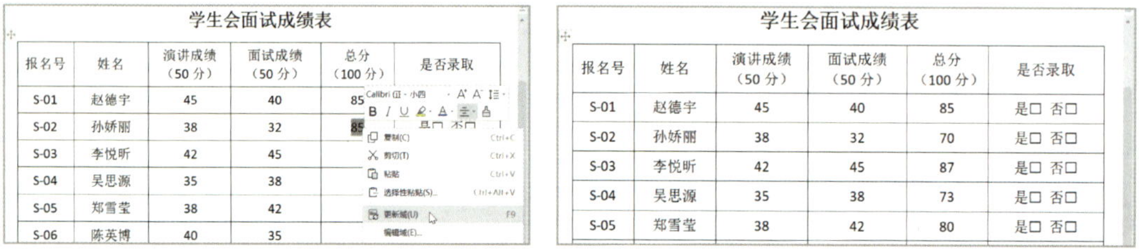

a）　　　　b）

图 2-4-17　粘贴复制公式

a）选项位置　b）完成效果

三、计算各项平均分

将光标插入点置于最后一行需要计算平均分的单元格内，单击“表格工具”选项卡下的“公式”按钮；弹出“公式”对话框，在“公式”文本框中输入“=AVERAGE（ABOVE）”，单击“确定”按钮，如图 2-4-18a 所示；将此单元格的公式复制到后面的单元格中，并更新域，完成平均分的计算，完成效果如图 2-4-18b 所示。

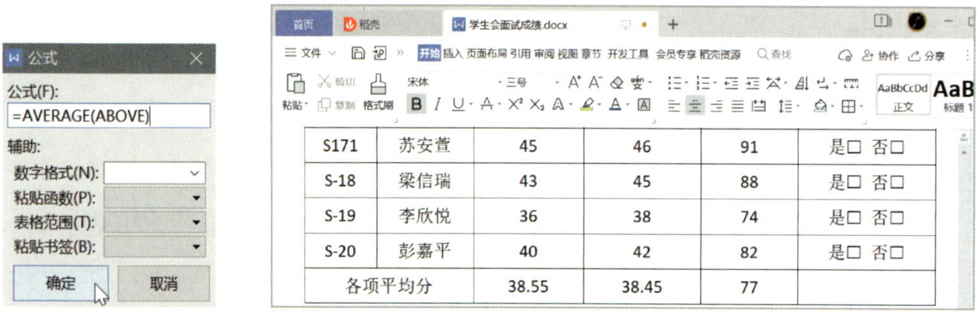

a）　　　　b）

图 2-4-18　计算各项平均分

a）输入公式　b）完成效果

知识点拨

函数的使用

在表格公式计算中，常用的函数有：求和 SUM、求平均值 AVERAGE、求最大值 MAX、求最小值 MIN。在各个函数后的括号里填写计算范围，计算范围可以用向左（LEFT）、向右（RIGHT）、向上（ABOVE）、向下（BELOW）表示。

插入公式后，弹出“公式”对话框，删除默认公式，在“数字格式”列表中选择合适的数字格式，在“粘贴函数”列表中选择需要的函数，在“表格范围”列表中选择计算范围，单击“确定”按钮。

四、排序数据

选定整个表格，单击“表格工具”选项卡下的“排序”命令，如图 2-4-19a 所示；弹出“排序”对话框，设置“列表”为“有标题行”，“主关键字”为“总分”，“序列”为“降序”，单击“确定”按钮，如图 2-4-19b 所示。

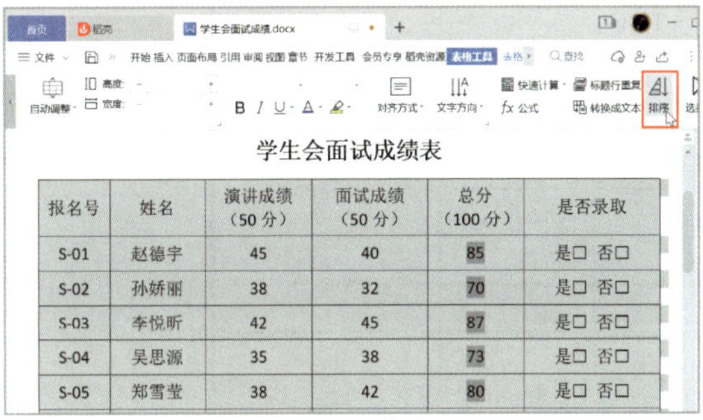

a）

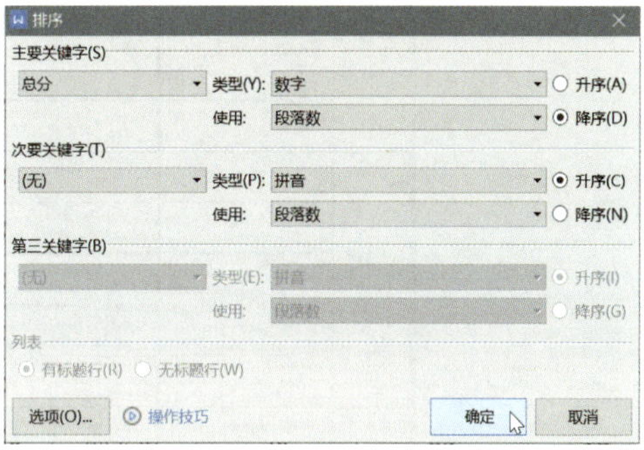

b）

图 2-4-19　数据排序

a）按钮位置　b）“排序”对话框

实战与小结

实战演练

制作员工入职登记表

员工到企业入职时，需要填写一份员工入职登记表。该表主要包含员工个人信息、工作经历、员工声明与确认等信息。制作完成后的效果图如图 2-4-20 所示。

思路如下：

1. 新建一个 WPS 文字空白文档，将其重命名为“员工入职登记表 .docx”。
2. 在文档中创建一个 5 列 21 行的表格。
3. 按照表格布局，使用合并单元格、拆分单元格调整表格框架。

员工入职登记表

<table>
<tr><td>姓名</td><td></td><td>性别</td><td></td><td>民族</td><td></td><td>出生日期</td><td></td><td rowspan="5">照片</td></tr>
<tr><td>籍贯</td><td></td><td>政治面貌</td><td></td><td>婚姻状况</td><td colspan="3">□未婚 □已婚 □离异</td></tr>
<tr><td rowspan="3">联系方式</td><td>身份证号</td><td colspan="2"></td><td>最高学历</td><td colspan="3"></td></tr>
<tr><td>户籍地址</td><td colspan="2"></td><td>专　业</td><td colspan="3"></td></tr>
<tr><td>联系电话</td><td colspan="2"></td><td>毕业学校</td><td colspan="3"></td></tr>
<tr><td colspan="2">专业技术等级</td><td colspan="2"></td><td>计算机熟练程度</td><td colspan="2">□精通 □熟练
□一般 □不会</td><td>驾驶证</td><td></td></tr>
<tr><td rowspan="5">教育经历</td><td>起止时间</td><td colspan="3">学校名称</td><td>学历</td><td colspan="3">专业</td></tr>
<tr><td></td><td colspan="3"></td><td></td><td colspan="3"></td></tr>
<tr><td></td><td colspan="3"></td><td></td><td colspan="3"></td></tr>
<tr><td></td><td colspan="3"></td><td></td><td colspan="3"></td></tr>
<tr><td></td><td colspan="3"></td><td></td><td colspan="3"></td></tr>
<tr><td rowspan="5">工作经历</td><td>起止时间</td><td colspan="3">工作单位</td><td>职务</td><td colspan="3">离职原因</td></tr>
<tr><td></td><td colspan="3"></td><td></td><td colspan="3"></td></tr>
<tr><td></td><td colspan="3"></td><td></td><td colspan="3"></td></tr>
<tr><td></td><td colspan="3"></td><td></td><td colspan="3"></td></tr>
<tr><td></td><td colspan="3"></td><td></td><td colspan="3"></td></tr>
<tr><td rowspan="4">家庭成员</td><td>姓名</td><td>关系</td><td>年龄</td><td colspan="3">工作单位</td><td colspan="2">联系电话</td></tr>
<tr><td></td><td></td><td></td><td colspan="3"></td><td colspan="2"></td></tr>
<tr><td></td><td></td><td></td><td colspan="3"></td><td colspan="2"></td></tr>
<tr><td></td><td></td><td></td><td colspan="3"></td><td colspan="2"></td></tr>
<tr><td>员工声明与确认</td><td colspan="8">1. 公司已经告知员工本人工作内容、工作条件、工作地点、职业危害、安全生产状况、劳动报酬以及岗位职责，并随时接受公司岗位职责考核录用条件等内容。
2. 本人承诺愿意服从公司工作管理，并遵守公司制定的各项规章制度。
3. 本人保证，提供的所有资料全部属实。如有弄虚作假或隐瞒的情况，属于严重违反公司规章制度，公司有权立即解除劳动关系。如有这种情况出现，本人愿意承担由此引起的一切法律后果。
本人签名：
日　期：　　年　月　日</td></tr>
</table>

图 2-4-20 “员工入职登记表”效果图

4. 将员工入职登记表内容录入至表格中。

5. 调整表格的行高和列宽：第 6 行的行高为“1.2 厘米”，最后一行的行高为“5.2 厘米”，其余行高为“0.8 厘米”；根据表格布局适当调整列宽和单元格宽度。

6. 设置表格边框线。

7. 除“本人签名”内容的单元格外，其余单元格文本对齐方式为“中部居中”。

8. 在表格上方录入标题内容“员工入职登记表”，设置其“字号”为“四号”，“字形”为“加粗”，“对齐方式”为“居中对齐”。

9. 保存文档。

能力提升

制作客户满意度调查表

结合本项目所学的创建表格、编辑表格、美化表格等相关知识，练习制作一份“客户满意度调查表”。制作完成后的效果图如图 2-4-21 所示。

客户满意度调查表

非常感谢您对我公司给予的大力支持，为了完善我们的产品及各项服务，提高客户的满意度，请您在百忙之中抽出宝贵的时间填写此表，我们将在日后的服务中进行改进。谢谢您的帮助！

客户资料				
顾客名称		部门/职位		
联系电话		购买产品型号		
产品质量和使用方面（请在所选项处划“√”）				
调查项目	非常满意	满意	基本满意	不满意
1. 产品的功能	□	□	□	□
2. 产品的稳定性、兼容性	□	□	□	□
3. 产品调试的便捷性	□	□	□	□
4. 产品说明书的实用性	□	□	□	□
5. 更换新品的速度（及时性）	□	□	□	□
服务方面（请在所选项处划“√”）				
调查项目	非常满意	满意	基本满意	不满意
1. 业务人员的态度	□	□	□	□
2. 咨询服务的专业性	□	□	□	□
3. 为解决问题回复的及时性	□	□	□	□
4. 问题投诉的回复质量	□	□	□	□
5. 产品交付的及时性	□	□	□	□
6. 维修产品的返回速度（及时性）	□	□	□	□
对产品、服务及公司的意见或建议				
请将填好的调查表回传至 257***@qq.com，感谢您的大力支持！				

图 2-4-21　“客户满意度调查表”效果图

思路如下：

1. 新建一个 WPS 文字空白文档，将其重命名为“客户满意度调查表 .docx”。
2. 创建一个 5 列 21 行的表格。

3. 使用合并单元格、拆分单元格调整表格布局。
4. 在文档和表格中录入内容。
5. 调整表格行高和列宽，美化表格。
6. 保存文档。

项目小结

本项目主要介绍了在 WPS 文字中创建与编辑表格、对表格数据进行计算和排序等内容，各项操作的具体方法见表 2-4-2。

表 2-4-2　项目小结

目标	操作方法
创建表格	单击“插入”选项卡下的“表格”下拉按钮；在下拉列表中单击“插入表格”命令；弹出“插入表格”对话框，设置行数值和列数值，单击“确定”按钮
在表格中录入内容	将光标插入点定于单元格内，在单元格中录入内容
选定表格区域	1. 选定一个或多个单元格：将鼠标指针移至某个单元格左内侧，当指针变成黑色箭头形状“↗”时，单击鼠标左键可选定该单元格；拖动鼠标可选定多个连续的单元格 2. 选定一行或多行：将鼠标指针移至某行左外侧，当指针变成白色箭头形状“↗”时，单击鼠标左键可选定该行；拖动鼠标可选定连续多行 3. 选定一列或多列：将鼠标指针移至某列上方，当指针变成黑色箭头形状“↓”时，单击鼠标左键可选定该列；拖动鼠标可以选定连续多列 4. 选定整个表格：将鼠标指针移至表格内，表格的左上角出现“✥”标志时，单击“✥”即可选定整个表格
编辑表格	合并单元格、拆分单元格、调整单元格行高和列宽、单元格文本对齐方式：选定单元格，在“表格工具”选项卡下单击相应命令进行设置
美化表格	设置表格边框线、底纹、表格样式：选定单元格，在“表格样式”选项卡下单击相应命令进行设置
计算表格数据	将光标插入点置于需要计算数据的单元格，单击“表格工具”选项卡下的“公式”按钮；弹出“公式”对话框，在“数字格式”列表中选择合适的数字格式，在“粘贴函数”列表中选择需要的函数，在“表格范围”列表中选择计算范围，单击“确定”按钮
排序表格数据	选定表格，单击“表格工具”选项卡下的“排序”命令；弹出“排序”对话框，设置“列表”为“有标题行”，设置“主关键字”“序列”，单击“确定”按钮

模块三

精准的表格数据

项目一
制作学生基本信息表——WPS 表格数据的录入与编辑

WPS 表格是 WPS Office 中的另一个主要组件，具有强大的数据处理能力，主要用于制作各类数据表格。本项目主要讲解 WPS 表格数据的录入与编辑、美化表格等知识。

学习要点

◆工作表的基本操作
◆单元格的基本操作
◆数据的录入与编辑
◆美化表格

项目描述

学生入学后，刘老师要制作一份学生基本信息表，此表包含学生的学号、姓名、性别、民族、籍贯、出生日期等个人信息。

制作完成后的效果图如图 3-1-1 所示。

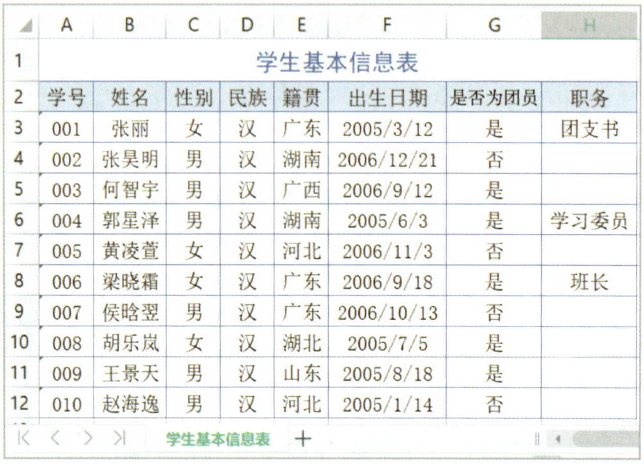

	A	B	C	D	E	F	G	H
1	学生基本信息表							
2	学号	姓名	性别	民族	籍贯	出生日期	是否为团员	职务
3	001	张丽	女	汉	广东	2005/3/12	是	团支书
4	002	张昊明	男	汉	湖南	2006/12/21	否	
5	003	何智宇	男	汉	广西	2006/9/12	是	
6	004	郭星泽	男	汉	湖南	2005/6/3	是	学习委员
7	005	黄凌萱	女	汉	河北	2006/11/3	否	
8	006	梁晓霜	女	汉	广东	2006/9/18	是	班长
9	007	侯晗翌	男	汉	广东	2006/10/13	否	
10	008	胡乐岚	女	汉	湖北	2005/7/5	是	
11	009	王景天	男	汉	山东	2005/8/18	是	
12	010	赵海逸	男	汉	河北	2005/1/14	否	

学生基本信息表

图 3-1-1 “学生基本信息表”效果图

思路解析

刘老师在制作学生基本信息表时，先创建一份 WPS 表格，并将其重命名，再输入学生基本信息数据。输入学生信息时，要根据不同的数据类型，选择相应的输入方法，最后美化表格。其制作思路如下：

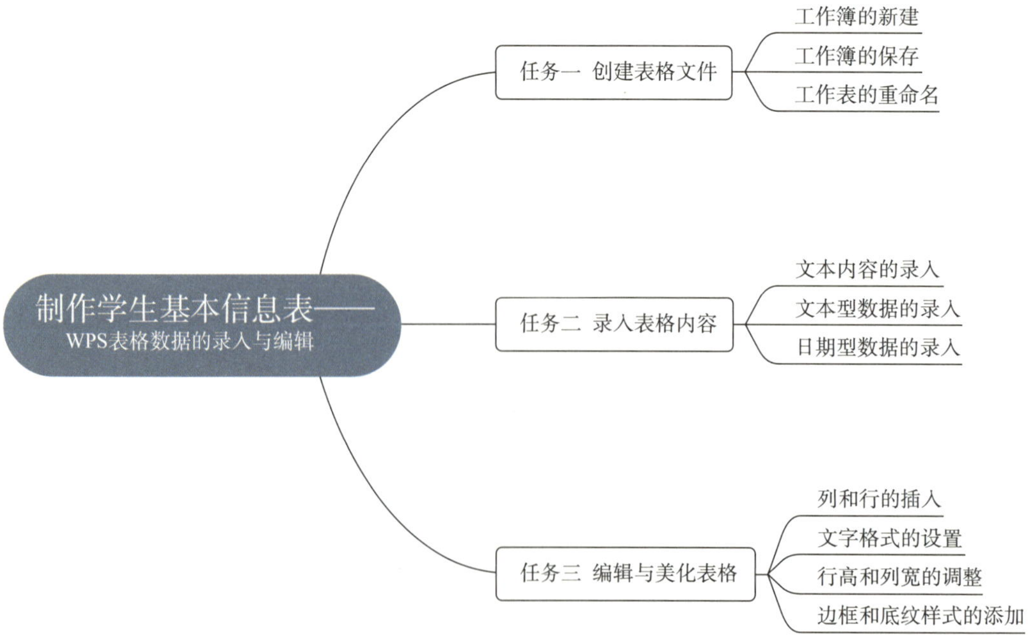

任务一　创建表格文件

任务目标

能够创建表格文件。

任务实施

工作表是由多个单元格按照行列方式排列组合而成的。一个 WPS 表格文件是一个工作簿，可以包含多张工作表。默认情况下，一个新建的工作簿包含一张工作表，该工作表默认命名为“Sheet1”。用户可以根据需要，增减工作表数量和调整工作表顺序。

一、新建工作簿

启动 WPS Office 程序，在弹出的窗口中选择“新建”命令；进入“新建”页面，在窗口左侧选择“新建表格”选项，单击“新建空白表格”，完成效果如图 3–1–2 所示。

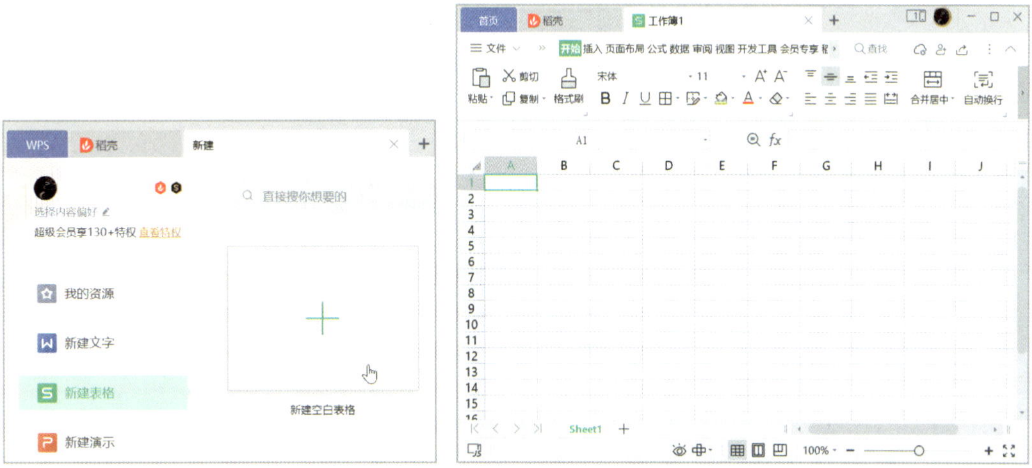

a）　　　　　　　　　　b）

图 3–1–2　新建工作簿

a）选项位置　b）完成效果

二、保存工作簿

在新建的工作簿中，单击文档左上角快速访问工具栏中的“保存”按钮，如图 3–1–3a 所示；弹出“另存文件”对话框，设置文件保存路径；在“文件名称”文本框中输入文件名“学生基本信息表”，单击“保存”按钮，如图 3–1–3b 所示。

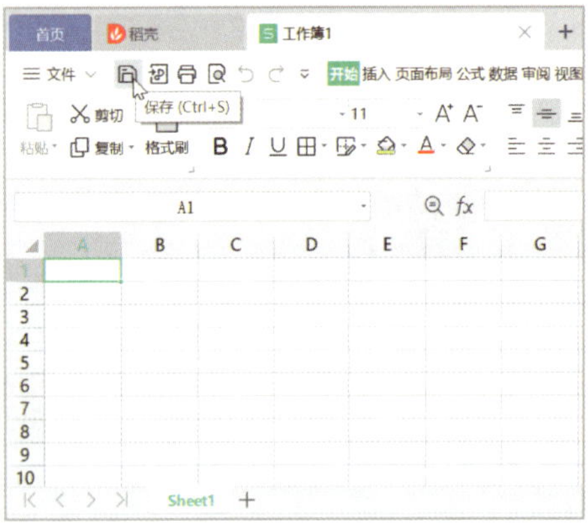

a）

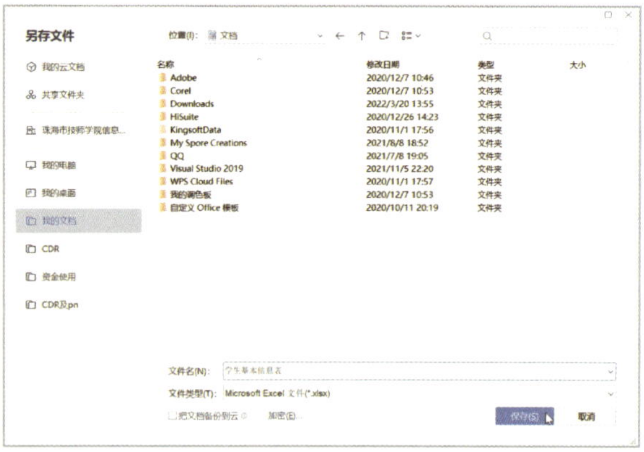

b）

图 3–1–3　保存工作簿

a）按钮位置　b）“另存文件”对话框

知识点拨

文件保存格式

WPS 表格中默认的保存格式是“.xlsx”，这是与 Microsoft Office 兼容的常用格式，除此之外，WPS 表格还可以将文档保存为自有的“.et”格式、Microsoft Office 早期的“.xls”格式等，在“另存文件”对话框中，可通过“文件类型”下拉列表来选择。若需要将已保存的文件另存一份其他格式或相同格式的备份，可单击“文件”菜单后，选择“另存为”命令。

三、重命名工作表

选中“Sheet1”工作表标签后右击，单击快捷菜单中的“重命名”命令，如图 3–1–4a 所示；输入新的工作表名称“学生基本信息表”，完成效果如图 3–1–4b 所示。

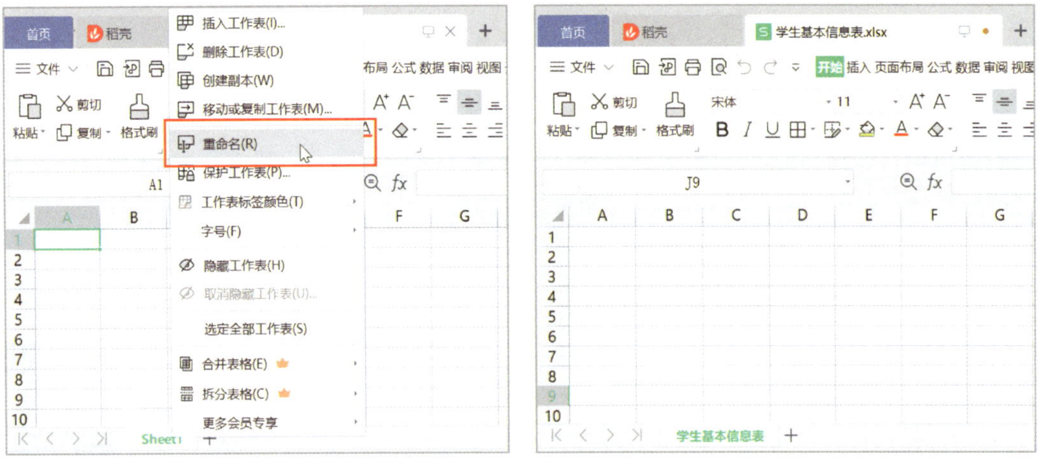

a）　　　　　　　　　　　　　　b）

图 3-1-4　重命名工作表

a）选项位置　b）完成效果

知识点拨

新建与删除工作表

1. 新建工作表

在实际工作中，一张工作表可能无法满足用户的使用需求，这时可在工作簿中添加多张工作表，有以下几种方法。

方法一：单击工作表标签栏右侧的“新建工作表”按钮“+”。

方法二：按下“Shift+F11”组合键。

方法三：选中某一工作表标签后右击，单击快捷菜单中的“插入工作表”命令，弹出“插入工作表”对话框，单击“确定”按钮。

2. 删除工作表

当工作簿中存在多余的工作表时，可将其删除，方法是：选中需要删除的工作表标签后右击，单击快捷菜单中的“删除工作表”命令。

任务二　录入表格内容

任务目标

能够在表格中录入不同类型的数据。

任务实施

在 WPS 表格中，常见的数据类型有文本、数字、日期和时间等，不同的数据类型显示方式不同。默认情况下，文本类型的对齐方式是左对齐，数字类型的对齐方式是右对齐。

一、录入文本内容

单击选中 A1 单元格，输入内容“学号”；按照相同的方法，在相应的单元格中输入其余文本内容，如图 3-1-5 所示。

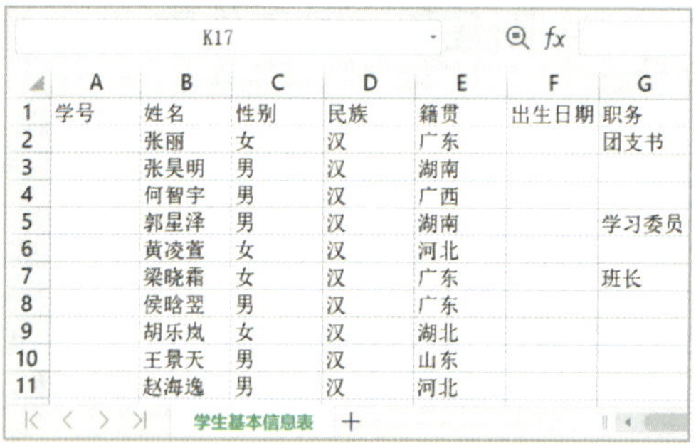

	A	B	C	D	E	F	G
1	学号	姓名	性别	民族	籍贯	出生日期	职务
2		张丽	女	汉	广东		团支书
3		张昊明	男	汉	湖南		
4		何智宇	男	汉	广西		
5		郭星泽	男	汉	湖南		学习委员
6		黄凌萱	女	汉	河北		
7		梁晓霜	女	汉	广东		班长
8		侯晗翌	男	汉	广东		
9		胡乐岚	女	汉	湖北		
10		王景天	男	汉	山东		
11		赵海逸	男	汉	河北		

图 3-1-5　录入文本内容

二、录入文本型数据

在工作表中，除需要输入一些文本内容外，还需要输入数值。在输入数值时，WPS 表格会自动将其以标准的数值格式保存在单元格中。但某些特殊的数据，如“001”，录入后 WPS 会自动将该数值转换为常规的数值格式“1”。若要使数字保持输入时的格式，需要将数值转换为文本，即文本型数据，具体录入方法如下：

1. 录入数据

选定 A2 单元格，将输入法切换至英文状态，先输入单引号“'”，再输入“001”，即“'001”，如图 3-1-6a 所示，按下“Enter”键，A2 单元格左上角出现绿色三角形标记，如图 3-1-6b 所示。

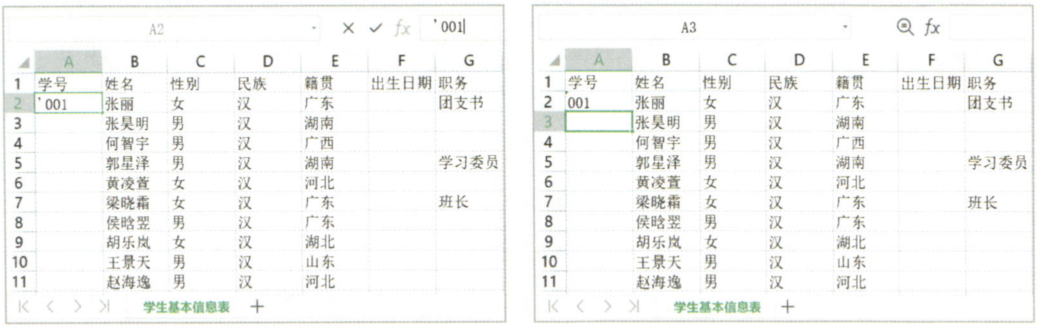

a）　　　　b）

图 3-1-6　录入文本型数据

a）用单引号将数据转换为文本型数据　b）完成效果

2. 使用填充柄填充数据

选定 A2 单元格，将光标移至 A2 单元格的右下角，当鼠标指针变成黑色粗十字形“+”标记时，如图 3-1-7a 所示，按住鼠标左键向下拖动，填充至 A11 单元格，完成其余学生学号的录入，填充效果如图 3-1-7b 所示。

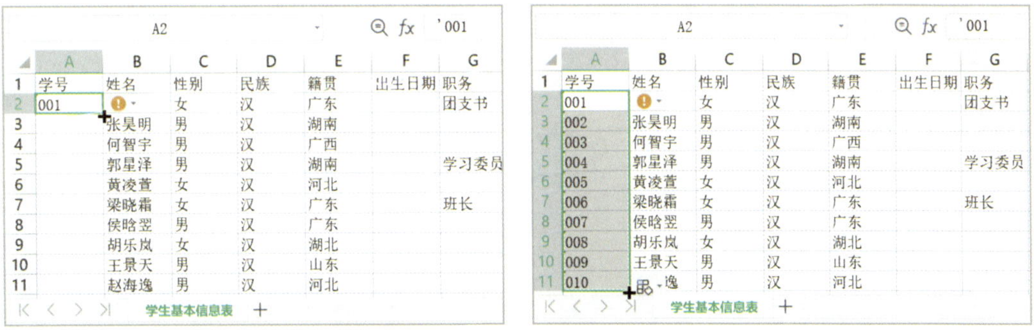

a）　　　　b）

图 3-1-7　使用填充柄填充其余学生的学号

a）鼠标指针变为十字形　b）填充效果

知识点拨

填充柄的使用

在单元格中输入数据，如需要输入相同数据或输入序列性数据，可使用填充柄进行快速输入。

1. 填充相同数据

填充相同数据是指在同一列或行数据中输入多个连续相同数据的情况。此时，只需要在单元格中输入第一个数据再使用填充柄进行快速填充即可。

2. 输入等差序列

在制作表格时，有时需要输入等差序列，如1，3，5，7，…，此时，可以在A1单元格输入“1”，在A2单元格输入“3”，选定A1:A2单元格区域（“:”在WPS表格中表示起止范围），使用填充柄向下填充，即可输入等差序列数据。

3. 输入等比序列

等比序列是指数据成倍数关系的序列数据，如2，4，8，16，…，此时，可以在A1单元格输入“2”，在A2单元格输入“4”，在A3单元格输入“8”，选定A1:A3单元格区域，使用填充柄向下填充，即可输入等比序列数据。

三、录入日期型数据

在输入日期和时间时，可以直接输入一般的日期和时间格式，也可以通过设置单元格格式设置多种不同类型的日期和时间格式。

1. 设置日期类型

选定F2:F11单元格区域，单击“开始”选项卡下的“单元格格式：数字”“对话框启动器”按钮，如图3-1-8a所示；弹出“单元格格式”对话框，单击“数字”选项卡下的“日期”命令；在“类型”中选择“2001/3/7”类型，单击“确定”按钮，如图3-1-8b所示。

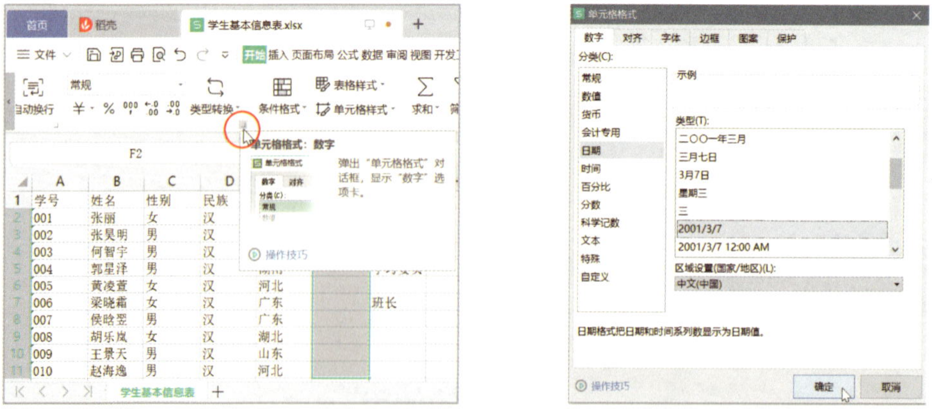

a） b）

图3-1-8 设置日期型数据

a）按钮位置 b）“单元格格式”对话框

2. 录入数据

完成日期格式的设置后，在 F2:F11 单元格区域输入内容，如图 3-1-9 所示。

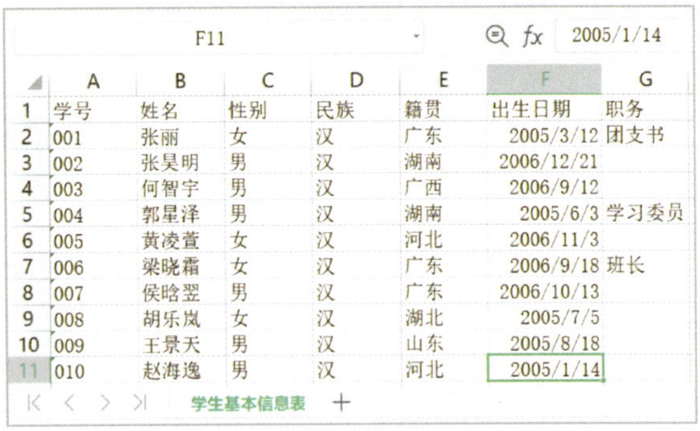

	A	B	C	D	E	F	G
1	学号	姓名	性别	民族	籍贯	出生日期	职务
2	001	张丽	女	汉	广东	2005/3/12	团支书
3	002	张昊明	男	汉	湖南	2006/12/21	
4	003	何智宇	男	汉	广西	2006/9/12	
5	004	郭星泽	男	汉	湖南	2005/6/3	学习委员
6	005	黄凌萱	女	汉	河北	2006/11/3	
7	006	梁晓霜	女	汉	广东	2006/9/18	班长
8	007	侯晗翌	男	汉	广东	2006/10/13	
9	008	胡乐岚	女	汉	湖北	2005/7/5	
10	009	王景天	男	汉	山东	2005/8/18	
11	010	赵海逸	男	汉	河北	2005/1/14	

图 3-1-9　录入日期型数据

知识点拨

数据显示为“####”的原因

如果录入数据后，数据显示不完整，或显示为“####”字样，说明单元格列宽不足，需要增加列宽。

知识点拨

巧用数据有效性录入表格数据

数据有效性功能用于验证用户在单元格中输入的数据是否符合要求，以限制输入数据的类型或范围等。在输入数据时，为了减少输入错误，提高工作效率，可使用数据有效性来限制单元格输入的文本长度、文本内容、数值范围等。例如，本任务中输入“性别”列内容时，可利用数据有效性对输入内容加以限制，其操作步骤如下：

1. 设置数据有效性

选定 C2:C11 单元格区域，单击“数据”选项卡下的“有效性”下拉按钮，如图 3-1-10a 所示，弹出“数据有效性”对话框，将“允许”设置为“序列”，在“来源”文本框中输入以英文逗号为间隔的序列内容“男,女”，单击“确定”按钮，如图 3-1-10b 所示。

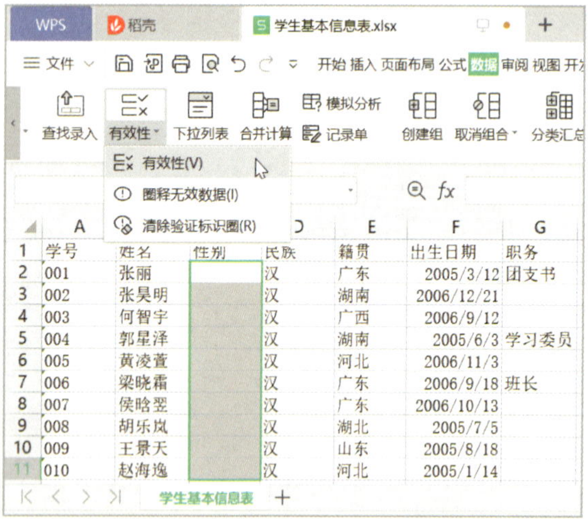

a）

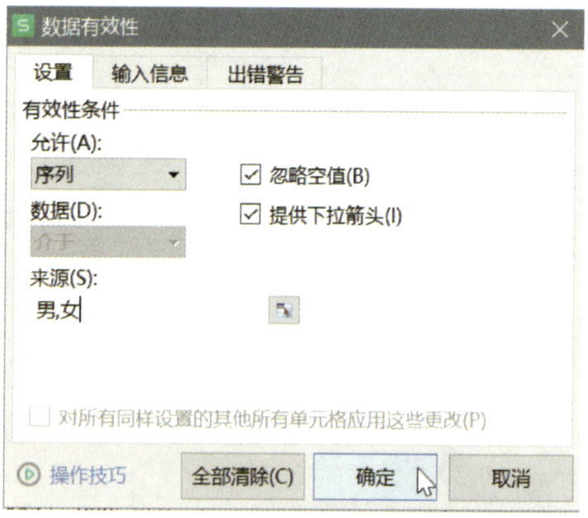

b）

图 3-1-10　设置数据有效性
a）按钮位置　b）“数据有效性”对话框

2. 输入单元格内容

选定 C2 单元格，在下拉列表选择“女”选项，如图 3-1-11 所示；按照相同的方法，继续完成 C3:C11 单元格区域内容的录入。

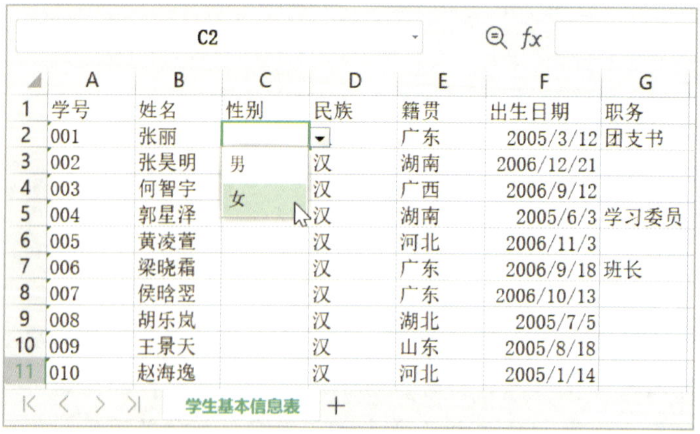

图 3-1-11　使用数据有效性输入内容

任务三　编辑与美化表格

任务目标

1. 能够在表格中插入列和行。
2. 能够修改行高和列宽。
3. 能够完成合并单元格等编辑与美化表格操作。

任务实施

一、插入列和行

完成上一任务内容输入后，刘老师发现遗漏了标题行和“是否为团员”这一列数据，此时可通过插入单元格方法实现数据的新增。

1. 插入新列

将光标移至G列的列号上，当光标变成黑色箭头标志“⬇”时，选定G列后右击，单击快捷菜单中的“插入”命令，如图3-1-12a所示，完成空白列的新建；在相应单元格中录入“是否为团员”列内容，如图3-1-12b所示。此列内容仅有“是”“否”两项，可使用上一任务介绍的数据有效性功能加以限制，方便输入。

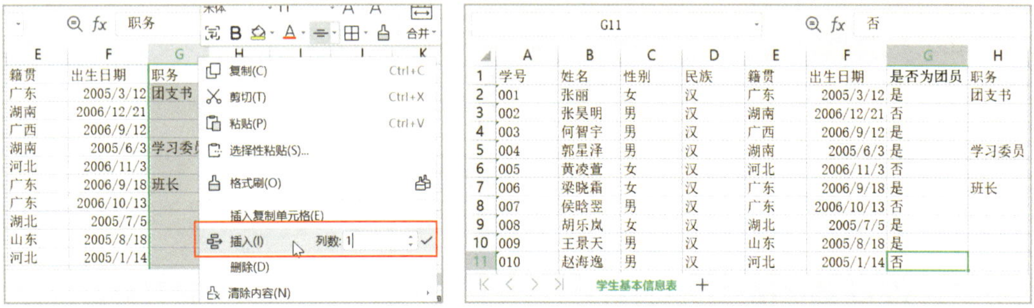

a）　　　　b）

图3-1-12　插入新列并完成内容录入

a）选项位置　b）完成效果

2. 插入新行

将光标移至第1行的行号上，当光标变成黑色箭头标志“➡”时，选定第1行后右击，单击快捷菜单中的“插入”命令，如图3-1-13a所示，完成空白行的新建；在

A1 单元格中输入“学生基本信息表”，如图 3–1–13b 所示。

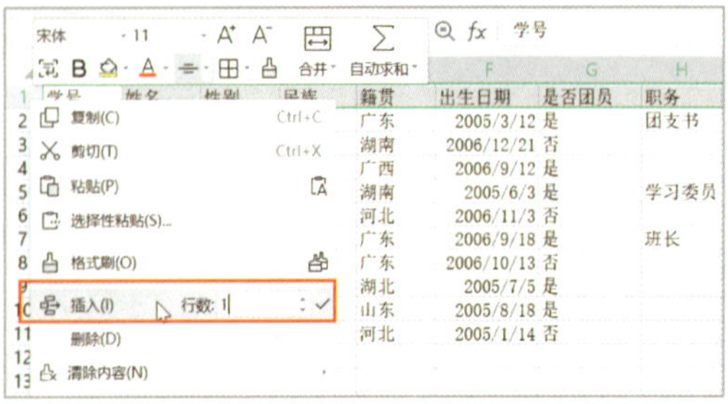

a）

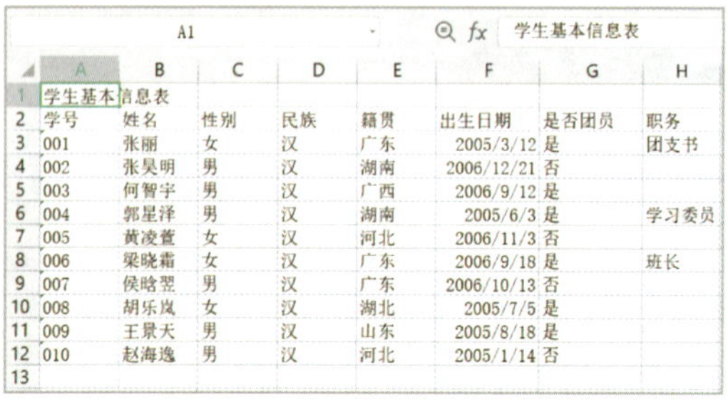

b）

图 3-1-13　插入新行并完成内容录入

a）选项位置　b）完成效果

3. 合并居中单元格

选定 A1:H1 单元格区域，单击“开始”选项卡下的“合并居中”按钮，完成合并单元格，如图 3–1–14 所示。

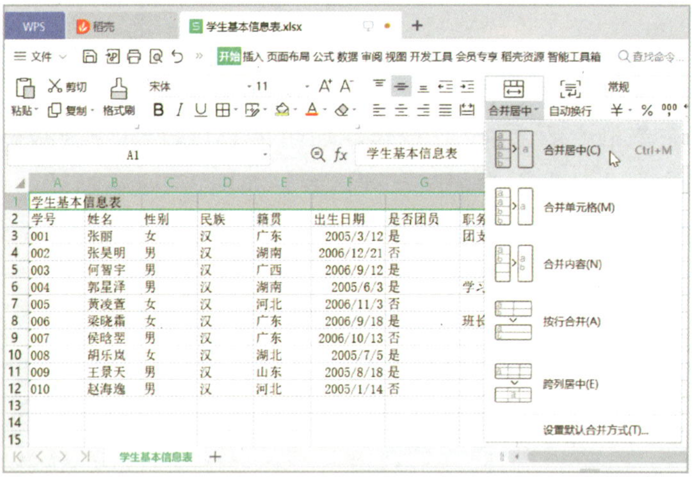

图 3-1-14　合并居中单元格

二、设置文字格式

完成内容输入后，为了使表格更美观，可以设置单元格内容的字体、字形、字号、字体颜色等格式。

选定标题单元格内容“学生基本信息表”，在“开始”选项卡下的“字体”组和“段落”组分别设置“字体”为“黑体”，“字号”为“14”，“字体颜色”为“蓝色”；选定 A2:H12 单元格区域，设置“字体”为“宋体”，“字号”为“12”；单击“水平居中”命令，如图 3–1–15 所示。

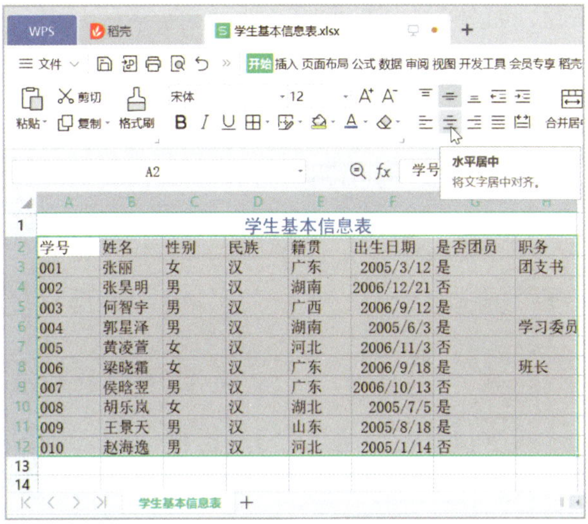

图 3-1-15　设置单元格格式

三、调整行高和列宽

在默认情况下，行高和列宽都是固定的，当单元格的内容较多时，可能导致无法完全显示文字，这时就需要调整行高或列宽。可以通过拖动的方式调整单元格大小，也可以给单元格的行高、列宽设定一个值，或者让单元格自动匹配文字的长度。

1. 调整行高

将光标移至第 1 行和第 2 行的间隔线处，当鼠标指针变为黑色双向箭头标志“✛”时，按住鼠标左键向下拖动至合适的行高后释放，如图 3-1-16 所示。

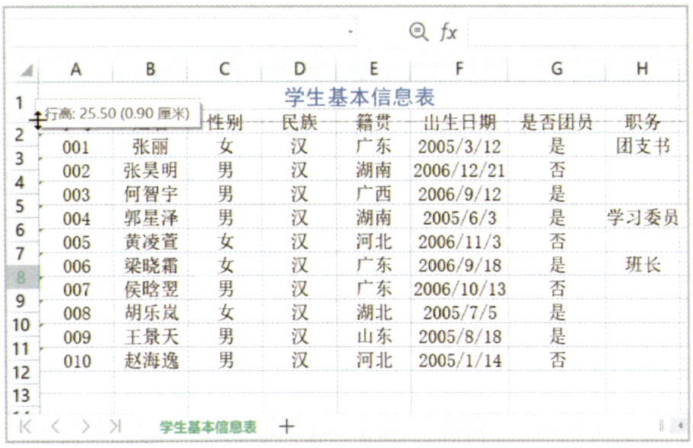

图 3-1-16　用拖动方式调整行高

2. 调整其余行高

选定第 2 至 12 行，单击“开始”选项卡下的“行和列”下拉按钮，在下拉列表中选择“行高”命令，如图 3-1-17a 所示；弹出“行高”对话框，设置“行高”为“18”

磅，单击“确定”按钮，如图 3-1-17b 所示。

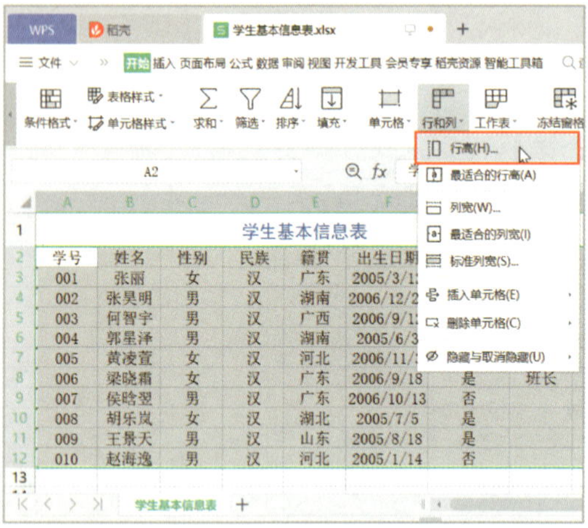

a）

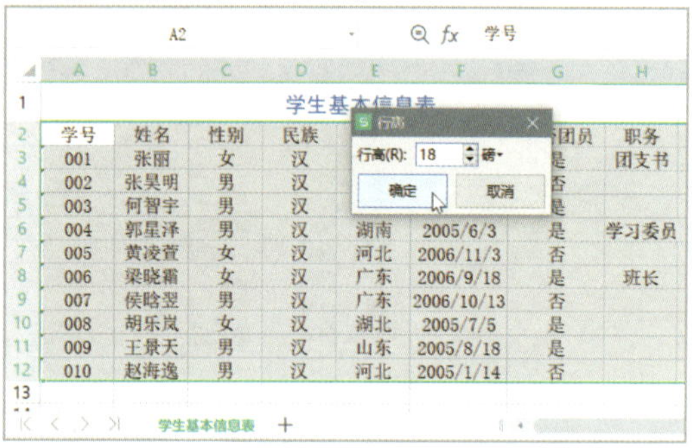

b）

图 3-1-17　设置行高数值

a）选项位置　b）完成效果

3. 调整列宽

选定第 A 至 H 列，单击“开始”选项卡下的“行和列”下拉按钮，在下拉列表中选择“最适合的列宽”命令，如图 3-1-18 所示。

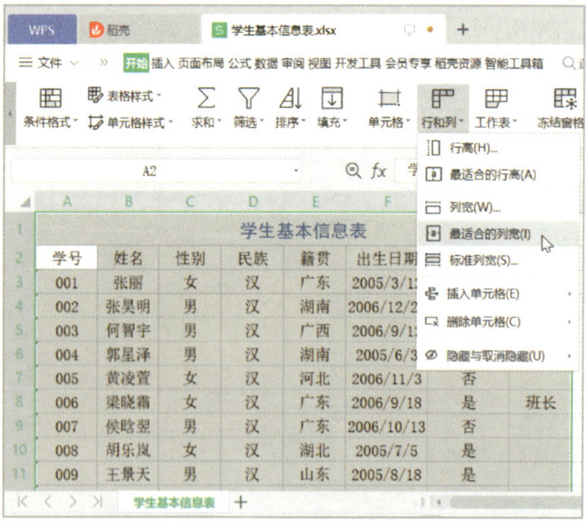

图 3-1-18　设定最适合列宽

四、添加边框和底纹样式

在默认情况下，在打印表格时，工作表中单元格的边框是不显示的，为了使表格更加清晰美观，可以给单元格添加边框和底纹样式。

1. 添加边框

选定 A2:H12 单元格区域，单击“开始”选项卡下的“所有框线”下拉按钮，在下拉列表中选择“其他边框”命令；弹出“单元格格式”对话框，设置“线条”样式为“实线”，“颜色”为“蓝色”，单击“预置”栏的“外边框”和“内部”按钮，单击“确定”按钮，如图 3-1-19 所示。

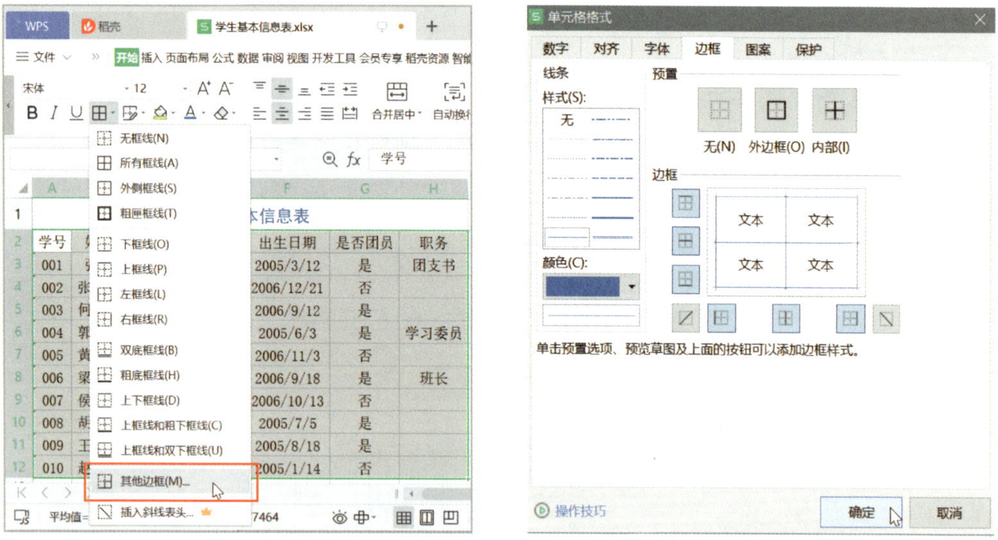

a）　　　　　　　　b）

图 3-1-19　设置边框

a）选项位置　b）完成效果

2. 添加底纹

选定 A2:H2 单元格区域，单击“开始”选项卡下的“填充颜色”下拉按钮，在下拉列表中选择主题颜色为“矢车菊蓝，着色 1，浅色 80%”，如图 3-1-20 所示。

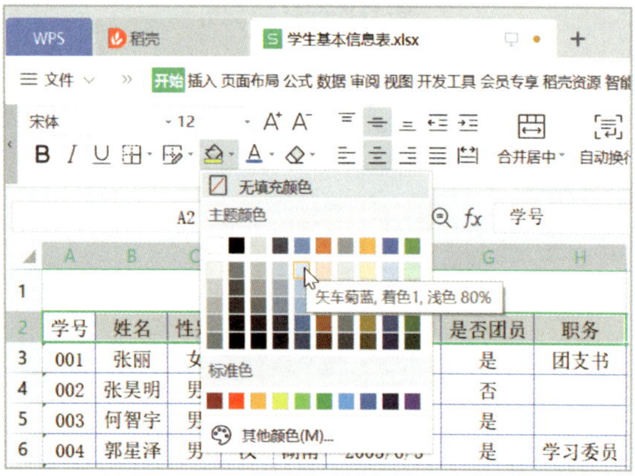

图 3-1-20　设置底纹

知识点拨

表格样式

WPS 表格内置了多种表格样式，选定单元格区域后直接应用任意一种表格样式，即可达到快速美化表格的目的，方法是：选定需要添加表格样式的单元格区域，单击“开始”选项卡下的“表格样式”下拉按钮；在下拉列表中单击选择任意一种样式，单击“确定”按钮，如图 3-1-21 所示。

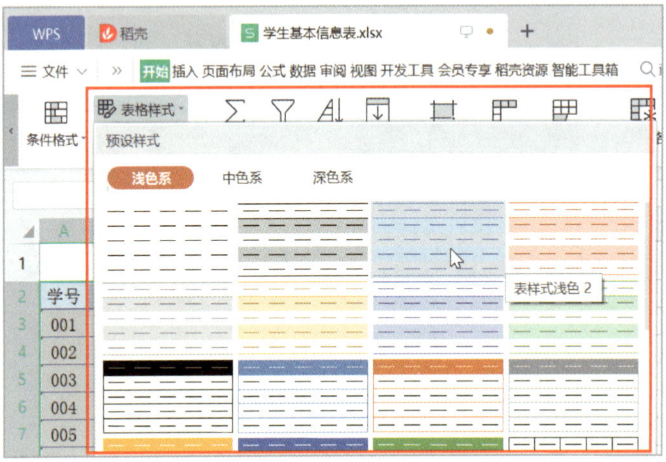

图 3-1-21　应用表格样式

实战与小结

实战演练

制作员工出勤汇总表

员工出勤汇总表是统计企业员工是否正常出勤的表格，也是为员工结算工资的凭证之一。员工出勤汇总表中包含应出勤天数、实际出勤天数、公差、请假等内容。制作完成后的效果图如图 3-1-22 所示。

	A	B	C	D	E	F	G	H	I	J	K	L
1	____年___月 员工出勤汇总表											
2	汇总人：					汇总日期：						
3	工号	姓名	部门	职务	应出勤天数	实际出勤天数	公差	请假	迟到	旷工	未打卡	确认签名
4	001501	人事部	何智伟	经理								
5	001502	财务部	梁宣博	经理								
6	001503	销售部	赵哲	专员								
7	001504	销售部	梁鸿轩	经理								
8	001505	销售部	胡诗雅	专员								
9	001506	人事部	肖亮	专员								
10	001507	销售部	张芷昕	专员								
11	001508	财务部	张茵	会计								
12	001509	人事部	李月萱	专员								
13	001510	销售部	王浩宕	专员								
14	部门经理签字：					总经理签字：						
15	备注： 1. 如对上述数据有异议请及时联系人事部。 2. 此表审核后交由总经办备案。											

图 3-1-22 “员工出勤汇总表”效果图

思路如下：

1. 新建一个 WPS 空白表格，将其重命名为“员工出勤汇总表 .xlsx”。

2. 在“Sheet1”工作表中，在 A1 单元格录入标题内容“_____年_____月员工出勤汇总表”，将 A1:L1 单元格区域合并居中；设置字体为“黑体”，字号为“14”，单元格内文本水平居中、垂直居中。

3. 参考效果图，在相应的单元格中输入内容，并合并单元格。

4. 调整单元格行高与列宽，其中第 1、2 行行高为“25”磅，其余行高可根据字体大小进行适当调整。

5. 使用任意一种表格样式美化表格。

6. 保存文件。

能力提升

制作物品领用登记表

结合本模块所学的 WPS 表格基本操作等知识，制作一份“物品领用登记表”。制作完成后的效果图如图 3-1-23 所示。

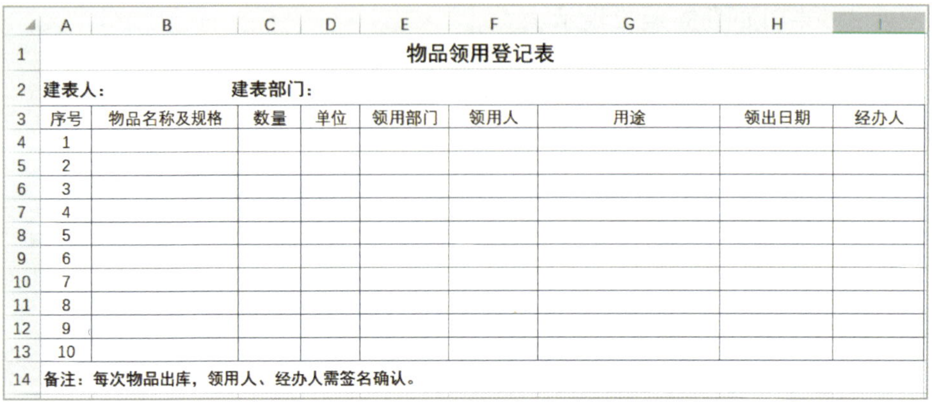

物品领用登记表

建表人：　　　　建表部门：

序号	物品名称及规格	数量	单位	领用部门	领用人	用途	领出日期	经办人
1								
2								
3								
4								
5								
6								
7								
8								
9								
10								

备注：每次物品出库，领用人、经办人需签名确认。

图 3-1-23 “物品领用登记表”效果图

思路如下：

1. 新建一个 WPS 空白表格，将其重命名为“物品领用登记表 .xlsx”。
2. 参考效果图，在工作表“Sheet1”中输入表格内容。
3. 调整表格行高与列宽。
4. 合并单元格并设置单元格对齐方式。
5. 美化表格。
6. 保存表格。

项目小结

本项目主要介绍了在 WPS 表格中新建工作表、在表格中录入数据、编辑表格、美化表格，以及使用数据有效性录入数据的操作方法，各项操作的具体方法见表 3-1-1。

表 3-1-1 项目小结

目标		操作方法
工作表基本操作	插入工作表、删除工作表、复制工作表、重命名工作表名称	单击工作表名称后右击，单击快捷菜单中的相关命令
单元格的基本操作	合并居中单元格	选定单元格区域，单击“开始”选项卡下的“合并居中”按钮
	插入行 / 列	选定某行 / 列后右击，单击快捷菜单中的“插入”命令

续表

目标		操作方法
单元格的基本操作	删除行 / 列	选定某行 / 列后右击，单击快捷菜单中的“删除”命令
	调整行高 / 列宽	选定行 / 列，单击“开始”选项卡下的“行和列”下拉按钮，在下拉列表中选择“行高”或“列宽”命令；弹出对话框，设定数值后，单击“确定”按钮
数据的录入与编辑	录入文本内容	选定单元格，在编辑栏中录入内容
	录入文本型数据	选定单元格，将输入法切换至英文状态，先输入单引号“'”，再输入数值，按下“Enter”键
	录入日期型数据	选定单元格，输入日期和时间后，可通过设置单元格格式设置多种不同类型的日期和时间格式
	使用填充柄填充数据	选定单元格，将光标移至单元格的右下角，当鼠标指针变成黑色粗十字形标志“+”时，按住鼠标左键往下拖动、填充至结束单元格
美化表格	添加边框	选定单元格，单击“开始”选项卡下的“所有框线”下拉按钮，在下拉列表中选择“其他边框”命令；弹出“单元格格式”对话框，设置“线条”栏中的线条样式和颜色；单击“预置”栏的“外边框”和“内部”按钮，单击“确定”按钮
	添加底纹	选定单元格，单击“开始”选项卡下的“填充颜色”下拉按钮，在下拉列表中选择合适的颜色
	设置表格样式	单击“开始”选项卡下的“表格样式”下拉按钮；单击下拉列表中的任意一种样式，单击“确定”按钮

项目二
制作学生成绩表——WPS 表格公式及函数运算

数据计算是 WPS 表格中的重要功能，使用公式及函数进行数据计算，可提高办公效率。在 WPS 表格中，有查找引用函数、逻辑函数、统计函数等多种类型的函数。本项目主要介绍 SUM、AVERAGE、MAX、MIN、IF、RANK、VLOOKUP 函数的使用方法及数据有效性的设置。

学习要点

◆使用公式计算数据　　◆使用函数计算数据
◆相对引用　　◆绝对引用
◆设置数据有效性

项目描述

刘老师要在一个工作簿中制作两份表格，一个是班级学生成绩表，一个是学生成绩查询表。对成绩进行统计时，先要计算每位学生的总分，计算各科的平均分、最高分、最低分，再根据学生的总分评定综合等级及计算学生排名。制作学生成绩查询表时，先要把学生姓名制作成下拉列表，通过单击选择某位学生姓名，可查询该名学生的各项成绩。

制作完成后的效果图如图 3-2-1 所示。

学生成绩表									
序号	姓名	思政	语文	数学	英语	计算机	总分	排名	奖励
001	张丽	95	89	90	86	87	447	5	二等
002	张昊明	65	65	62	63	55	310	18	无
003	何智宇	85	85	85	82	83	420	8	三等
004	郭星泽	90	92	94	89	93	458	1	一等
005	黄凌萱	78	86	65	81	69	379	13	无
006	梁晓霜	89	90	92	90	92	453	4	一等
007	侯晗翌	87	92	93	91	91	454	3	一等
008	胡乐岚	80	83	85	87	91	426	7	二等
009	王景天	68	75	90	65	80	378	14	无
010	赵海逸	75	70	88	68	75	376	15	无
011	张子涵	82	95	80	84	78	419	9	三等
012	张冠智	76	85	70	92	82	405	12	三等
013	罗钰轩	63	61	58	59	60	301	19	无
014	周雨泽	65	60	76	68	69	338	16	无
015	李漫妮	85	73	84	90	74	406	11	三等
016	孙嫦曦	63	65	60	54	70	312	17	无
017	王梦洁	84	73	79	85	86	407	10	三等
018	张晟涵	61	55	56	60	64	296	20	无
019	孙文昊	93	92	95	90	88	458	1	一等
020	李熙栋	90	71	90	88	93	432	6	二等
平均分		78.70	77.85	79.60	78.60	79.00	393.75		
最高分		95	95	95	92	93	458		
最低分		61	55	56	54	55	296		

a）

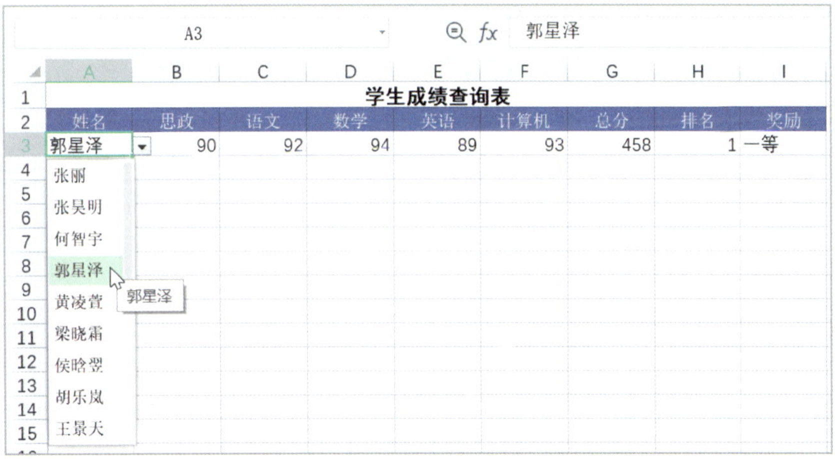

b）

图 3-2-1 制作学生成绩表效果图

a）“学生成绩表”效果图 b）“学生成绩查询表”效果图

思路解析

刘老师在制作学生成绩表和学生成绩查询表时，涉及使用数据引用、函数计算等功能。其制作思路如下：

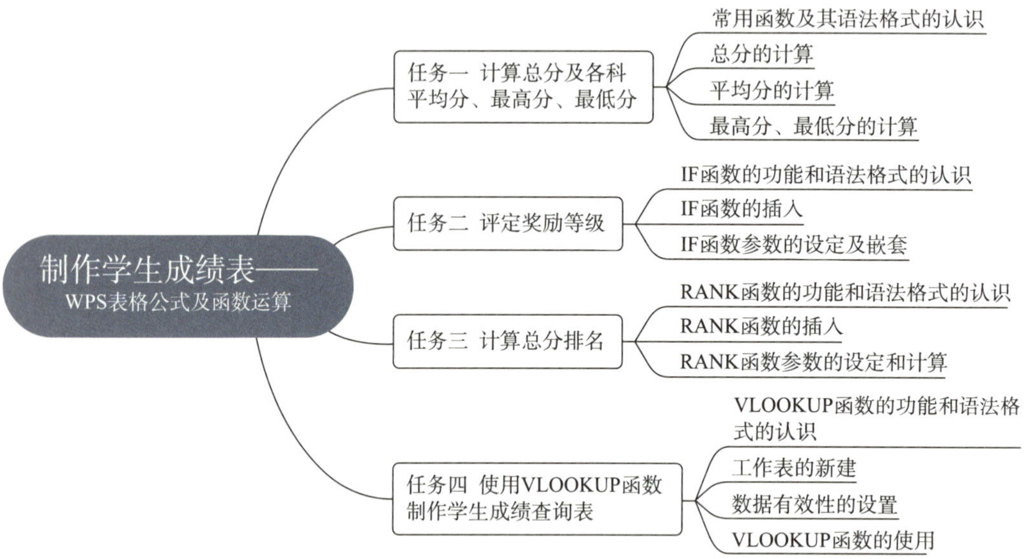

任务一　计算总分及各科平均分、最高分、最低分

任务目标

能够使用 SUM、AVERAGE、MAX 及 MIN 函数进行计算。

任务实施

一、认识常用函数及其语法格式

函数实际上是一个预先定义的特定计算公式。使用函数不仅可以完成复杂的计算，还可以简化公式的繁杂程度。函数作为公式的一种特殊形式，也是以“=”开始，如“=SUM(C3:G3)”，其含义是对 C3、D3、E3、F3、G3 单元格数值进行求和。

1. SUM 函数

功能：返回所有数值之和。

语法：SUM(数值 1, 数值 2,…)。其中“数值 1，数值 2，…”为需要求和的 1 到 255 个数值。

2. AVERAGE 函数

功能：返回所有数值的平均值（算术平均值）。

语法：AVERAGE(数值 1, 数值 2,…)。其中“数值 1，数值 2，…”为需要计算平均值的 1 到 255 个数值。

3. MAX 函数

功能：返回数值列表中的最大值，忽略文本值和逻辑值。

语法：MAX(数值 1, 数值 2,…)。其中“数值 1，数值 2，…”为需要计算最大值的 1 到 255 个数值。

4. MIN 函数

功能：返回参数列表中的最小值，忽略文本值和逻辑值。

语法：MIN(数值 1, 数值 2,…)。其中“数值 1，数值 2，…”为需要计算最小值的 1 到 255 个数值。

以上函数中，均可像前例一样，用“:”标示数据范围。

二、计算总分

1. 插入 SUM 函数

打开素材文件“学生成绩表 .xlsx”中的“学生成绩表”工作表，选定 H3 单元格，单击“公式”选项卡下的“自动求和”下拉按钮，在下拉列表中，单击“求和”命令，如图 3-2-2a 所示；参数部分直接输入或拖动鼠标选中 C3:G3 单元格区域，按下“Enter”键，完成学生“张丽”总分的计算，如图 3-2-2b 所示。

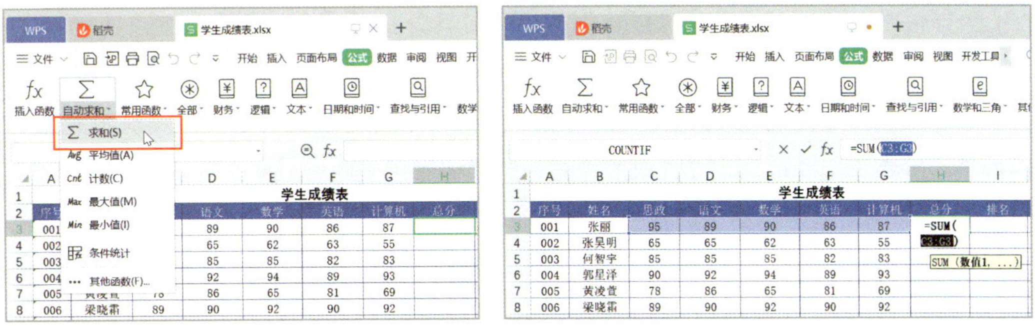

a）　　　　b）

图 3-2-2　插入 SUM 函数

a）选项位置　b）输入公式效果

2. 使用填充柄复制公式

选定 H3 单元格，将光标移动至 H3 单元格的右下角，当鼠标指针变成如图 3-2-3a 所示黑色粗十字形标志“+”时，按住鼠标左键向下拖动至 H22 单元格，完成总分列的计算，如图 3-2-3b 所示。

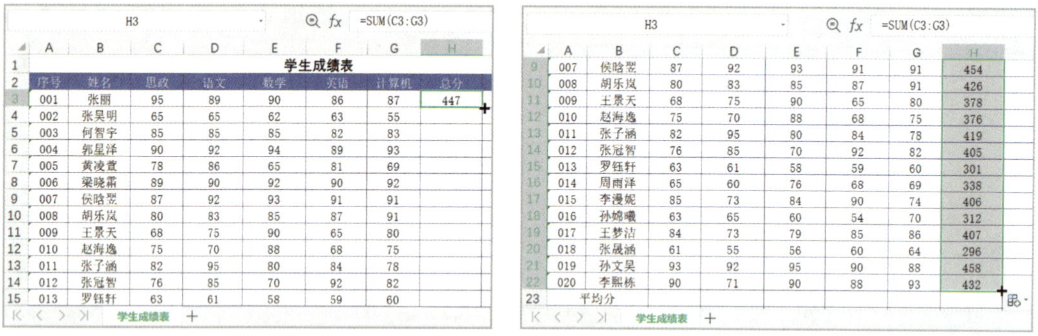

H3 =SUM(C3:G3)

	A	B	C	D	E	F	G	H
1	学生成绩表							
2	序号	姓名	思政	语文	数学	英语	计算机	总分
3	001	张丽	95	89	90	86	87	447
4	002	张昊明	65	65	62	63	55	
5	003	何智宇	85	85	85	82	83	
6	004	郭星泽	90	92	94	89	93	
7	005	黄凌萱	78	86	65	81	69	
8	006	梁晓霜	89	90	92	90	92	
9	007	侯晗翌	87	92	93	91	91	
10	008	胡乐岚	80	83	85	87	91	
11	009	王景天	68	75	90	65	80	
12	010	赵海逸	75	70	88	68	75	
13	011	张子涵	82	95	80	84	78	
14	012	张冠智	76	85	70	92	82	
15	013	罗钰轩	63	61	58	59	60	

学生成绩表

a）

H3 =SUM(C3:G3)

	A	B	C	D	E	F	G	H
9	007	侯晗翌	87	92	93	91	91	454
10	008	胡乐岚	80	83	85	87	91	426
11	009	王景天	68	75	90	65	80	378
12	010	赵海逸	75	70	88	68	75	376
13	011	张子涵	82	95	80	84	78	419
14	012	张冠智	76	85	70	92	82	405
15	013	罗钰轩	63	61	58	59	60	301
16	014	周雨泽	65	60	76	68	69	338
17	015	李漫妮	85	73	84	90	74	406
18	016	孙婉曦	63	65	60	54	70	312
19	017	王梦洁	84	73	79	85	86	407
20	018	张晟涵	61	55	56	60	64	296
21	019	孙文昊	93	92	95	90	88	458
22	020	李熙栋	90	71	90	88	93	432
23	平均分							

学生成绩表

b）

图 3-2-3 使用填充柄复制公式
a）鼠标指针变为十字形 b）填充效果

知识点拨

数值的引用

1. 在计算总分时，除了可使用 SUM 函数计算外，还可以使用手动录入公式的方法计算。使用公式进行计算时，先在编辑栏录入“=”，再输入参数和运算符，按下“Enter”键。例如，本任务中计算总分，选定 H3 单元格，在编辑栏中录入“=C3+D3+E3+F3+G3”，按下“Enter”键，即可计算出“张丽”的总分。

2. 在实际工作中，很少直接输入单元格的数值进行数据计算，而是通过引用数值所在的单元格或单元格区域进行数据计算。通过单击选定或拖动选定直接引用数值所在的单元格或单元格区域，既方便又可提高数据的准确性。

3. 使用填充柄复制公式的过程，是使用了相对引用，即公式所在单元格的位置改变，则引用也会随之改变。

三、计算平均分

1. 插入 AVERAGE 函数

选定 C23 单元格，单击“公式”选项卡下的“自动求和”下拉按钮，在下拉列表中，单击“平均值”命令；参数部分直接输入或拖动鼠标选定 C3:C22 单元格区域，按下“Enter”键，完成“思政”平均分的计算，如图 3-2-4 所示。

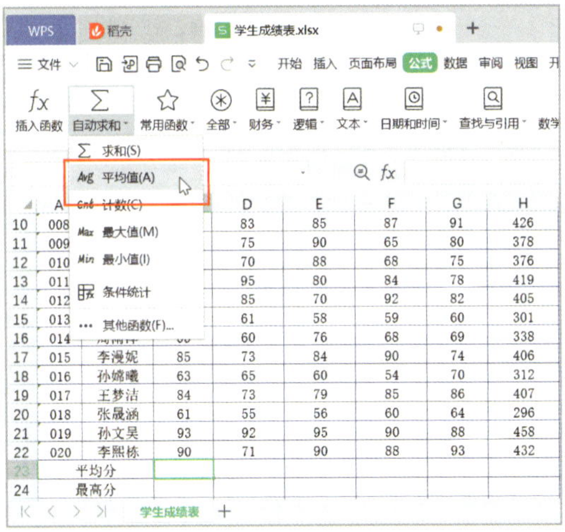

a）

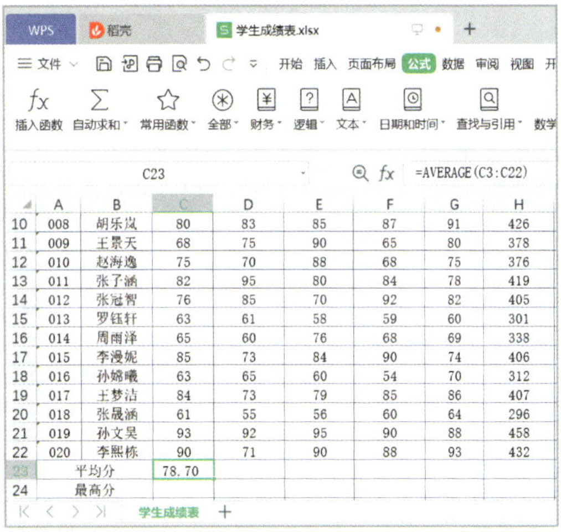

b）

图 3-2-4　插入 AVERAGE 函数

a）选项位置　b）完成效果

2. 使用填充柄复制公式

选定 C23 单元格，使用填充柄向右填充至 H23 单元格，完成语文、数学、英语、计算机及总分平均分的计算，如图 3-2-5 所示。

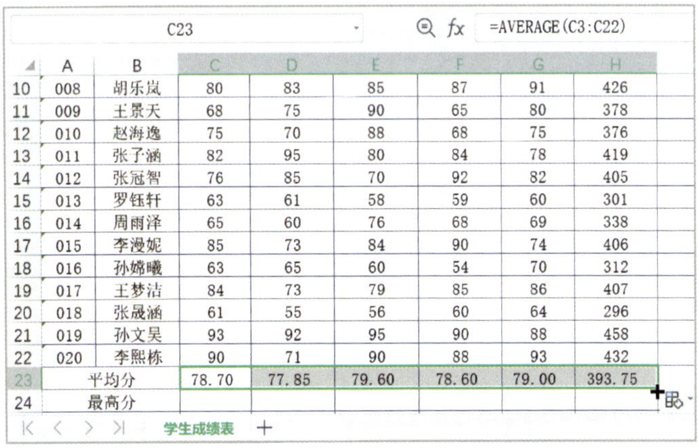

图 3-2-5　使用填充柄计算平均分

四、计算最高分、最低分

使用 MAX 函数在 C24 单元格中计算出“思政”的最高分，其公式为“=MAX(C3:C22)”，如图 3-2-6a 所示；使用 MIN 函数在 C25 单元格中计算出“思政”的最低分，其公式为“=MIN(C3:C22)”，如图 3-2-6b 所示；然后使用填充柄向右复制公式分别计算语文、数学、英语、计算机及总分的最高分和最低分。

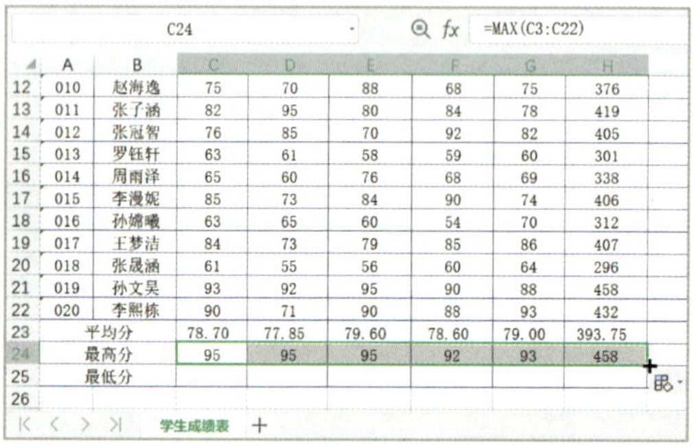

	A	B	C	D	E	F	G	H
12	010	赵海逸	75	70	88	68	75	376
13	011	张子涵	82	95	80	84	78	419
14	012	张冠智	76	85	70	92	82	405
15	013	罗钰轩	63	61	58	59	60	301
16	014	周雨泽	65	60	76	68	69	338
17	015	李漫妮	85	73	84	90	74	406
18	016	孙嫦曦	63	65	60	54	70	312
19	017	王梦洁	84	73	79	85	86	407
20	018	张晟涵	61	55	56	60	64	296
21	019	孙文昊	93	92	95	90	88	458
22	020	李熙栋	90	71	90	88	93	432
23	平均分		78.70	77.85	79.60	78.60	79.00	393.75
24	最高分		95	95	95	92	93	458
25	最低分							
26								

a）

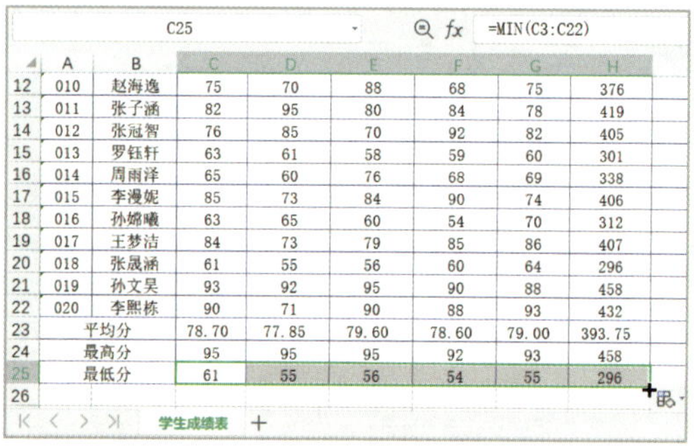

	A	B	C	D	E	F	G	H
12	010	赵海逸	75	70	88	68	75	376
13	011	张子涵	82	95	80	84	78	419
14	012	张冠智	76	85	70	92	82	405
15	013	罗钰轩	63	61	58	59	60	301
16	014	周雨泽	65	60	76	68	69	338
17	015	李漫妮	85	73	84	90	74	406
18	016	孙嫦曦	63	65	60	54	70	312
19	017	王梦洁	84	73	79	85	86	407
20	018	张晟涵	61	55	56	60	64	296
21	019	孙文昊	93	92	95	90	88	458
22	020	李熙栋	90	71	90	88	93	432
23	平均分		78.70	77.85	79.60	78.60	79.00	393.75
24	最高分		95	95	95	92	93	458
25	最低分		61	55	56	54	55	296
26								

b）

图 3-2-6 使用 MAX 函数、MIN 函数计算最高分、最低分
a）计算最高分 b）计算最低分

任务二 评定奖励等级

任务目标

能够使用 IF 函数根据条件进行计算。

任务实施

一、认识 IF 函数的功能和语法格式

功能：判断一个条件是否满足；如果满足返回一个值，如果不满足则返回另外一个值。

语法：IF(测试条件，真值，假值)。其中，测试条件是作为判断条件的表达式，表达式成立结果为真，不成立则结果为假；真值表示测试条件为真时返回的值；假值表示测试条件为假时返回的值。

本任务中，奖励等级档次划分见表 3-2-1。

表 3-2-1　奖励等级档次划分表

总分	等级
总分≥450	一等
425≤总分＜450	二等
400≤总分＜425	三等
总分＜400	无

在上一任务完成的学生成绩表中，评定“张丽”的奖励等级，其公式为“=IF(H3>=450,"一等",IF(H3>=425,"二等",IF(H3>=400,"三等","无")))”。

二、插入 IF 函数

选定 J3 单元格，单击“公式”选项卡下的“插入函数”按钮，如图 3-2-7a 所示；弹出“插入函数”对话框，单击“选择函数”列表框中的“IF”函数；单击“确定”按钮，如图 3-2-7b 所示。

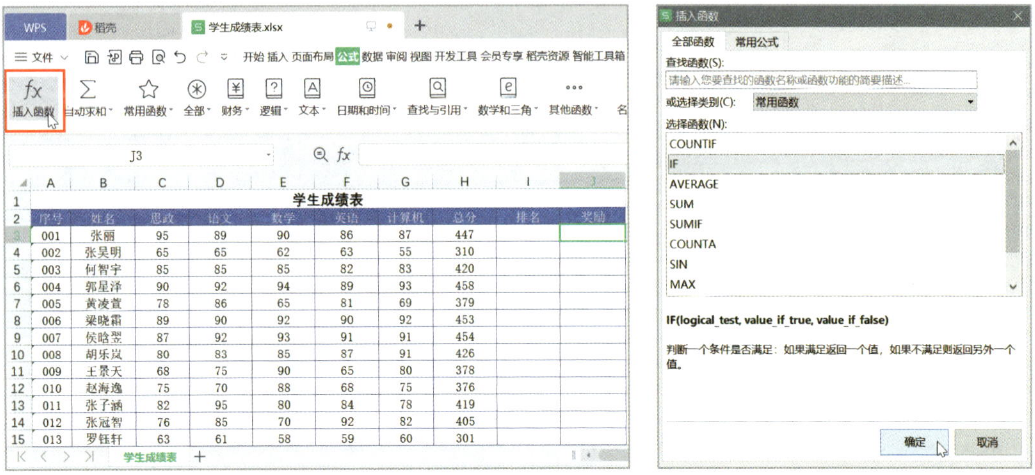

a）　　　　　　　　　　b）

图 3-2-7　插入 IF 函数

a）按钮位置　b）“插入函数”对话框

三、设定参数并嵌套两条 IF 函数

1. 输入参数

在弹出的“函数参数”对话框，设置“测试条件”为“H3>=450”，“真值”为“一等”，然后单击“假值”文本框后，单击“名称框”列表中的“IF”函数，如图 3-2-8a 所示。

2. 嵌套第二条 IF 函数

单击“名称框”列表的中“IF”函数后，弹出“函数参数”对话框，设置“测试条件”为“H3>=425”，“真值”为“二等”，单击“假值”文本框后，单击名称框中“IF”函数，如图 3-2-8b 所示。

3. 嵌套第三条 IF 函数

在弹出“函数参数”的对话框中，设置“测试条件”为“H3>=400”，“真值”为“三等”，“假值”为“无”；单击“确定”按钮，计算出“张丽”的奖励等级，如图 3-2-8c 所示。

函数使用熟练后，也可在公式编辑栏或单元格中直接输入函数表达式。

4. 使用填充柄复制公式

选定 J3 单元格，使用填充柄向下填充至 J22 单元格，完成每位学生奖励等级的计算，如图 3-2-8d 所示。

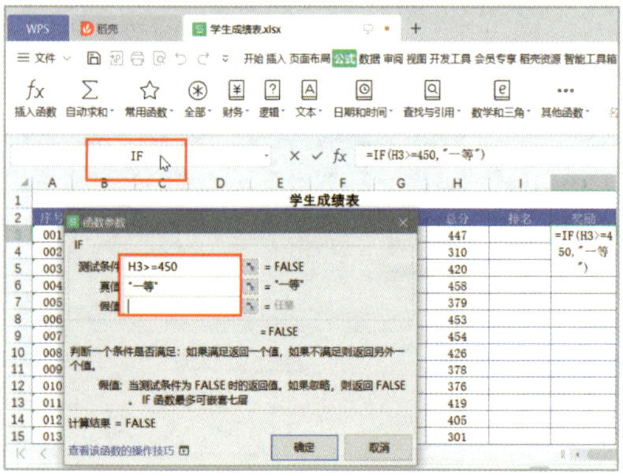

a）

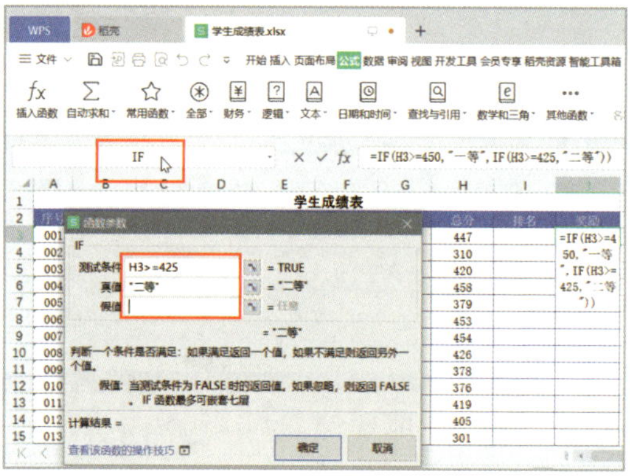

b）

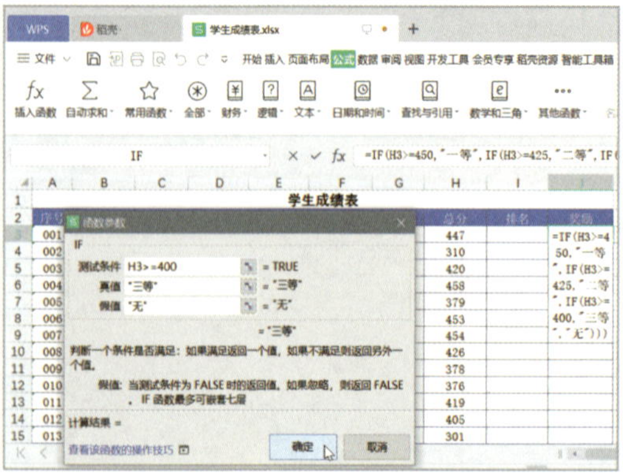

c）

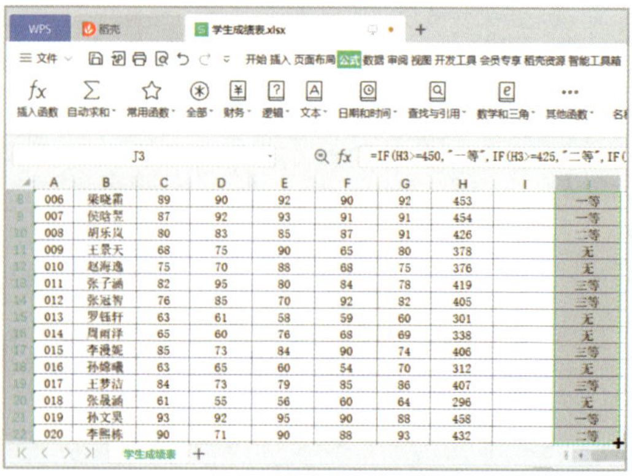

d）

图 3-2-8　设定参数并嵌套两条 IF 函数

a）输入参数　b）嵌套第二条 IF 函数　c）嵌套第三条 IF 函数　d）使用填充柄复制公式

知识点拨

函数嵌套

函数嵌套是指函数内嵌套另外一个函数或一个函数成为另外一个函数的参数。在实际应用中，如果一条 IF 函数无法满足计算需求，这时可以使用多条 IF 函数进行嵌套。

如本任务中，使用了如下的公式："=IF(H3>=450,"一等",IF(H3>=425,"二等",IF(H3>=400,"三等","无")))"，上述 IF 函数语句的语法解释为：如果 H3>=450 成立，则执行第二个参数（返回结果"一等"）；如果不成立，则执行第三个参数，在这里第三个参数为第二个 IF 函数，继续判定单元格 H3 的值是否大于 425，成立则返回"二等"，否则继续执行第三个 IF 函数，最后完成四个奖励等级的判断。

IF 函数最多可嵌套七层，在嵌套下一条函数时，要确保插入点光标在正确位置，否则会出现语法错误。

任务三　计算总分排名

任务目标

能够使用 RANK 函数进行计算。

任务实施

一、认识 RANK 函数的功能和语法格式

功能：返回某数字在一列数字中相对于其他数值的大小排名。

语法：RANK（数值，引用，排位方式），其中“数值”为需要找到排位的指定数字；“引用”为一组数或对一个数据列表的引用，非数字值将被忽略；“排位方式”为指定排位的方式，如为 0 或空，为降序；如为非零值，为升序。

本任务中，根据学生的总分以降序方式进行排名。其中计算“张丽”名次的公式为“=RANK(H3,$H$3:$H$22,0)”，其中“$H$3:$H$22”使用了绝对引用。“$”表示在使用填充柄复制公式时，不改变其后的行号或列号。

二、插入 RANK 函数

选定 I3 单元格，单击“公式”选项卡下的“插入函数”按钮，如图 3-2-9a 所示；弹出“插入函数”对话框，在“查找函数”文本框中输入“rank”，选择“选择函数”列表框中的“RANK”函数；单击“确定”按钮，如图 3-2-9b 所示。

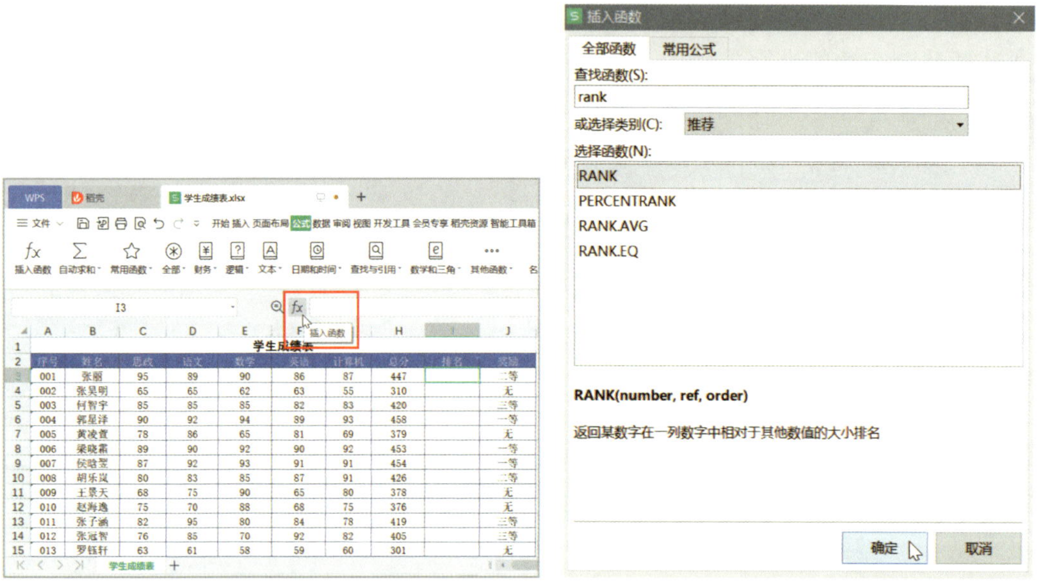

a）　　　　　　　　　　b）

图 3-2-9　插入 RANK 函数

a）按钮位置　b）“插入函数”对话框

三、设定参数并进行计算

1. 设定参数

在弹出的“函数参数”对话框中，设置“数值”为“H3”，“引用”为“$H$3:$H$22”（选定单元格范围后按“F4”键可快速添加绝对引用符“$”，反复按“F4”键还可切换不同添加形式），“排位方式”为“0”；单击“确定”按钮，如图 3-2-10a 所示。

2. 使用填充柄复制公式

选定 I3 单元格，使用填充柄向下填充至 I22 单元格，完成每位学生排名的计算，如图 3-2-10b 所示。

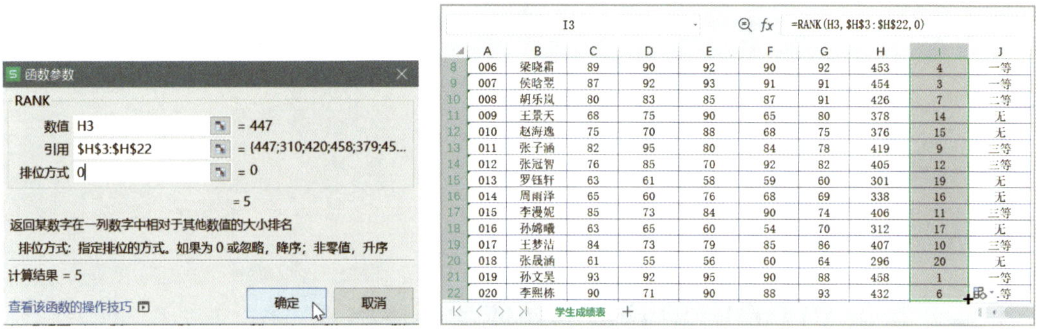

	A	B	C	D	E	F	G	H	I	J
8	006	梁晓霜	89	90	92	90	92	453	4	一等
9	007	侯晗翌	87	92	93	91	91	454	3	一等
10	008	胡乐岚	80	83	85	87	91	426	7	二等
11	009	王景天	68	75	90	65	80	378	14	无
12	010	赵海逸	75	70	88	68	75	376	15	无
13	011	张子涵	82	95	80	84	78	419	9	三等
14	012	张冠智	76	85	70	92	82	405	12	三等
15	013	罗钰轩	63	61	58	59	60	301	19	无
16	014	周雨泽	65	60	76	68	69	338	16	无
17	015	李漫妮	85	73	84	90	74	406	11	三等
18	016	孙嫦曦	63	65	60	54	70	312	17	无
19	017	王梦沾	84	73	79	85	86	407	10	三等
20	018	张晟涵	61	55	56	60	64	296	20	无
21	019	孙文昊	93	92	95	90	88	458	1	一等
22	020	李熙栋	90	71	90	88	93	432	6	[illegible]等

a）　　　b）

图 3-2-10　设定 RANK 函数参数

a）“函数参数”对话框　b）完成效果

知识点拨

引用的类型和相同数值的排序规则

绝对引用是指在计算过程中，公式所在单元格位置改变，但公式中引用的单元格保持不变。使用绝对引用时，被引用的单元格需添加绝对引用符“$”，如 $A$1。按“F4”键可快速添加绝对引用符。在本任务中，“$H$3:$H$22”添加绝对引用符，是为确保使用填充柄向下复制时，被引用的 H3:H22 单元格区域保持不变。

使用函数 RANK 排名时，经常会出现相同数值，相同的数值排位相同，但会影响后一位的排位。如本任务中，出现了两个相同数值，其排位都是 1，此时就不再有排位 2 的数值，后一位的排位是 3。

任务四　使用 VLOOKUP 函数制作学生成绩查询表

任务目标

能够使用 VLOOKUP 函数查找数据。

任务实施

一、认识 VLOOKUP 函数的功能和语法格式

功能：给定一个需要查找的目标，再从指定的查找区域中查找到相应的数据，并将此数据返回到指定位置。

语法：VLOOKUP(查找值 , 数据表 , 列序数 , 匹配条件)，VLOOKUP 函数参数说明见表 3-2-2。

表 3-2-2　VLOOKUP 函数参数说明

参数	简要说明	输入数据类型
查找值	要查找的值	数值或文本字符串
数据表	要查找的区域	数据表区域
列序数	返回数据在查找区域的第几列	正整数
匹配条件	精确匹配 / 大致匹配	FALSE/TRUE

二、新建工作表

在素材文件“学生成绩表 .xlsx”中，新建一个名为“成绩查询表”的工作表；在 A1 单元格中录入内容“学生成绩查询表”，设置其字体为“黑体”，字号为“12”，字形为“加粗”，合并居中 A1:I1 单元格区域；在 A2:I2 单元格区域中录入成绩查询表的各项标题，如图 3-2-11 所示。

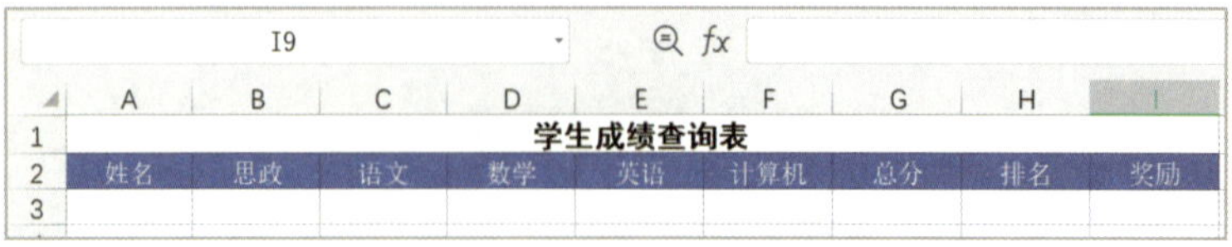

图 3-2-11　学生成绩查询表

三、设置数据有效性

在 A3 单元格中，使用数据有效性，引用“学生成绩表”工作表中的 B2:B22 单元格区域，制作姓名下拉列表，如图 3–2–12 所示。

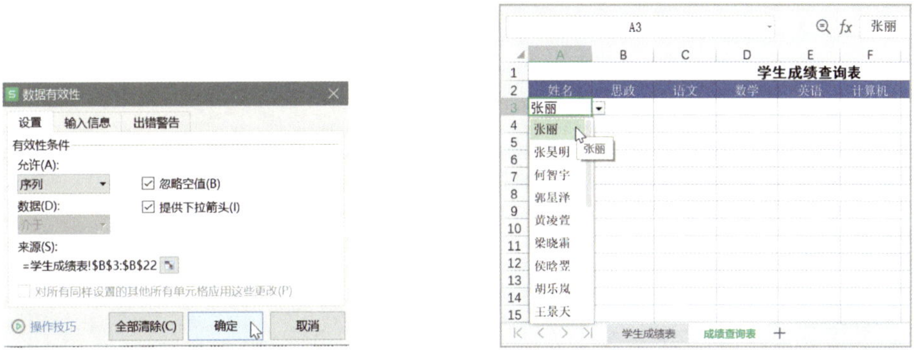

a）　　　　　　　　b）

图 3-2-12　使用数据有效性制作姓名下拉列表

a）“数据有效性”对话框　b）完成效果

四、使用 VLOOKUP 函数

1. 插入 VLOOKUP 函数

选定 B3 单元格；单击编辑栏中的“插入函数”按钮，弹出“插入函数”对话框，在“查找函数”文本框中输入“VLOOKUP”，选择“选择函数”列表框中的“VLOOKUP”函数；单击“确定”按钮。

2. 设定参数

弹出“函数参数”对话框，设置“查找值”为“A3”，“数据表”为“学生成绩表 !$B$3:$J$22”，“列序数”为“2”，“匹配条件”为“FALSE”，单击“确定”按钮；完成后可查询 A3 单元格显示的同学的“思政”成绩，如图 3–2–13 所示。

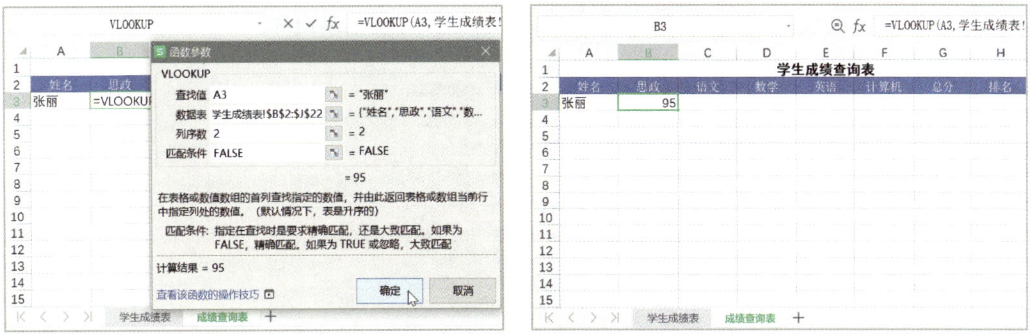

a）　　　　　　　　b）

图 3-2-13　选择姓名查询“思政”成绩

a）“函数参数”对话框　b）完成效果

3. 查询其他各项成绩信息

按照相同的方法，在“C3”“D3”“E3”“F3”“G3”“H3”“I3”单元格中分别使用 VLOOKUP 函数查询各项成绩信息，如图 3-2-14 所示。

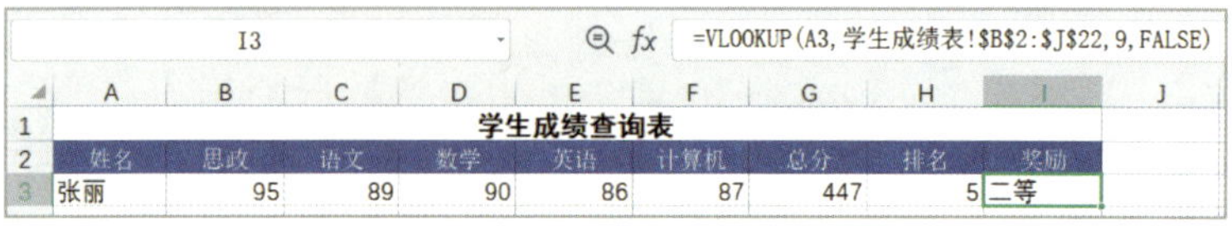

图 3-2-14 选择姓名查询学生成绩

知识点拨

VLOOKUP 函数使用技巧

查找区域可以跨工作表引用，且可使用绝对引用，形式如“学生成绩表!$B$3:$H$22”。

“函数参数”对话框中设定“数据表”项的查找区域时，查找值必须在此单元格区域中的第一列，且该区域中必须包含返回值。

在 VLOOKUP 函数中可嵌套 COLUMN 函数获取当前列序号，提高效率，例如制作学生成绩查询表时，具体操作步骤如下：

在 B3 单元格中插入 VLOOKUP 函数，弹出“函数参数”对话框，设置“查找值”为“$A3”，“数据表”为“学生成绩表!$B$3:$J$22”，“列序数”为“COLUMN()”，“匹配条件”为“FALSE”，单击“确定”按钮；完成后，使用填充柄向右填充至 I3 单元格即可实现整行内容的查询，不必再逐一输入函数，如图 3-2-15 所示。

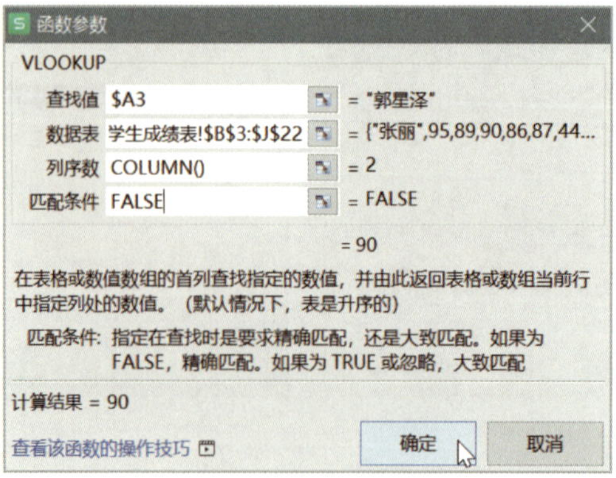

图 3-2-15 VLOOKUP+COLUMN 函数的使用

实战与小结

实战演练

制作员工工资表

某企业每月都需要制作员工工资表，制作完成后打印成工资条发放给每位员工。此工资表由 6 部分组成，其中，基本工资、代扣保险和其他扣款是固定的，工龄工资、绩效奖金、岗位津贴则根据员工自身情况浮动。打开素材文件“员工工资表 .xlsx”中的“员工工资表”工作表，参照以下思路完成制作。制作完成后的效果图如图 3–2–16、图 3–2–17 所示。

思路如下：

1. 使用 IF 函数计算员工工龄工资。员工工龄低于 5 年（不含 5 年），工龄工资为每年 50 元；其余人员工龄工资为每年 100 元。

2. 使用 IF 函数计算员工绩效奖金。员工绩效评分大于或等于 80 分，绩效奖金为 1 000 元；绩效评分在 60 分至 80 分（不含 80 分）之间，绩效奖金为每分 10 元，小于 60 分则绩效奖金为 0 元。

3. 使用 VLOOKUP 函数查询员工岗位津贴。员工的岗位津贴是根据员工职务而定的，“岗位津贴标准”表中列举了各职务的岗位津贴数据。

4. 使用 SUM 函数计算员工实发工资。

5. 使用 VLOOKUP 函数制作工资条。在“工资条”工作表的 A2:M2 单元格区域中录入工资条的各项标题；在 A3 单元格中录入员工工号“S–001”；在“B3”单元格中使用 VLOOKUP 函数和 COLUMN 函数，查询出员工的姓名数据，使用填充柄复制公式至 B3:M3 单元格区域；第一名员工工资条制作完成后选定 A1:M4 单元格区域，使用填充柄向下填充至第 60 行。

6. 保存文件。

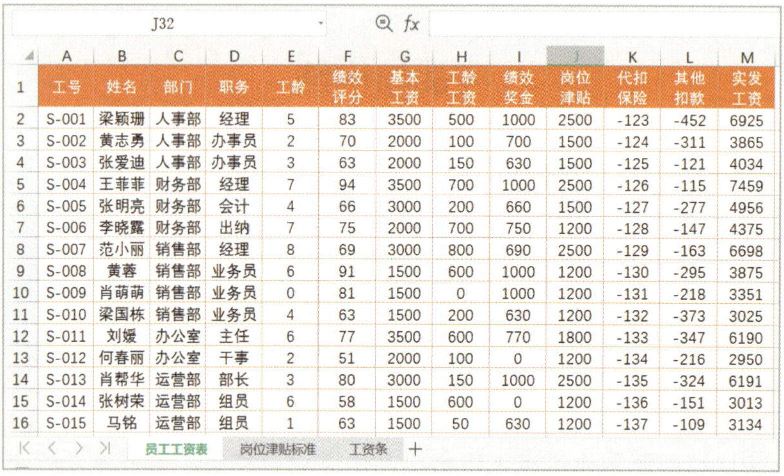

J32

	A	B	C	D	E	F	G	H	I	J	K	L	M
1	工号	姓名	部门	职务	工龄	绩效评分	基本工资	工龄工资	绩效奖金	岗位津贴	代扣保险	其他扣款	实发工资
2	S-001	梁颖珊	人事部	经理	5	83	3500	500	1000	2500	-123	-452	6925
3	S-002	黄志勇	人事部	办事员	2	70	2000	100	700	1500	-124	-311	3865
4	S-003	张爱迪	人事部	办事员	3	63	2000	150	630	1500	-125	-121	4034
5	S-004	王菲菲	财务部	经理	7	94	3500	700	1000	2500	-126	-115	7459
6	S-005	张明亮	财务部	会计	4	66	3000	200	660	1500	-127	-277	4956
7	S-006	李晓露	财务部	出纳	7	75	2000	700	750	1200	-128	-147	4375
8	S-007	范小丽	销售部	经理	8	69	3000	800	690	2500	-129	-163	6698
9	S-008	黄蓉	销售部	业务员	6	91	1500	600	1000	1200	-130	-295	3875
10	S-009	肖萌萌	销售部	业务员	0	81	1500	0	1000	1200	-131	-218	3351
11	S-010	梁国栋	销售部	业务员	4	63	1500	200	630	1200	-132	-373	3025
12	S-011	刘媛	办公室	主任	6	77	3500	600	770	1800	-133	-347	6190
13	S-012	何春丽	办公室	干事	2	51	2000	100	0	1200	-134	-216	2950
14	S-013	肖帮华	运营部	部长	3	80	3000	150	1000	2500	-135	-324	6191
15	S-014	张树荣	运营部	组员	6	58	1500	600	0	1200	-136	-151	3013
16	S-015	马铭	运营部	组员	1	63	1500	50	630	1200	-137	-109	3134

员工工资表　岗位津贴标准　工资条

图 3-2-16　“员工工资表”效果图

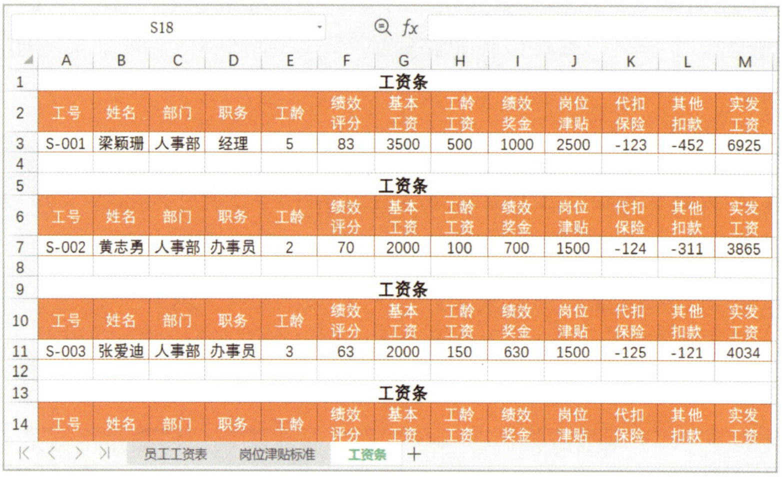

S18

	A	B	C	D	E	F	G	H	I	J	K	L	M
1							工资条						
2	工号	姓名	部门	职务	工龄	绩效评分	基本工资	工龄工资	绩效奖金	岗位津贴	代扣保险	其他扣款	实发工资
3	S-001	梁颖珊	人事部	经理	5	83	3500	500	1000	2500	-123	-452	6925
4													
5							工资条						
6	工号	姓名	部门	职务	工龄	绩效评分	基本工资	工龄工资	绩效奖金	岗位津贴	代扣保险	其他扣款	实发工资
7	S-002	黄志勇	人事部	办事员	2	70	2000	100	700	1500	-124	-311	3865
8													
9							工资条						
10	工号	姓名	部门	职务	工龄	绩效评分	基本工资	工龄工资	绩效奖金	岗位津贴	代扣保险	其他扣款	实发工资
11	S-003	张爱迪	人事部	办事员	3	63	2000	150	630	1500	-125	-121	4034
12													
13							工资条						
14	工号	姓名	部门	职务	工龄	绩效评分	基本工资	工龄工资	绩效奖金	岗位津贴	代扣保险	其他扣款	实发工资

员工工资表　岗位津贴标准　工资条

图 3-2-17　“员工工资条”效果图

能力提升

制作员工培训成绩表

结合所学公式和函数的相关知识，完成“员工培训成绩表”的制作。制作完成后的效果图如图 3-2-18 所示。

	A	B	C	D	E	F	G	H	I	J	K
1	员工培训成绩表										
2	编号	姓名	企业制度	职业素养	办公软件	营销策略	总分	平均分	排名	奖励等级	奖励金额
3	C-001	贺云帆	65	84	89	76	314	78.5	9	三等	200
4	C-002	李梅	67	66	66	51	250	62.5	13	无	0
5	C-003	张海城	92	92	98	91	373	93.3	2	一等	1000
6	C-004	胡远达	65	55	55	60	235	58.8	16	无	0
7	C-005	梁京	92	92	90	94	368	92.0	3	一等	1000
8	C-006	李宏亮	83	86	87	88	344	86.0	6	二等	600
9	C-007	叶贵	85	87	84	76	332	83.0	7	二等	600
10	C-008	罗可可	69	75	61	78	283	70.8	12	无	0
11	C-009	刘畅华	72	86	88	82	328	82.0	8	三等	200
12	C-010	黄玫瑰	96	96	94	90	376	94.0	1	一等	1000
13	C-011	王思思	88	86	87	88	349	87.3	5	二等	600
14	C-012	唐佳梦	73	58	66	97	294	73.5	11	无	0
15	C-013	李莹	64	64	54	58	240	60.0	15	无	0
16	C-014	张丽英	90	87	87	87	351	87.8	4	二等	600
17	C-015	周玲玲	85	65	80	76	306	76.5	10	三等	200
18	C-016	王海宇	61	66	70	51	248	62.0	14	无	0

图 3-2-18 “员工培训成绩表”效果图

思路如下：

1. 打开素材文件“员工培训成绩表 .xlsx”。

2. 使用 SUM 函数计算总分列数据。

3. 使用 AVERAGE 函数计算平均分列数据。

4. 使用 RANK 函数对总分以降序方式计算排名。

5. 使用 IF 函数评定奖励等级。其中，总分≥360 分，奖励等级为一等；360>总分≥330 分，奖励等级为二等；330>总分≥300 分，奖励等级为三等；其余为无。

6. 使用 VLOOKUP 函数根据奖励等级计算奖励金额。

7. 保存表格。

项目小结

本项目主要介绍了 SUM、AVERAGE、MAX、MIN、IF、RANK、VLOOKUP 函数的使用方法，其知识内容如下。

1. 单元格的引用

单元格的引用是指在公式中使用单元格的地址来代替单元格中的数据，见表 3-2-3。

2. 常用函数公式

函数是 WPS 表格预先定义好的内置公式，由标识符、函数名、参数组成，并按特定的顺序或结构进行计算。函数的参数与参数之间用半角逗号分隔，使用函数运算后得出的结果称为返回值。WPS 表格常用的函数见表 3-2-4。

表 3-2-3　引用定义表

引用类型	作用	举例
相对引用	在计算过程中，公式所在单元格发生变化，引用单元格也会随之改变	使用填充柄复制公式
绝对引用	在计算过程中，公式所在单元格位置改变，但公式中引用单元格需保持不变，被引用单元格需要添加绝对引用符“$”，如 $A$1(按“F4”键可快速添加绝对引用符)	“=B1/$A$1”，复制公式时，B1 单元格会随着公式所在的位置变化而变化，而 A1 单元格的引用则不变
跨工作表引用	在同一工作簿中不同工作表之间单元格的引用。其格式为“工作表名称!单元格地址”	“=Sheet1!A1”，其含义是引用“Sheet1”工作表中 A1 单元格的数据
跨工作簿引用	不同工作簿之间单元格的引用。其格式为“=[工作簿名称]工作表名称!单元格地址”	“=[销售额汇总表]Sheet1!A1”，其含义是引用“销售额汇总表”工作簿中的“Sheet1”工作表中的 A1 单元格的数据

表 3-2-4　常用函数表

函数名称	作用	举例
SUM	返回所有参数的数值之和	=SUM(C3:E3)
AVERAGE	返回所有参数的平均值（算术平均值）	=AVERAGE(C3:C22)
COUNT	返回包含数字的单元格以及参数列表中的数字的个数，对数值型数据有效	=COUNT(F4:F25)
COUNTA	返回参数列表中非空单元格的个数	=COUNTA(F4:F25)
MAX	返回参数列表中的最大值	=MAX(F4:F25)
MIN	返回参数列表中的最小值	=MIN(F4:F25)
IF	判断一个条件是否满足；如果条件满足则返回一个值，不满足则返回另外一个值	=IF(J4<60,"是","否")
RANK	返回某数字在一列数字中相对于其他数值的大小排名	=RANK(F3,$F$3:$F$22,0)
VLOOKUP	给定一个需要查找的目标，再从指定的查找区域中查找到相应的数据，并将此数据返回到指定位置	=VLOOKUP(A3,学生成绩表!$B$3:$B$22,2,FALSE)

项目三
分析学生成绩表——WPS 表格数据的分析

WPS 表格作为专业的数据处理工具，拥有强大的数据处理和分析功能，可以帮助用户在繁杂的数据中挖掘出有效的信息。本项目主要讲解在表格中设置条件格式突出显示单元格数据、数据排序、数据筛选和数据分类汇总等知识。

学习要点

◆设置条件格式　　◆数据排序
◆数据筛选　　◆数据分类汇总

项目描述

在项目二中，刘老师使用公式、函数完成了学生成绩的统计，现在需要对学生的成绩进行分析，查看学科中成绩不合格的数据、排序查看总分、统计奖励等级人数等相关信息。

制作完成后的效果图如图 3-3-1 所示。

	A	B	C	D	E	F	G	H	I	J
1	学生成绩表									
2	序号	姓名	思政	语文	数学	英语	计算机	总分	排名	奖励
3	004	郭星泽	90	92	94	89	93	458	1	一等
4	019	孙文昊	93	92	95	90	88	458	1	一等
5	007	侯晗翌	87	92	93	91	91	454	3	一等
6	006	梁晓霜	89	90	92	90	92	453	4	一等
7									一等 计数	4
8	001	张丽	95	89	90	86	87	447	5	二等
9	020	李熙栋	90	71	90	88	93	432	6	二等
10	008	胡乐岚	80	83	85	87	91	426	7	二等
11									二等 计数	3
12	003	何智宇	85	85	85	82	83	420	8	三等
13	011	张子涵	82	95	80	84	78	419	9	三等
14	017	王梦洁	84	73	79	85	86	407	10	三等
15	015	李漫妮	85	73	84	90	74	406	11	三等
16	012	张冠智	76	85	70	92	82	405	12	三等
17									三等 计数	5
18	005	黄凌萱	78	86	65	81	69	379	13	无
19	009	王景天	68	75	90	65	80	378	14	无
20	010	赵海逸	75	70	88	68	75	376	15	无
21	014	周雨泽	65	60	76	68	69	338	16	无
22	016	孙婧曦	63	65	60	54	70	312	17	无
23	002	张昊明	65	65	62	63	55	310	18	无
24	013	罗钰轩	63	61	58	59	60	301	19	无
25	018	张晟涵	61	55	56	60	64	296	20	无
26									无 计数	8
27									总计数	20

学生成绩表

图 3-3-1 “分析学生成绩表”效果图

思路解析

刘老师在分析查看学生成绩时，先突出显示每一科成绩中不合格的数据，再将总分按照从高分到低分的顺序进行排序，然后筛选出总分高于平均分的数据，最后对奖励等级人数进行统计汇总。其制作思路如下：

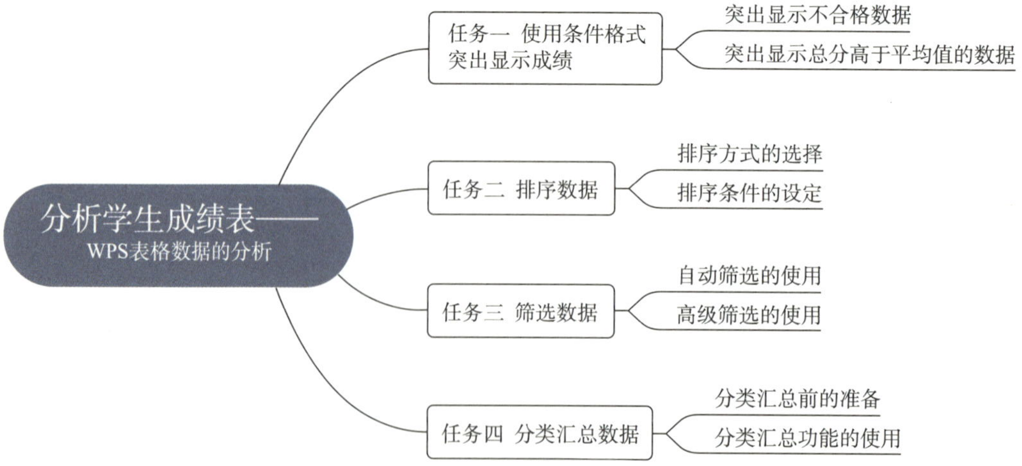

任务一　使用条件格式突出显示成绩

任务目标

能够使用条件格式突出显示单元格数据。

任务实施

条件格式是指当单元格中的数据满足已设定的条件规则时，系统会改变单元格的显示状态以突出显示满足条件的数据。

本任务中，需要突出显示各科目成绩中不合格的数据和总分高于平均值的数据。

一、突出显示不合格数据

选定 C3:G22 单元格区域，单击“开始”选项卡下的“条件格式”下拉按钮，在下拉列表中用鼠标指针指向“突出显示单元格规则”，在展开的子菜单中选择“小于”命令；弹出“小于”对话框，在编辑框中录入“60”，在下拉列表中选择“浅红填充色深红色文本”，如图 3-3-2a 所示，单击“确定”按钮，完成效果如图 3-3-2b 所示。

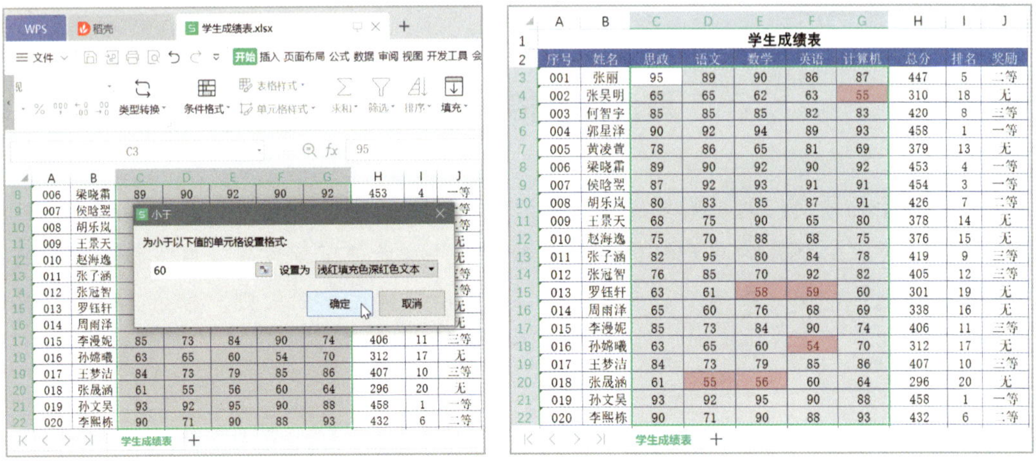

a）　　　　　　　　b）

图 3-3-2　突出显示不合格分数

a）设置突出显示单元格规则　b）完成效果

二、突出显示总分高于平均值的数据

选定 H3:H22 单元格区域，单击“开始”选项卡下的“条件格式”下拉按钮，在下拉列表中用鼠标指针指向“项目选取规则”命令，在展开的子菜单中选择“高于平均值”命令，如图 3-3-3a 所示。完成效果如图 3-3-3b 所示。

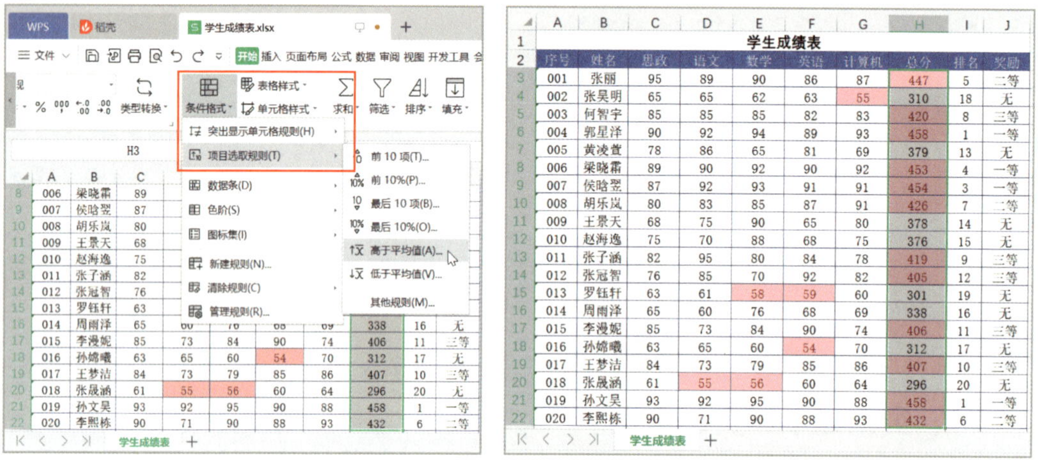

学生成绩表

序号	姓名	思政	语文	数学	英语	计算机	总分	排名	奖励
001	张丽	95	89	90	86	87	447	5	二等
002	张昊明	65	65	62	63	55	310	18	无
003	何智宇	85	85	85	82	83	420	8	三等
004	郭星泽	90	92	94	89	93	458	1	一等
005	黄凌萱	78	86	65	81	69	379	13	无
006	梁晓霜	89	90	92	90	92	453	4	一等
007	侯晗翌	87	92	93	91	91	454	3	一等
008	胡乐岚	80	83	85	87	91	426	7	二等
009	王景天	68	75	90	65	80	378	14	无
010	赵海逸	75	70	88	68	75	376	15	无
011	张子涵	82	95	80	84	78	419	9	三等
012	张冠智	76	85	70	92	82	405	12	三等
013	罗钰轩	63	61	58	59	60	301	19	无
014	周雨泽	65	60	76	68	69	338	16	无
015	李漫妮	85	73	84	90	74	406	11	三等
016	孙嫦曦	63	65	60	54	70	312	17	无
017	王梦洁	84	73	79	85	86	407	10	三等
018	张晟涵	61	55	56	60	64	296	20	无
019	孙文昊	93	92	95	90	88	458	1	一等
020	李熙栋	90	71	90	88	93	432	6	二等

a） b）

图 3-3-3 突出显示高于平均值数据

a）选项位置 b）完成效果

知识点拨

取消条件格式的方法

如果对于已建立好的规则不满意，可取消此条件规则，重新设定条件规则，方法是：选定已建立好规则的单元格区域，单击“条件格式”下拉按钮，在下拉列表中选择“清除规则”命令，在其子菜单中选择“清除所选单元格的规则”命令。如果选择的是“清除整个工作表的规则”，则取消整个工作表的规则。

任务二　排序数据

任务目标

能够将数据按照相应的次序排列。

任务实施

数据排序是指将数据按照相应的次序进行排列。数据排序的次序分为升序、降序和自定义序列排序。排序的规则包含数值大小、字母顺序、拼音顺序和笔画顺序等。

本任务中需要对总分字段数据以降序的次序方式排列。

一、选择排序方式

选定 A2:J22 单元格区域，单击“数据”选项卡下的“排序”下拉按钮，在下拉列表中单击“自定义排序”命令，如图 3-3-4 所示。

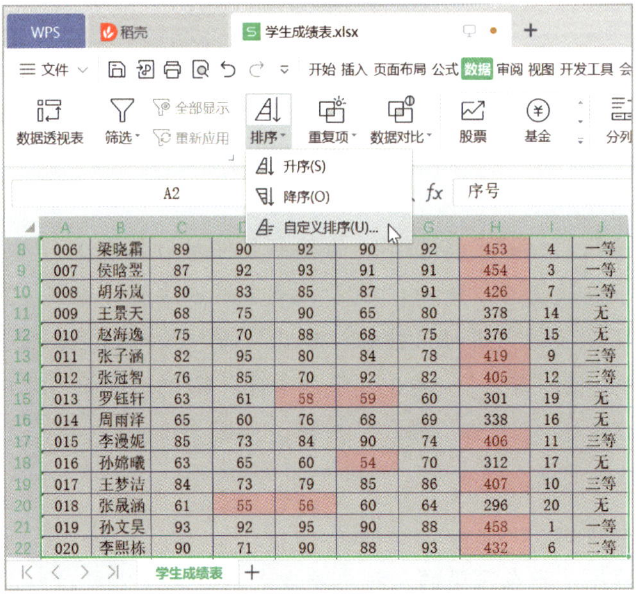

图 3-3-4　添加自定义排序

二、设定排序条件

弹出“排序”对话框，设置“主要关键字”为“总分”，“次序”为“降序”；单击

“确定”按钮，如图 3-3-5a 所示。完成的效果如图 3-3-5b 所示。

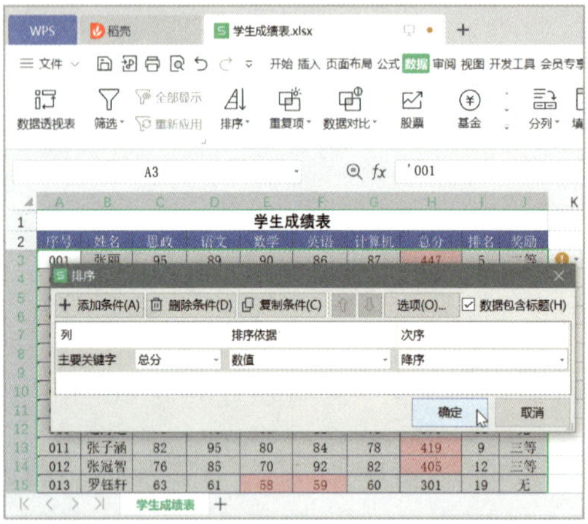

a）

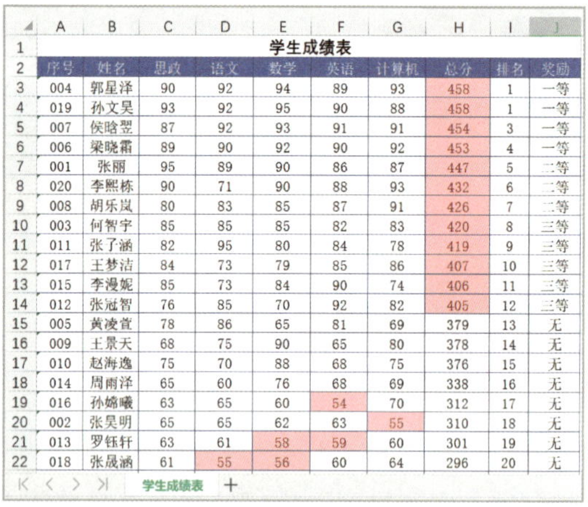

b）

图 3-3-5　设定排序条件

a）设置排序条件参数　b）完成效果

知识点拨

多条件排序和自定义排序

1. 多条件排序

多条件排序是指同时设定多个字段的排序条件对数据表进行排序。如对“总分”字段和“思政”字段数据均以降序次序方式排序的方法是：选定 A2:J22 单元格区域，单击“数据”选项卡下的“排序”按钮；弹出“排序”对话框，设置“主要关键字”为“总分”，“次序”为“降序”；单击“添加条件”按钮，设置“次要关键字”为“思政”，“次序”为“降序”；单击“确定”按钮，如图 3-3-6a 所示；完成后当总分出现同分时，思政分数高的学生排在前，如图 3-3-6b 所示。

2. 自定义序列排序

自定义序列排序是指在预设的几种排序方式不能满足需要时，用户可按自定义的排列次序进行排序。如对“奖励”字段进行升序次序排序后，其结果显示的次序是“二等、三等、无、一等”，并未按照“一等、二等、三等、无”的顺序进行排列，如图 3-3-7 所示。此时可设置自定义序列排序来解决以上问题，方法是：选定 A2:J22 单元格区域，单击“数据”选项卡下的“排序”按钮；弹出“排序”对话框，设置“主要关键字”为“奖励”，“次序”为“自定义序列”；弹出“自定义序列”对话框，在“输入序列”编辑框中依次输入“一等”“二等”“三等”“无”，每输入完一个条件按一次“Enter”键换行；单击“添加”按钮，再单击“确定”按钮，如图 3-3-8a 所示；切换至“排序”对话框中，设置“次序”为“一等，二等，三等，无”，单击“确定”按钮，完成效果如图 3-3-8b 所示。

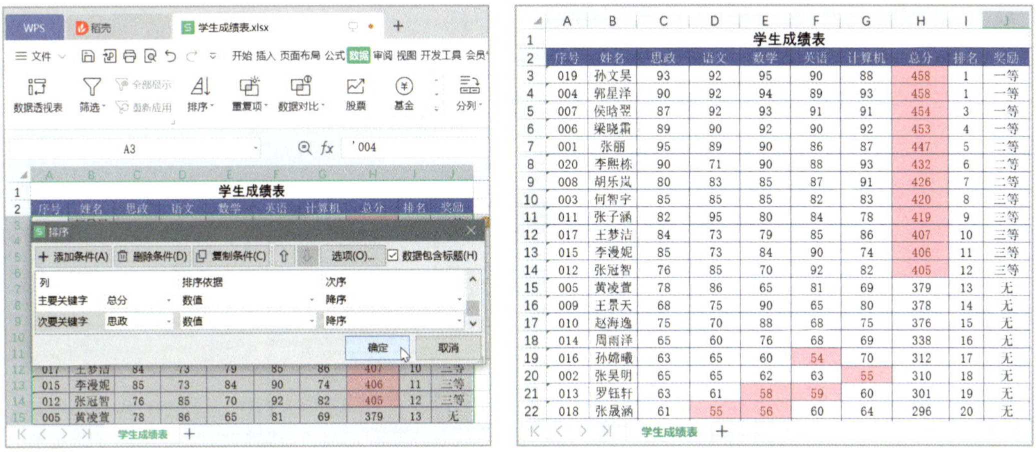

a）　　　　　　　　　　b）

图 3-3-6　多条件排序

a）设置排序条件　b）完成效果

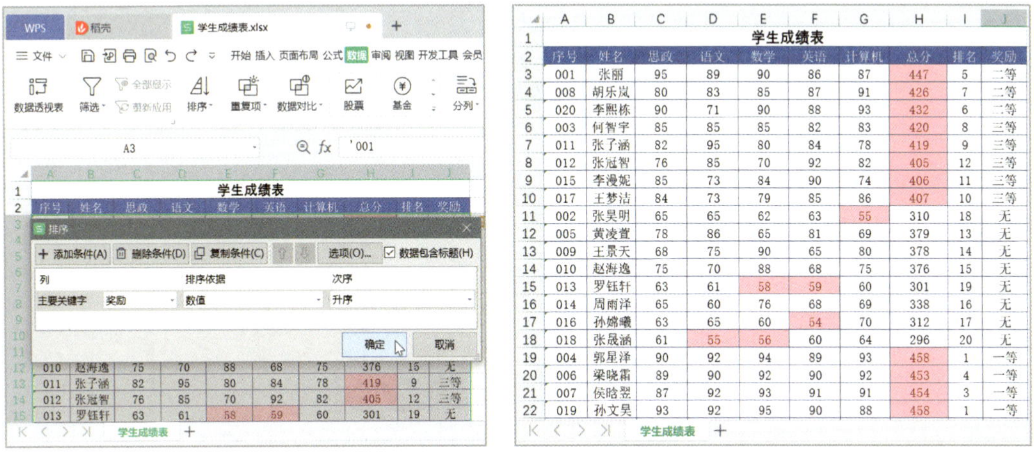

a）　　　　　　　　　　b）

图 3-3-7　按默认序列排序

a）设置排序条件参数　b）完成效果

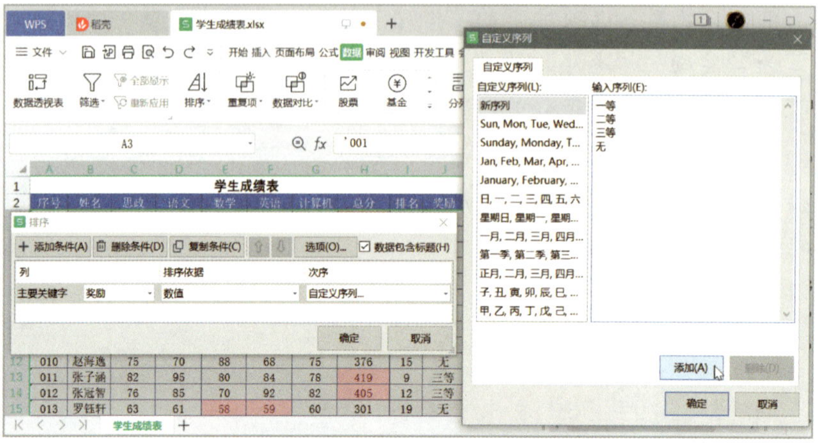

a）

学生成绩表									
序号	姓名	思政	语文	数学	英语	计算机	总分	排名	奖励
019	孙文昊	93	92	95	90	88	458	1	一等
004	郭星泽	90	92	94	89	93	458	1	一等
007	侯晗翌	87	92	93	91	91	454	3	一等
006	梁晓霜	89	90	92	90	92	453	4	一等
001	张丽	95	89	90	86	87	447	5	二等
020	李熙栋	90	71	90	88	93	432	6	二等
008	胡乐岚	80	83	85	87	91	426	7	二等
003	何智宇	85	85	85	82	83	420	8	三等
011	张子涵	82	95	80	84	78	419	9	三等
017	王梦洁	84	73	79	85	86	407	10	三等
015	李漫妮	85	73	84	90	74	406	11	三等
012	张冠智	76	85	70	92	82	405	12	三等
005	黄凌萱	78	86	65	81	69	379	13	无
009	王景天	68	75	90	65	80	378	14	无
010	赵海逸	75	70	88	68	75	376	15	无
014	周雨泽	65	60	76	68	69	338	16	无
016	孙嫦曦	63	65	60	54	70	312	17	无
002	张昊明	65	65	62	63	55	310	18	无
013	罗钰轩	63	61	58	59	60	301	19	无
018	张晟涵	61	55	56	60	64	296	20	无

b）

图 3-3-8　自定义序列排序
a）设置排序条件参数　b）完成效果

任务三　筛选数据

任务目标

能够使用筛选工具筛选符合条件的数据。

任务实施

数据筛选是指对数据设定筛选条件后只显示符合条件的数据，同时隐藏不符合条件的数据。数据筛选可分为自动筛选、高级筛选和自定义筛选。

自动筛选一般用于简单的筛选。本任务首先需要筛选出“奖励”字段为“一等”“二等”“三等”且“计算机”成绩大于或等于 90 分的数据，即可使用自动筛选。

高级筛选一般用于条件较为复杂的筛选。在数据筛选过程中，可能会遇到筛选条件较为复杂的情况，自动筛选无法满足筛选需求，此时可以使用高级筛选。使用高级筛选后的筛选结果可以在原数据表格中显示，也可以在其他单元格区域显示。本任务还需要筛选出“思政”或“计算机”成绩中至少一项大于等于 90 的数据，需使用高级筛选。

一、筛选“奖励”字段数据

选定 A2:J2 单元格区域，单击“数据”选项卡下的“筛选”按钮，如图 3–3–9a 所示；完成后每个标题右侧将出现下拉按钮；单击“奖励”后的下拉按钮，在下拉命令列表中勾选“一等”“二等”“三等”复选框，如图 3–3–9b 所示；单击“确定”按钮；完成后将显示一等、二等、三等奖励数据，奖励数据为“无”的将被隐藏，如图 3–3–10 所示。

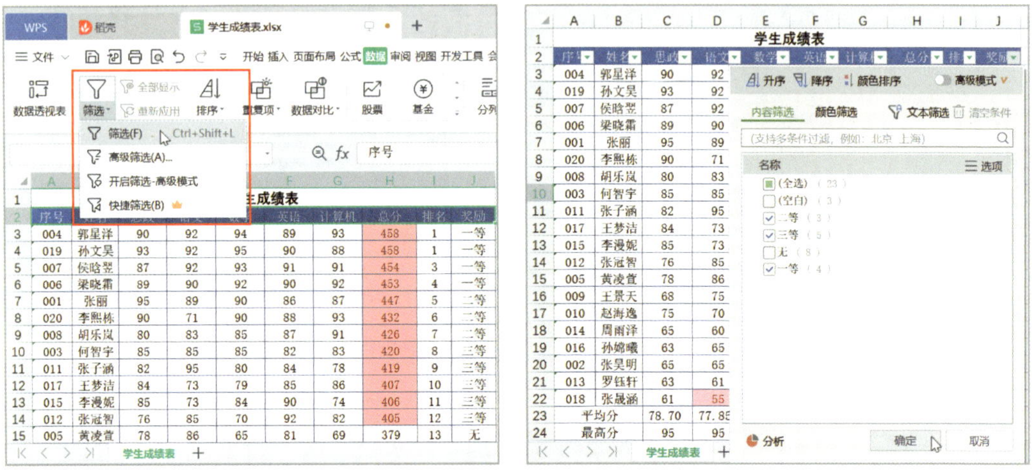

a）　　　　　　　　　　　　　　　　b）

图 3–3–9　添加筛选条件

a）按钮位置　b）勾选条件

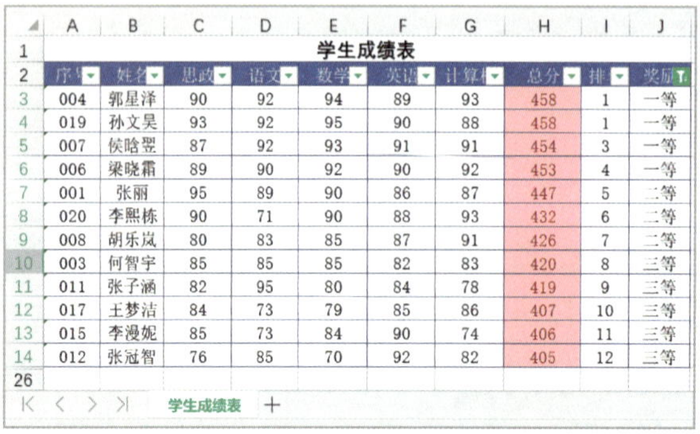

行	序号	姓名	思政	语文	数学	英语	计算机	总分	排名	奖励
3	004	郭星泽	90	92	94	89	93	458	1	一等
4	019	孙文昊	93	92	95	90	88	458	1	一等
5	007	侯晗翌	87	92	93	91	91	454	3	一等
6	006	梁晓霜	89	90	92	90	92	453	4	一等
7	001	张丽	95	89	90	86	87	447	5	二等
8	020	李熙栋	90	71	90	88	93	432	6	二等
9	008	胡乐岚	80	83	85	87	91	426	7	二等
10	003	何智宇	85	85	85	82	83	420	8	三等
11	011	张子涵	82	95	80	84	78	419	9	三等
12	017	王梦洁	84	73	79	85	86	407	10	三等
13	015	李漫妮	85	73	84	90	74	406	11	三等
14	012	张冠智	76	85	70	92	82	405	12	三等

图 3-3-10　筛选后的数据

二、筛选“计算机”字段数据

完成“奖励”字段数据筛选后，还需要筛选出“计算机”成绩大于或等于 90 的数据。

单击“计算机”字段下拉按钮，单击“数字筛选”命令，在展开的列表中选择“大于或等于”命令，如图 3-3-11a 所示；弹出“自定义自动筛选方式”对话框，将“计算机”设置为“大于或等于 90”，如图 3-3-11b 所示；单击“确定”按钮；完成后查看筛选结果，如图 3-3-12 所示。

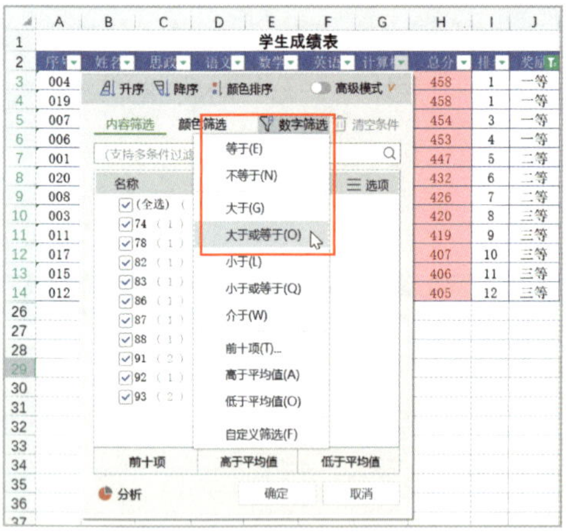

a）

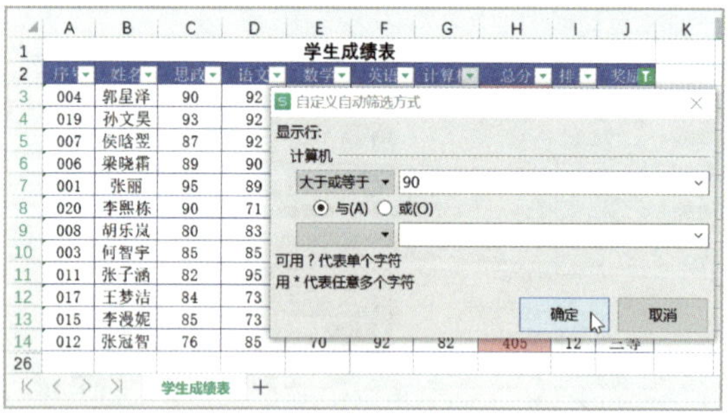

b）

图 3-3-11　添加自定义筛选条件

a）选项位置　b）设置筛选条件

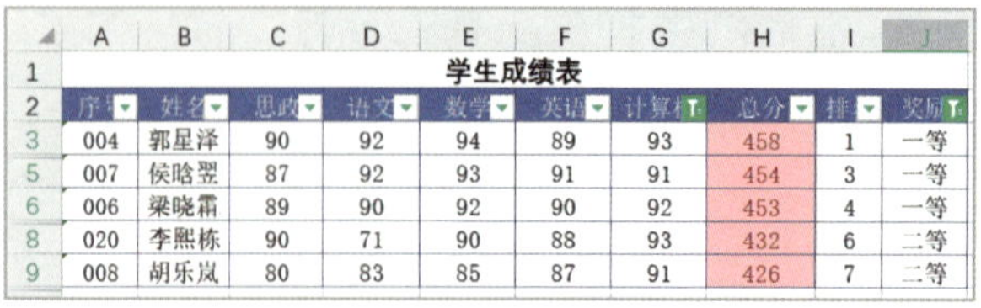

行	序号	姓名	思政	语文	数学	英语	计算机	总分	排名	奖励
3	004	郭星泽	90	92	94	89	93	458	1	一等
5	007	侯晗翌	87	92	93	91	91	454	3	一等
6	006	梁晓霜	89	90	92	90	92	453	4	一等
8	020	李熙栋	90	71	90	88	93	432	6	二等
9	008	胡乐岚	80	83	85	87	91	426	7	二等

图 3-3-12　筛选后的数据

知识点拨

重新显示被隐藏的数据

经过筛选后，只显示符合条件的数据，隐藏了不符合条件的数据，如需要重新显示被隐藏的数据，有以下两种方法。

1. 在“数据”选项卡中再次单击“自动筛选”按钮，关闭数据筛选功能，则可以显示被隐藏的数据。

2. 单击已被筛选的字段标题右侧的下拉按钮，弹出下拉命令列表，勾选“全选”复选框，单击“确定”按钮，可恢复此列所有数据。如果还有其他数据列被筛选过，则重复以上操作即可恢复全部数据。

三、筛选“思政”和“计算机”字段数据

1. 保存好前面一项筛选结果后，取消筛选。

2. 在 L2:M4 单元格区域中，输入筛选条件，按任务要求，两条件为“或”关系，按图 3-3-13a 所示形式输入。

3. 单击“数据”选项卡下的“筛选”下拉按钮，在下拉列表中选择“高级筛选”命令，如图 3-3-13b 所示。

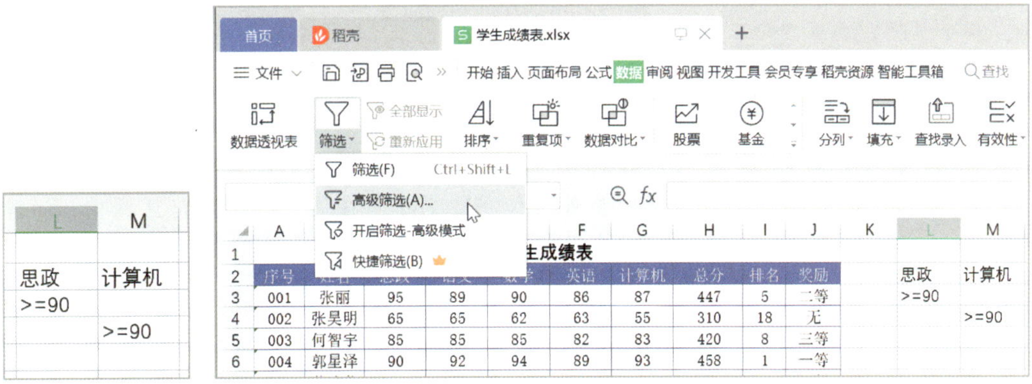

a）　　b）

图 3-3-13　创建筛选条件

a）输入筛选条件　b）选项位置

四、进行高级筛选

在弹出的“高级筛选”对话框中，单击“方式”栏中的“将筛选结果复制到其它位置”单选按钮；单击“列表区域”的“折叠”按钮，选择 A2:J22 单元格区域；单击“条件区域”的“折叠”按钮，选择 L2:M4 单元格区域；单击“复制到”的“折叠按钮”，选择 A28 单元格，如图 3-3-14a 所示；单击“确定”按钮。完成后查看筛选结果，符合条件的数据被筛选至 A28 单元格开始的单元格区域中，如图 3-3-14b 所示。

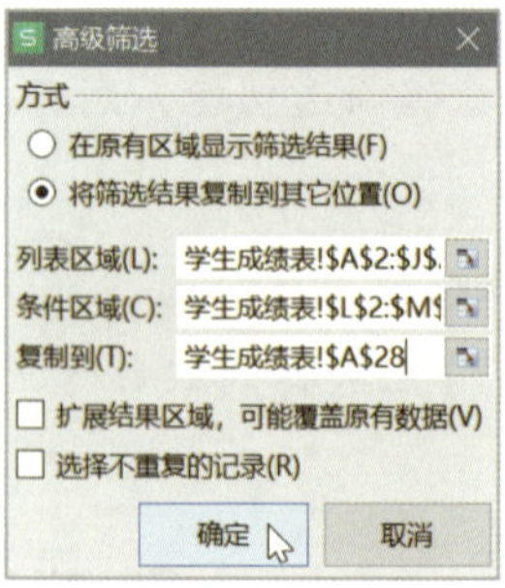

a）

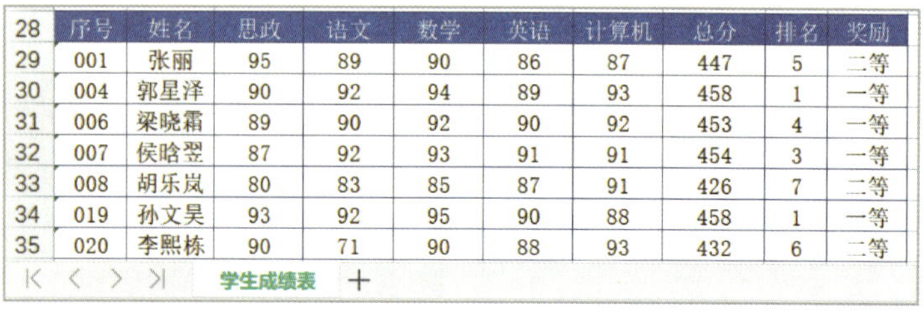

28	序号	姓名	思政	语文	数学	英语	计算机	总分	排名	奖励
29	001	张丽	95	89	90	86	87	447	5	二等
30	004	郭星泽	90	92	94	89	93	458	1	一等
31	006	梁晓霜	89	90	92	90	92	453	4	一等
32	007	侯晗翌	87	92	93	91	91	454	3	一等
33	008	胡乐岚	80	83	85	87	91	426	7	二等
34	019	孙文昊	93	92	95	90	88	458	1	一等
35	020	李熙栋	90	71	90	88	93	432	6	二等

b）

图 3-3-14　进行高级筛选
a）“高级筛选”对话框　b）筛选结果

知识点拨

高级筛选使用技巧

1. 条件区建立方法

使用高级筛选筛选数据时，首先需要建立条件区区域，条件区区域可建立在数据表格外空白的单元格区域中。填写条件时，字段名填写在同一行单元格区域中，对应条件填写在相应的字段名下方的单元格。字段名必须与原数据的字段名内容一致。当条件 A 与条件 B 为“与”关系时，条件填写在同一行单元格区域中；当条件 A 与条件 B 为“或”关系时，条件填写在不同行单元格区域中，见表 3-3-1。

2. 在原有区域显示筛选结果

如果要将筛选结果在原数据中显示，可在“高级筛选”对话框中的“方式”栏选择“在原有区域显示筛选结果”单选按钮。

表 3-3-1　高级筛选条件区的建立方法

条件关系	“与”关系		“或”关系	
表达方式	字段名	字段名	字段名	字段名
	条件 A	条件 B	条件 A	
				条件 B

任务四　分类汇总数据

任务目标

能够使用分类汇总对表格中的数据进行分类汇总计算。

任务实施

分类汇总是指将数据列表中相同类别的数据进行分类显示，并计算各类数据的汇总值。经过分类汇总后的数据表格结构清晰，便于按类别查看数据汇总结果。进行分类汇总前须先对要汇总的数据列进行排序，以便将相同类别的数据进行分类。对于复杂的数据统计，可以使用嵌套分类汇总，先对大类别数据进行分类汇总，再对子类别数据进行分类汇总。

本任务中，需要对各奖励等级人数进行分类统计。

一、取消筛选并对奖励字段进行排序

单击“数据”选项卡下的“筛选”按钮，取消筛选。选定 A2:J22 单元格区域，使用自定义序列排序，根据“奖励”字段对表中数据按升序排序，完成后的效果图如图 3-3-15 所示。

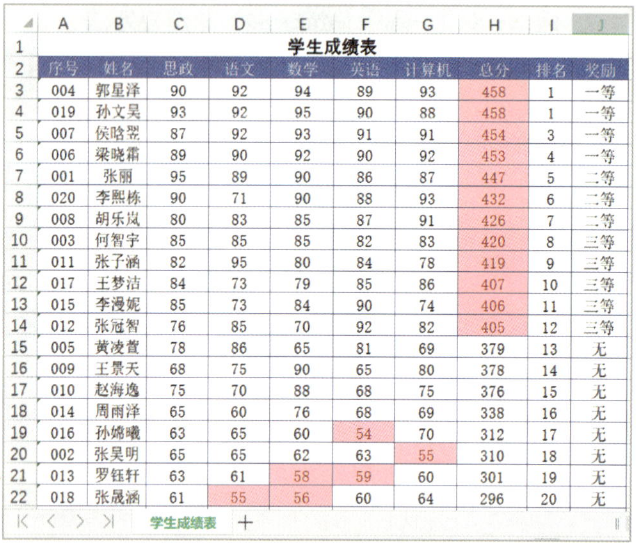

序号	姓名	思政	语文	数学	英语	计算机	总分	排名	奖励
004	郭星泽	90	92	94	89	93	458	1	一等
019	孙文昊	93	92	95	90	88	458	1	一等
007	侯晗翌	87	92	93	91	91	454	3	一等
006	梁晓霜	89	90	92	90	92	453	4	一等
001	张丽	95	89	90	86	87	447	5	二等
020	李熙栋	90	71	90	88	93	432	6	二等
008	胡乐岚	80	83	85	87	91	426	7	二等
003	何智宇	85	85	85	82	83	420	8	三等
011	张子涵	82	95	80	84	78	419	9	三等
017	王梦洁	84	73	79	85	86	407	10	三等
015	李漫妮	85	73	84	90	74	406	11	三等
012	张冠智	76	85	70	92	82	405	12	三等
005	黄凌萱	78	86	65	81	69	379	13	无
009	王景天	68	75	90	65	80	378	14	无
010	赵海逸	75	70	88	68	75	376	15	无
014	周雨泽	65	60	76	68	69	338	16	无
016	孙嫣曦	63	65	60	54	70	312	17	无
002	张昊明	65	65	62	63	55	310	18	无
013	罗钰轩	63	61	58	59	60	301	19	无
018	张晟涵	61	55	56	60	64	296	20	无

图 3-3-15　对奖励字段排序

二、对奖励等级人数进行分类汇总

单击“数据”选项卡下的“分类汇总”按钮，弹出“分类汇总”对话框；设置“分类字段”为“奖励”，“汇总方式”为“计数”，“选定汇总项”为“奖励”，如图 3-3-16a 所示；单击“确定”按钮。完成后的效果图如图 3-3-16b 所示。

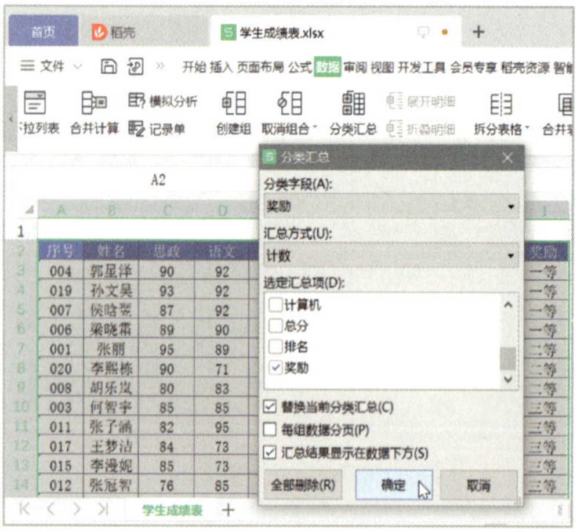

a）

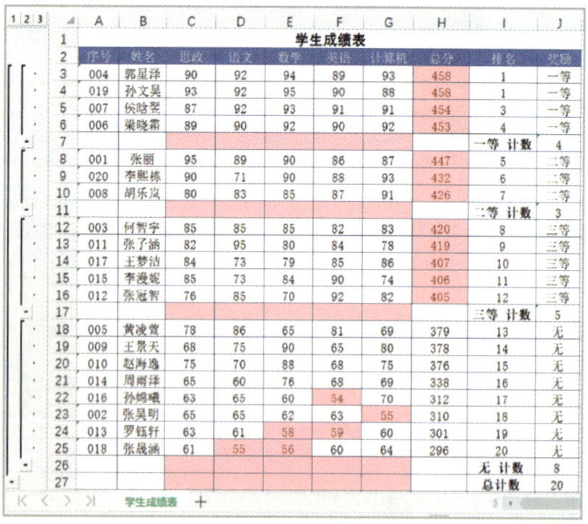

序号	姓名	思政	语文	数学	英语	计算机	总分	排名	奖励
004	郭星泽	90	92	94	89	93	458	1	一等
019	孙文昊	93	92	95	90	88	458	1	一等
007	侯晗翌	87	92	93	91	91	454	3	一等
006	梁晓霜	89	90	92	90	92	453	4	一等
								一等 计数	4
001	张丽	95	89	90	86	87	447	5	二等
020	李熙栋	90	71	90	88	93	432	6	二等
008	胡乐岚	80	83	85	87	91	426	7	二等
								二等 计数	3
003	何智宇	85	85	85	82	83	420	8	三等
011	张子涵	82	95	80	84	78	419	9	三等
017	王梦洁	84	73	79	85	86	407	10	三等
015	李漫妮	85	73	84	90	74	406	11	三等
012	张冠智	76	85	70	92	82	405	12	三等
								三等 计数	5
005	黄凌萱	78	86	65	81	69	379	13	无
009	王景天	68	75	90	65	80	378	14	无
010	赵海逸	75	70	88	68	75	376	15	无
014	周雨泽	65	60	76	68	69	338	16	无
016	孙嫣曦	63	65	60	54	70	312	17	无
002	张昊明	65	65	62	63	55	310	18	无
013	罗钰轩	63	61	58	59	60	301	19	无
018	张晟涵	61	55	56	60	64	296	20	无
								无 计数	8
								总计数	20

b）

图 3-3-16　对奖励等级人数进行分类汇总
a）“分类汇总”对话框　b）分类汇总结果

知识点拨

分类汇总的嵌套和删除

1. 嵌套分类汇总

嵌套分类汇总是指在表格数据中，当大类别数据中还包含子类别数据时，通过嵌套分类汇总先对大类别数据进行一次分类汇总，再对子类别数据进行二次分类汇总。在进行二次分类汇总时，在“分类汇总”对话框中需取消勾选“替换当前分类汇总”复选框，如果不取消，第二次分类汇总结果会将第一次分类汇总结果替换掉。

2. 删除分类汇总

对当前分类汇总效果不满意时，可选定单元格区域，打开“分类汇总”对话框，单击“全部删除”按钮，即可删除当前分类汇总。

实战与小结

实战演练

分析产品销售统计表

某企业为了统计销售人员在不同时期的销售业绩，需要在素材文件“产品销售统计表 .xlsx”基础上，使用高级筛选查看营销 1 组 1 月和 2 月的销售数据，使用分类汇总统计每月各类产品的销售数量。制作完成后的效果如图 3-3-17 所示。

思路如下：

1. 使用高级筛选，筛选出营销 1 组 1 月和 2 月所有产品的销售数据，并将筛选后的数据存放至以 A37 单元格开始的单元格区域中。

2. 根据“月份”列、“产品名称”列对表中数据按升序排序。

3. 使用分类汇总对每月产品的销售数量进行求和统计。

4. 使用嵌套分类汇总对每月中各类产品的销售数量进行求和统计。

5. 保存文件。

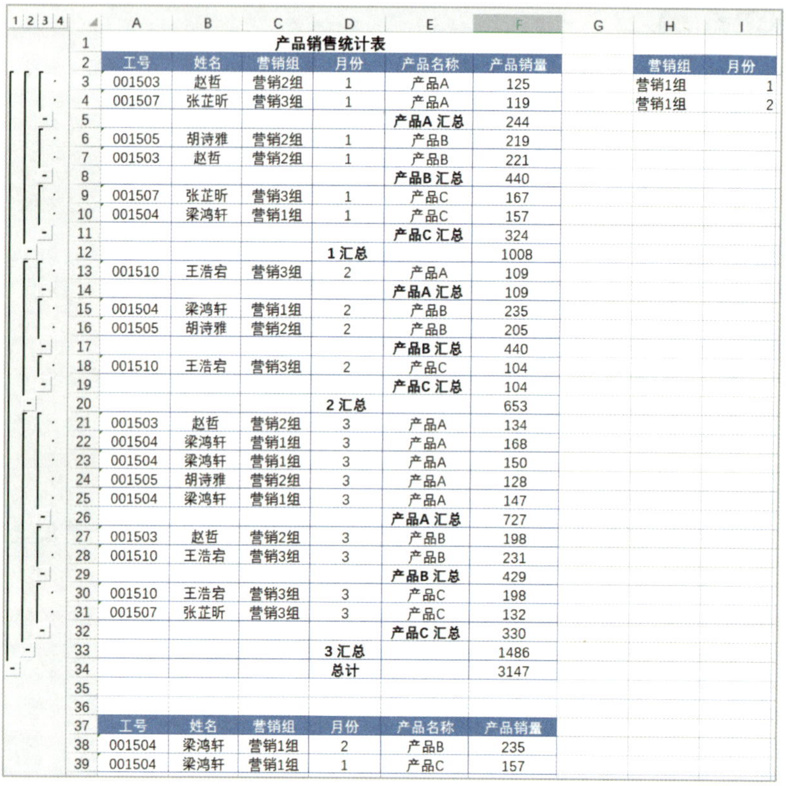

产品销售统计表

工号	姓名	营销组	月份	产品名称	产品销量
001503	赵哲	营销2组	1	产品A	125
001507	张芷昕	营销3组	1	产品A	119
				产品A 汇总	244
001505	胡诗雅	营销2组	1	产品B	219
001503	赵哲	营销2组	1	产品B	221
				产品B 汇总	440
001507	张芷昕	营销3组	1	产品C	167
001504	梁鸿轩	营销1组	1	产品C	157
				产品C 汇总	324
			1 汇总		1008
001510	王浩宕	营销3组	2	产品A	109
				产品A 汇总	109
001504	梁鸿轩	营销1组	2	产品B	235
001505	胡诗雅	营销2组	2	产品B	205
				产品B 汇总	440
001510	王浩宕	营销3组	2	产品C	104
				产品C 汇总	104
			2 汇总		653
001503	赵哲	营销2组	3	产品A	134
001504	梁鸿轩	营销1组	3	产品A	168
001504	梁鸿轩	营销1组	3	产品A	150
001505	胡诗雅	营销2组	3	产品A	128
001504	梁鸿轩	营销1组	3	产品A	147
				产品A 汇总	727
001503	赵哲	营销2组	3	产品B	198
001510	王浩宕	营销3组	3	产品B	231
				产品B 汇总	429
001510	王浩宕	营销3组	3	产品C	198
001507	张芷昕	营销3组	3	产品C	132
				产品C 汇总	330
			3 汇总		1486
			总计		3147

营销组	月份
营销1组	1
营销1组	2

工号	姓名	营销组	月份	产品名称	产品销量
001504	梁鸿轩	营销1组	2	产品B	235
001504	梁鸿轩	营销1组	1	产品C	157

图 3-3-17　分析产品销售统计表

能力提升

分析产品生产成本统计表

结合所学的条件格式、排序、筛选、分类汇总等知识，分析素材文件“产品生产成本统计表.xlsx”，完成后效果如图 3-3-18 所示。

思路如下：

1. 使用公式计算出“平均成本（元/件）”列数据（平均成本 = 总成本/产量），保留 2 位小数。

2. 使用条件格式突出显示“平均成本”低于 100 的数据。

3. 使用自动筛选查看“2 车间”中“产品 C”的数据，并将数据复制到以 A20 单元格开始的单元格区域中。

4. 取消自动筛选，使用分类汇总，统计出各类产品每件的平均生产成本。

5. 保存表格。

	A	B	C	D	E	F
1	月份	产品名称	车间	产量（件）	总成本（元）	平均成本（元/件）
2	1	产品A	1车间	151	14843.3	98.30
3	1	产品A	2车间	131	12942.8	98.80
4	3	产品A	1车间	405	41026.5	101.30
5	3	产品A	2车间	356	36525.6	102.60
6	2	产品A	1车间	104	10722.4	103.10
7		**产品A 平均值**				100.82
8	1	产品B	2车间	206	72388.4	351.40
9	3	产品B	1车间	247	87265.1	353.30
10	1	产品B	1车间	252	88905.6	352.80
11	2	产品B	2车间	207	73609.2	355.60
12	3	产品B	2车间	207	72346.5	349.50
13	2	产品B	1车间	251	87900.2	350.20
14		**产品B 平均值**				352.13
15	2	产品C	1车间	103	24174.1	234.70
16	3	产品C	1车间	205	47908.5	233.70
17	1	产品C	1车间	198	47203.2	238.40
18	1	产品C	2车间	158	37967.4	240.30
19	3	产品C	2车间	148	35919.6	242.70
20		**产品C 平均值**				237.96
21		**总平均值**				237.92
22						
23						
24	月份	产品名称	车间	产量（件）	总成本（元）	平均成本（元/件）
25	1	产品C	2车间	158	37967.4	240.3
26	3	产品C	2车间	148	35919.6	242.7

图 3-3-18 分析产品生产成本统计表

项目小结

本项目主要介绍了在 WPS 表格中进行数据分析的方法，主要包括使用条件格式突出显示单元格数据、排序数据、筛选数据、分类汇总数据。各项操作的具体方法见表 3-3-2。

表 3-3-2 项目小结

目标		操作方法
条件格式	突出显示单元格规则、项目选取规则	单击“开始”选项卡下的“条件格式”下拉按钮，在下拉列表中用鼠标指针指向“突出显示单元格规则”或“项目选取规则”，在展开的子菜单中选择合适的规则；在弹出的对话框中设置规则，单击“确定”按钮

续表

<table>
<tr><th colspan="2">目标</th><th>操作方法</th></tr>
<tr><td rowspan="3">数据排序</td><td>单条件排序</td><td>选定数据单元格区域，单击“数据”选项卡下的“排序”按钮；弹出“排序”对话框，设置“主要关键字”“排序依据”“次序”，单击“确定”按钮</td></tr>
<tr><td>多条件排序</td><td>选定数据单元格区域，单击“数据”选项卡下的“排序”按钮；弹出“排序”对话框，设置“主要关键字”“排序依据”“次序”；单击“添加条件”按钮，设置“次要关键字”“排序依据”“次序”，单击“确定”按钮</td></tr>
<tr><td>自定义序列排序</td><td>选定数据单元格区域，单击“数据”选项卡下的“排序”按钮；弹出“排序”对话框，设置“主要关键字”，设置“次序”为“自定义序列”；弹出“自定义序列”对话框，在“输入序列”编辑框中输入新的序列；单击“添加”按钮，单击“确定”按钮；切换至“排序”对话框，选择“次序”选项，单击“确定”按钮</td></tr>
<tr><td rowspan="2">数据筛选</td><td>自动筛选</td><td>选定标题行单元格区域，单击“数据”选项卡下的“自动筛选”按钮，单击需要筛选数据的字段下拉按钮，在下拉列表中设置筛选条件，单击“确定”按钮</td></tr>
<tr><td>高级筛选</td><td>1. 创建筛选条件
“与”关系<table><tr><th>字段名</th><th>字段名</th></tr><tr><td>条件A</td><td>条件B</td></tr></table>“或”关系<table><tr><th>字段名</th><th>字段名</th></tr><tr><td>条件A</td><td></td></tr><tr><td></td><td>条件B</td></tr></table>2. 进行高级筛选
单击“数据”选项卡下的“筛选”下拉按钮，在下拉命令列表中选择“高级筛选”命令；弹出“高级筛选”对话框，设置“方式”“列表区域”“条件区域”后，单击“确定”按钮</td></tr>
<tr><td rowspan="3">数据分类汇总</td><td colspan="2">在进行分类汇总前先对要汇总的数据列进行排序，以便将相同类别的数据进行分类</td></tr>
<tr><td>简单分类汇总</td><td>选定数据区域，单击“数据”选项卡下的“分类汇总”按钮；弹出“分类汇总”对话框，设置“分类字段”“汇总方式”“选定汇总项”，单击“确定”按钮</td></tr>
<tr><td>嵌套分类汇总</td><td>先对大类别数据进行分类汇总，再对子类别数据进行二次分类汇总。在进行二次分类汇总时，取消勾选“分类汇总”对话框中的“替换当前分类汇总”复选框，然后单击“确定”按钮</td></tr>
</table>

项目四
制作学生成绩统计图——WPS 表格图表的应用

在 WPS 表格中，可以将表格数据转换成图表，以便更直观、形象地展示数据的变化趋势。当数据量较大且需要从不同的角度和层次对数据进行分析时，可以创建数据透视表和数据透视图对数据进行汇总分析与统计。本项目主要讲解在 WPS 表格中创建与编辑图表、修饰与美化图表以及创建和使用数据透视表、数据透视图分析数据的相关知识。

学习要点

- ◆创建与编辑图表
- ◆美化与修饰图表
- ◆创建数据透视表和数据透视图
- ◆使用数据透视表和数据透视图分析数据

项目描述

刘老师想通过制作学生成绩统计图，查看 3 班思政、语文、数学等科目各分数段人数的分布情况；再通过制作数据透视表和数据透视图统计分析 1 班、2 班、3 班各科分数段人数的分布情况。

制作完成后的效果图如图 3-4-1 所示。

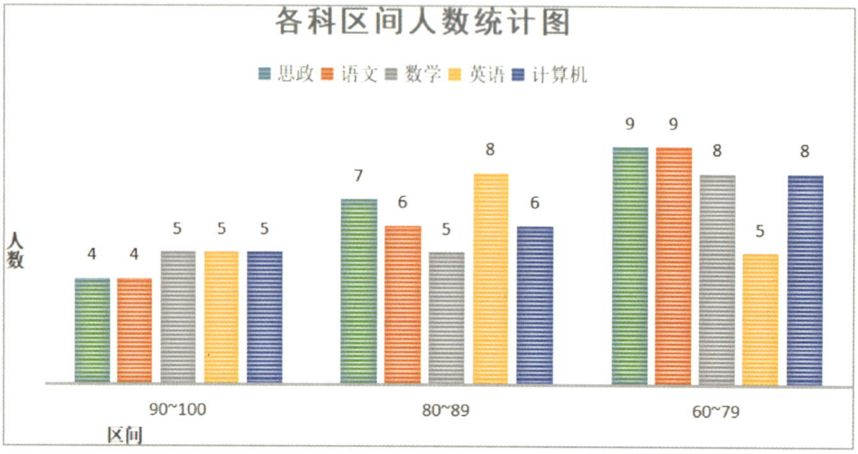

a）

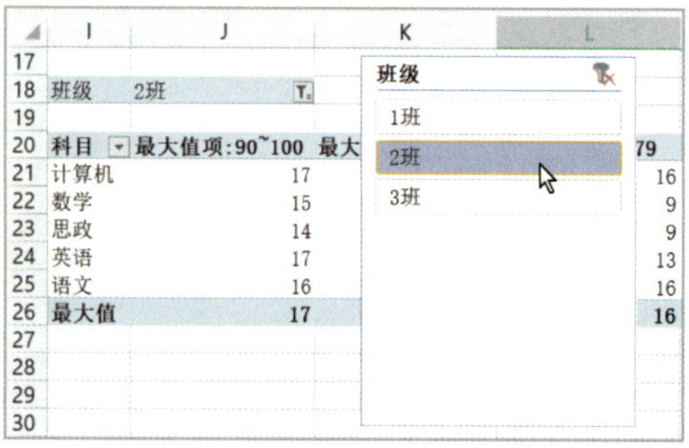

b）

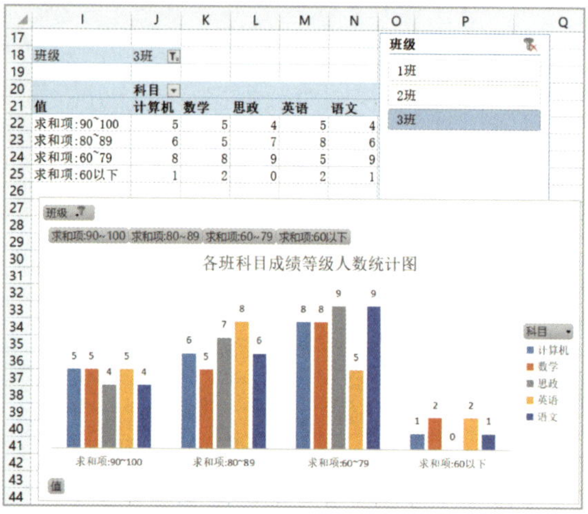

c）

图 3-4-1 学生成绩统计图效果图

a）“3 班学生成绩统计图”效果图 b）“各班科目成绩等级人数数据透视表”效果图

c）“各班科目成绩等级人数数据透视图”效果图

思路解析

刘老师在制作学生成绩统计图时，先要创建图表，再编辑图表，使图表正确体现数据，最后美化图表。其制作思路如下：

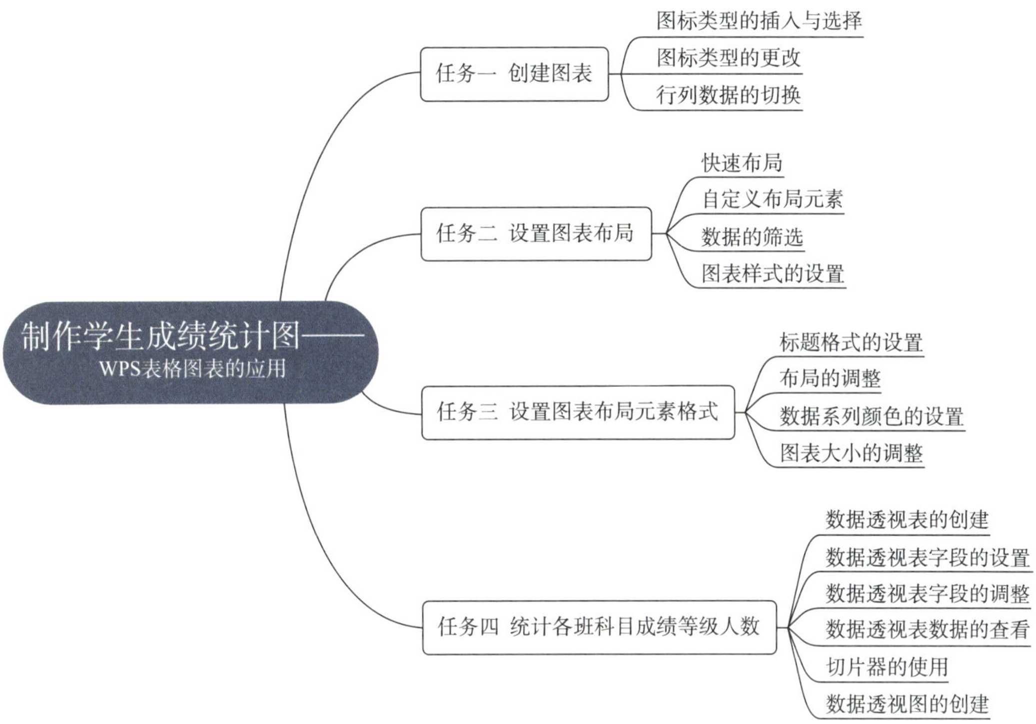

任务一　创建图表

任务目标

能够创建图表与快速更改图表类型。

任务实施

在 WPS 表格中，图表类型包括柱形图、折线图、饼图、条形图、面积图、XY 散点图、股价图、雷达图和组合图等。

本任务中，先使用学生成绩表数据创建簇状条形图，再将其更换为簇状柱形图。

一、插入并选择图表类型

打开素材文件“学生成绩统计表.xlsx”中的“Sheet1”工作表，选定 A2:F6 单元格区域，单击“插入”选项卡下的“插入条形图”下拉按钮；在下拉列表中选择“簇状条形图”选项，如图 3-4-2a 所示；完成后查看图表，如图 3-4-2b 所示。

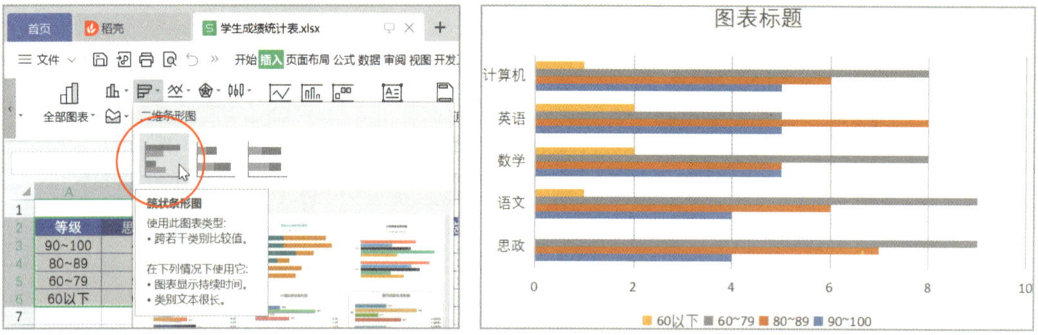

a）　　　　　　　　b）

图 3-4-2　创建簇状条形图

a）选项位置　b）完成效果

二、更改图表类型

创建图表后若发现所选图表类型不合适，可以通过更改图表类型快速更换为另一种图表类型。

选定图表，单击“图表工具”选项卡下的“更改类型”下拉按钮；弹出“更改图表类型”对话框，单击“柱形图”按钮，选择“簇状柱形图”选项，完成后查看图表，如图 3-4-3 所示。

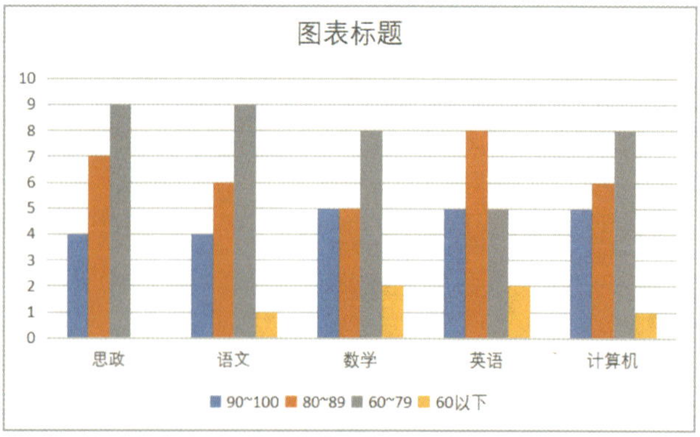

图 3-4-3　更改图表类型

三、切换行列数据

表格中的数据分为横向排列和纵向排列两种形式，默认情况下，创建图表时，

WPS 表格会根据数据的排列方向自动生成数据系列。如果在创建图表后发现图表中的数据系列生成方式与实际需求不符合，可以切换行列数据。

选定图表，单击“图表工具”选项卡下的“切换行列”按钮，如图 3-4-4a 所示，完成效果如图 3-4-4b 所示。

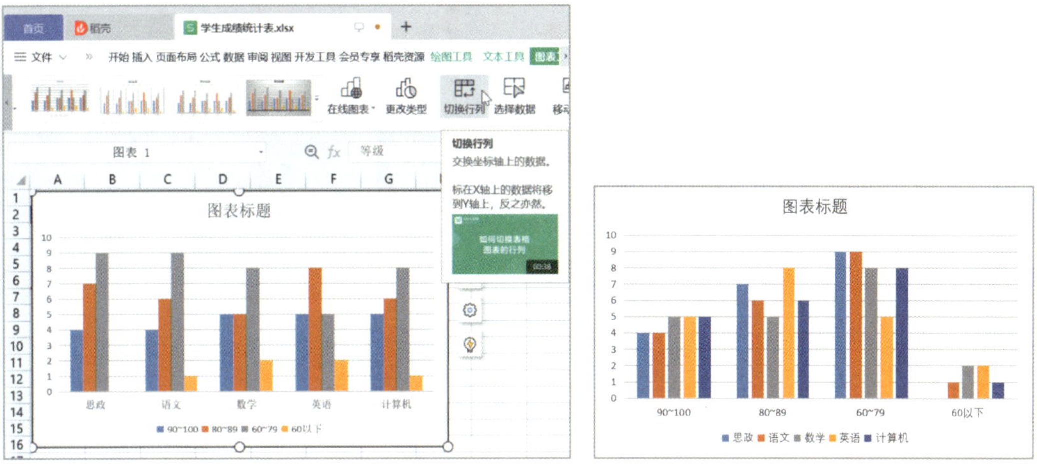

a）　　　　　　　　　　b）

图 3-4-4　切换行列数据

a）选项位置　b）完成效果

任务二　设置图表布局

任务目标

能够快速调整图表的布局元素。

任务实施

图表布局是指图表中的元素构成及各元素的位置。图表的布局元素有图表标题、

横 / 纵坐标、图例、数据系列等，如图 3–4–5 所示。完成图表创建后，可根据需求对图表布局元素进行调整，使图表结构更加合理。

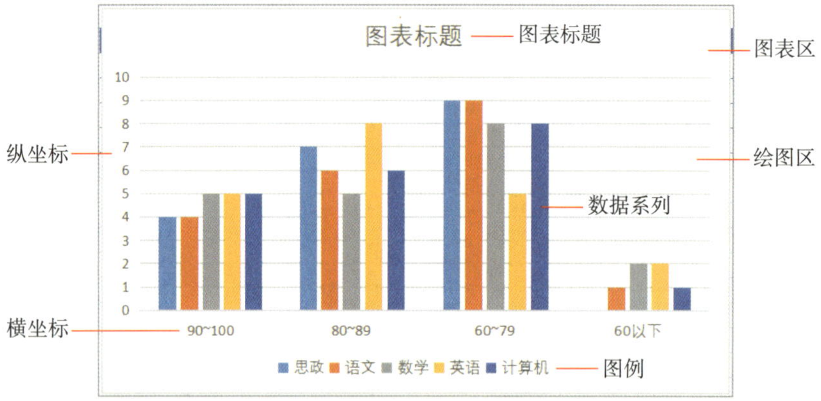

图 3–4–5　图表元素

一、快速布局

WPS 表格内置了多种布局样式，通过设置布局样式，可快速调整图表布局。

选定图表，单击“图表工具”选项卡下的“快速布局”下拉按钮；在下拉列表中选择“布局 1”选项，如图 3–4–6 所示。

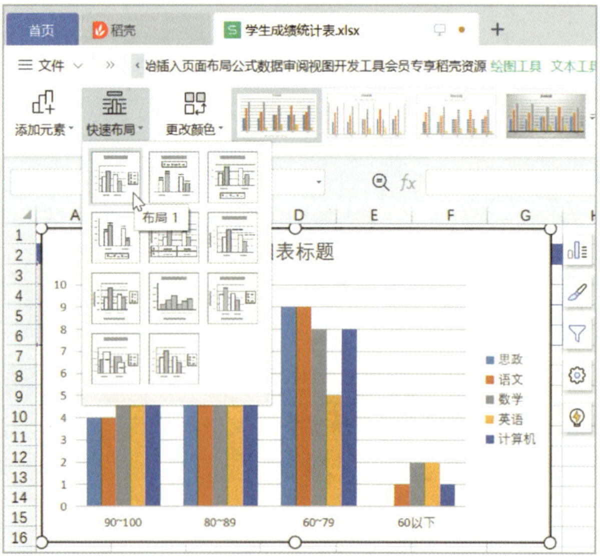

图 3–4–6　快速布局

二、自定义布局元素

快速布局的样式不一定能完全满足图表的需要，此时可通过自定义布局更改图表元素。

选定图表，单击图表右上方的“图表元素”按钮；在弹出的“图表元素”列表中勾选“坐标轴、轴标题、图表标题、数据标签、图例”，如图 3-4-7 所示。

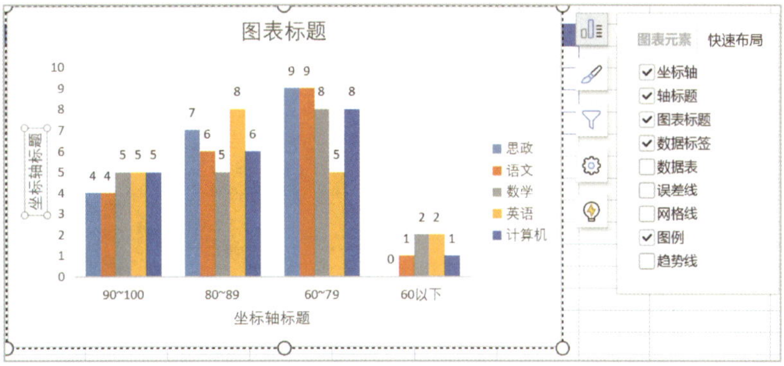

图 3-4-7　自定义布局元素

三、筛选数据

单击图表右上方的“图表筛选器”按钮；取消勾选“60 以下”的选项，单击“应用”按钮，如图 3-4-8 所示。

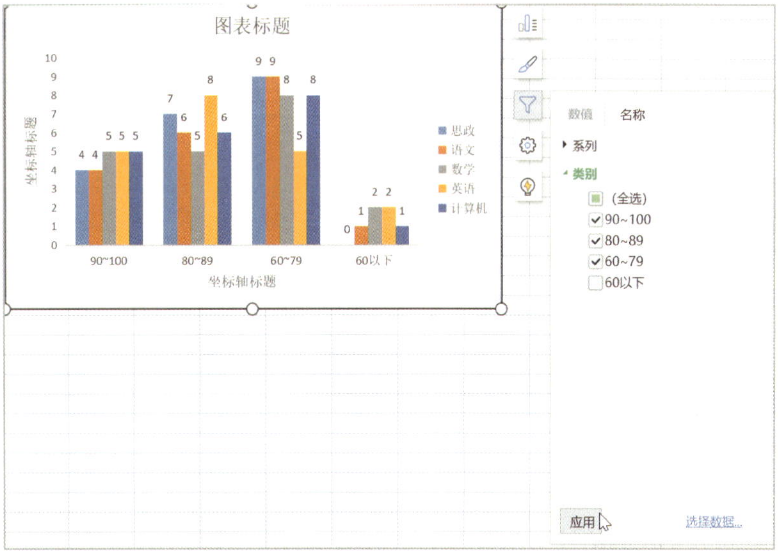

图 3-4-8　筛选数据

四、设置图表样式

单击图表右上方的“图表样式”按钮；在弹出的样式列表中选择“样式 3”选项，如图 3-4-9 所示。

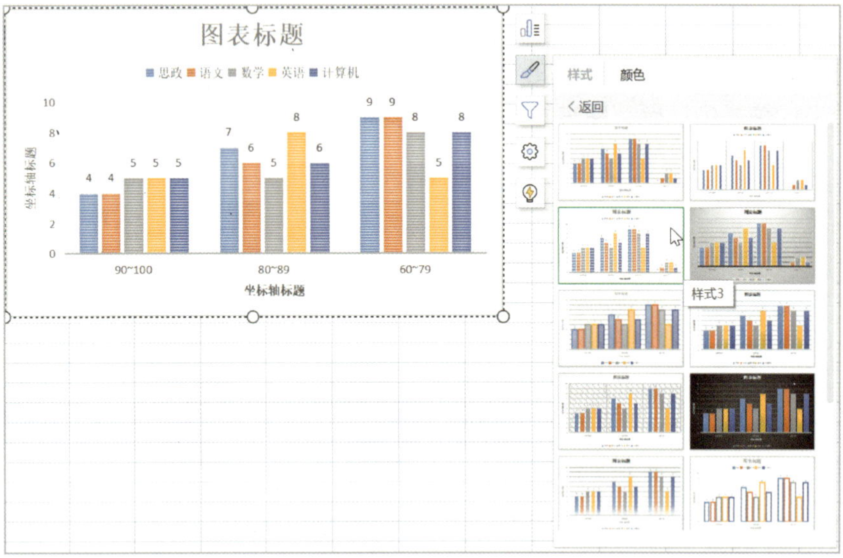

图 3-4-9　设置图表样式

任务三　设置图表布局元素格式

任务目标

能够编辑图表中的布局元素格式。

任务实施

对图表中布局元素的格式进行设置，可以使图表更美观。

一、设置标题格式

1. 设置图表标题格式

单击图表中的标题文本框，输入新标题内容“各科区间人数统计图”；将标题内容字体格式设置为“黑体”“14 号”“加粗”，如图 3-4-10 所示。

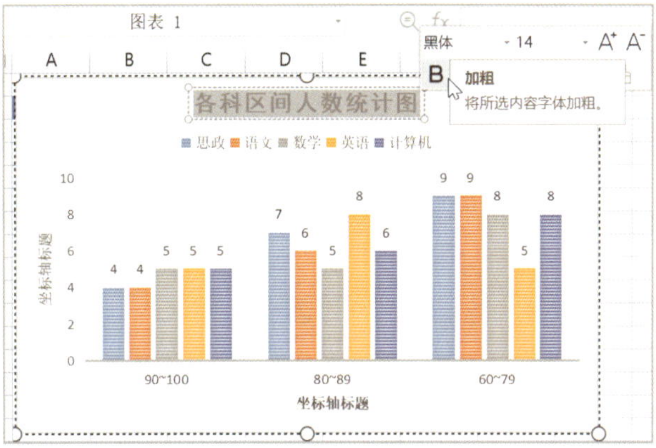

图 3-4-10　设置图表标题

2. 设置 Y 轴标题格式

默认情况下 Y 轴标题文字方向不便于查看，需调整文字方向。选中 Y 轴标题后右击，单击快捷菜单中的“设置坐标轴标题格式”命令，如图 3-4-11a 所示；切换到“属性”窗格中的“文本选项”选项卡；单击“文本框”按钮，将“文字方向”设置为“竖排”，如图 3-4-11b 所示；在 Y 轴标题文本框中录入新标题内容“人数”。

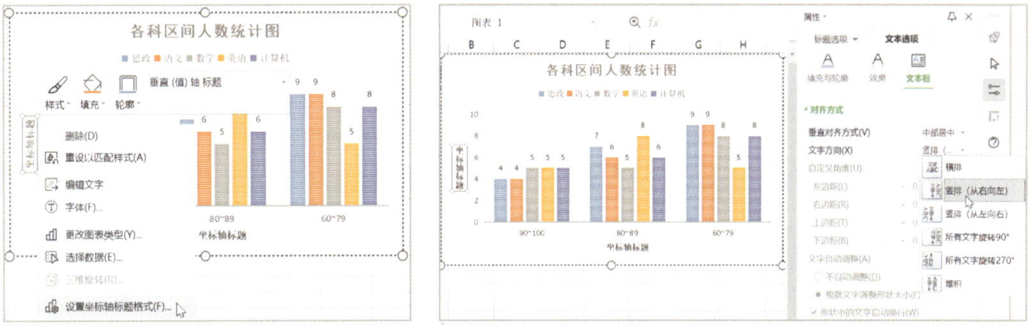

a）　　　　b）

图 3-4-11　设置 Y 轴标题格式

a）菜单命令位置　b）按钮位置

3. 设置 X 轴标题格式

在 X 轴标题文本框中录入新标题内容“区间”，并移至左侧，如图 3-4-12 所示。

二、删除 Y 轴

选定 Y 轴，按下“Delete”键，删除 Y 轴，如图 3-4-13 所示。

三、设置数据系列颜色

选中图表中的“思政”科目数据系列后右击，在快捷菜单中单击“设置数据系列格式”命令；在“属性”窗格中，设置其前景色为“浅绿，着色 6”，背景色为“浅绿，着色 6，浅色 80%”，如图 3-4-14 所示。

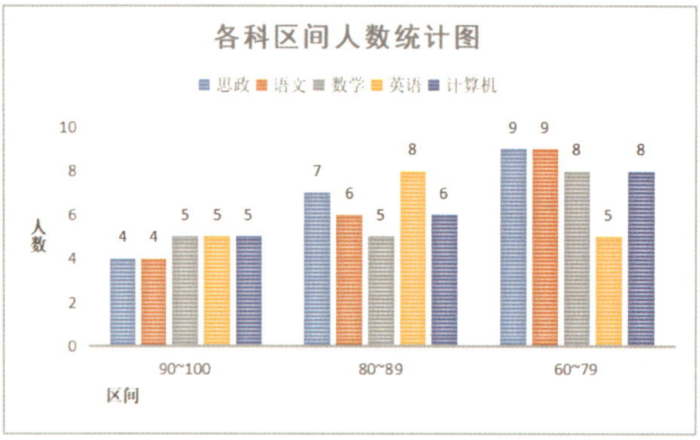

图 3-4-12 设置 X 轴标题格式

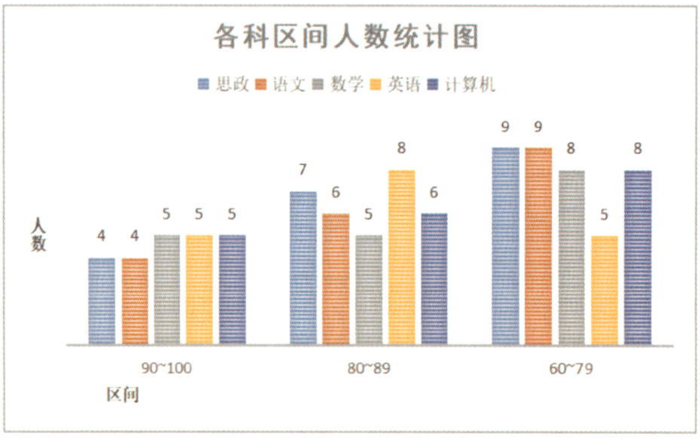

图 3-4-13 删除 Y 轴

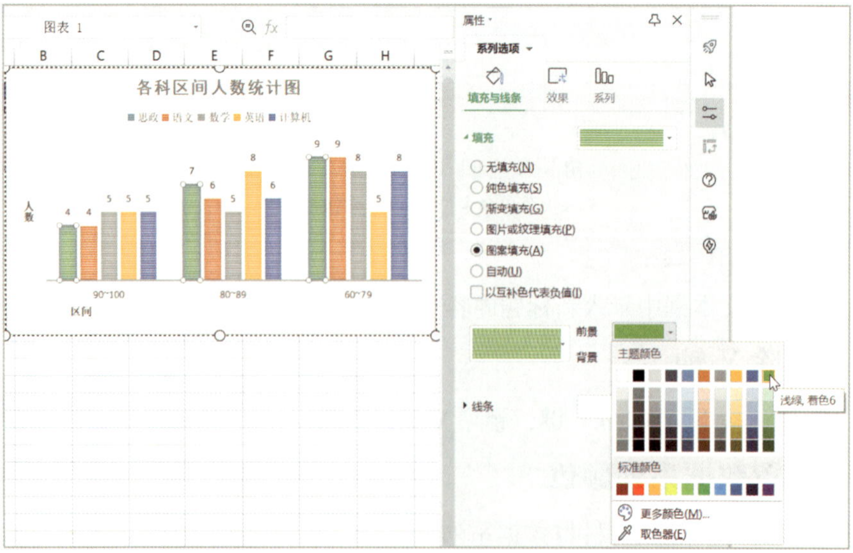

图 3-4-14 设置数据系列颜色格式

四、调整图表大小

选定图表，将图表大小设置为高度为“8 厘米”，宽度为“15 厘米”，如图 3-4-15 所示。

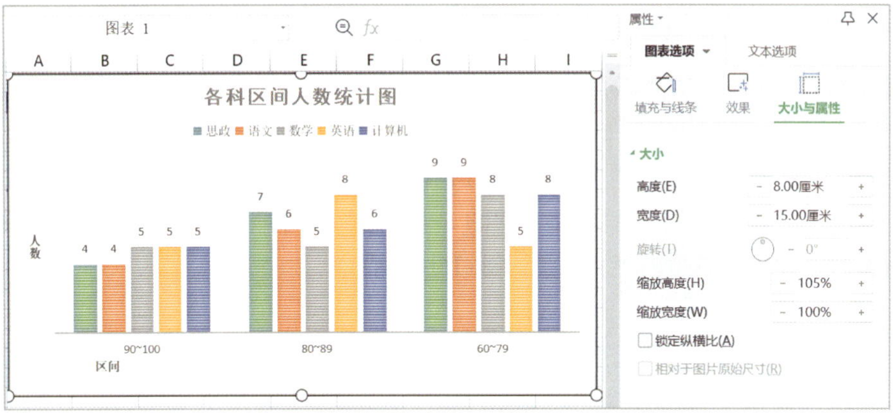

图 3-4-15　调整图表大小

任务四　统计各班科目成绩等级人数

数据透视表是 WPS 表格中具有强大数据分析功能的工具。数据透视表可以对数据进行筛选、汇总计算，如求和、求平均值、计数等，还可以动态地调整表格中的行号、列标和页字段的版面布局，以便按照不同方式分析数据。每一次改变版面布局时，数据透视表会按照新的布局重新计算数据。另外，根据数据透视表还可以生成数据透视图，能更直观地展现数据趋势。

任务目标

能够制作数据透视表和数据透视图，汇总查看分析数据。

任务实施

一、创建数据透视表

打开素材文件“学生成绩统计表.xlsx”中的“sheet2”工作表，选定 I20 单元格，单击“插入”选项卡下的“数据透视表”按钮；弹出“创建数据透视表”对话框，在“请选择单元格区域”编辑框中填写或直接圈选 A2:G17 单元格区域；放置位置选择“现有工作表”，单击“确定”按钮，如图 3-4-16a 所示。此时创建的数据透视表为空表，需添加字段才能显示内容，如图 3-4-16b 所示。

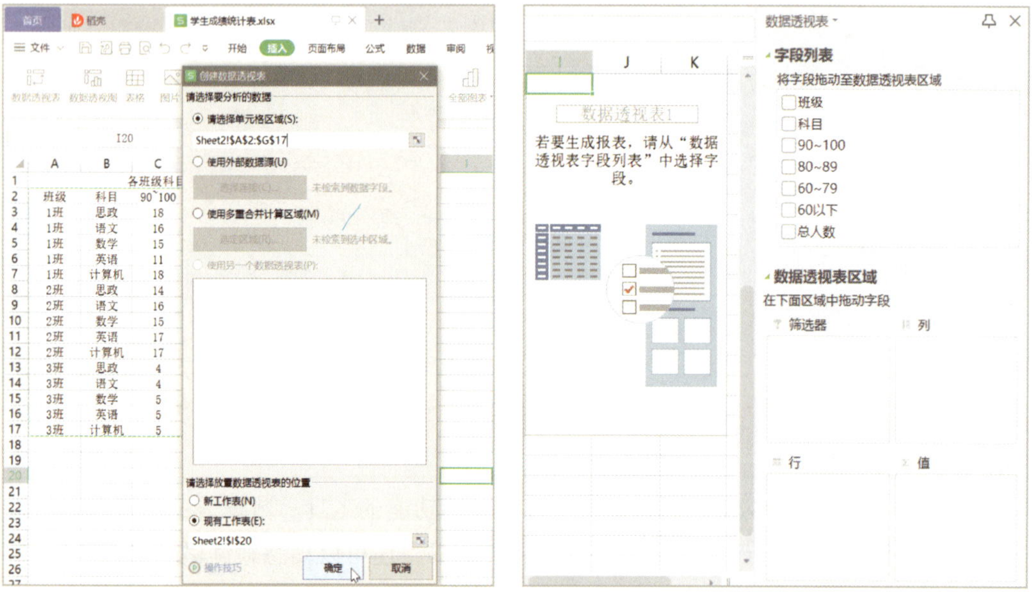

a）　　　　　　　　　　b）

图 3-4-16　创建数据透视表

a）“创建数据透视表”对话框　b）完成效果

二、设置数据透视表字段

在右侧的“数据透视表”窗格中，将“字段列表”中的“科目”字段拖动至数据透视表区域的“行”区域中；按照相同的方法，将“班级”字段拖动至“行”区域“科目”的下方，将“90～100”字段、“80～89”字段、“60～79”字段、“60 以下”字段拖动至“值”区域，如图 3-4-17 所示。

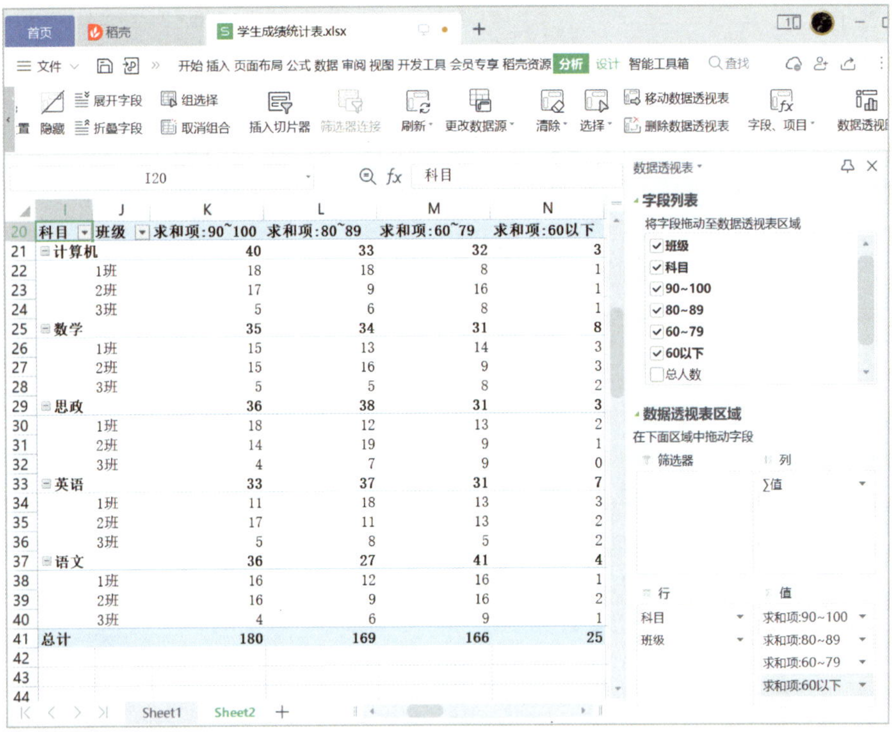

图 3-4-17　设置数据透视表字段

此时，从数据透视表中可以清晰地查看到 3 个班级汇总后的各科目成绩等级的人数。

三、调整数据透视表字段位置和修改值字段

在右侧的“数据透视表”窗格中，将“行”区域中的“班级”字段拖动至“筛选器”区域中，可在表格中通过筛选查看各个班级各科目成绩等级人数，如图 3-4-18a 所示。

若需查看各科、各分数段的各班平均人数，可按以下步骤操作：单击“值”区域中“求和项：90～100”下拉按钮，在下拉命令列表中选择“值字段设置”命令，如图 3-4-18b 所示；弹出“值字段设置”对话框，选择“值字段汇总方式”栏中的“平均值”命令，单击“确定”按钮，如图 3-4-18c 所示，为便于查看，可再单击左下角的“数字格式”按钮，将数字的格式设置为显示两位小数的数值；按照相同的方式将其他成绩等级的汇总方式也设置为“平均值”。

四、查看数据透视表数据

将数据透视表中 I26 单元格文本修改为“平均值”；完成后，从数据透视表中即可查看各科各成绩等级的平均人数，如图 3-4-19 所示。

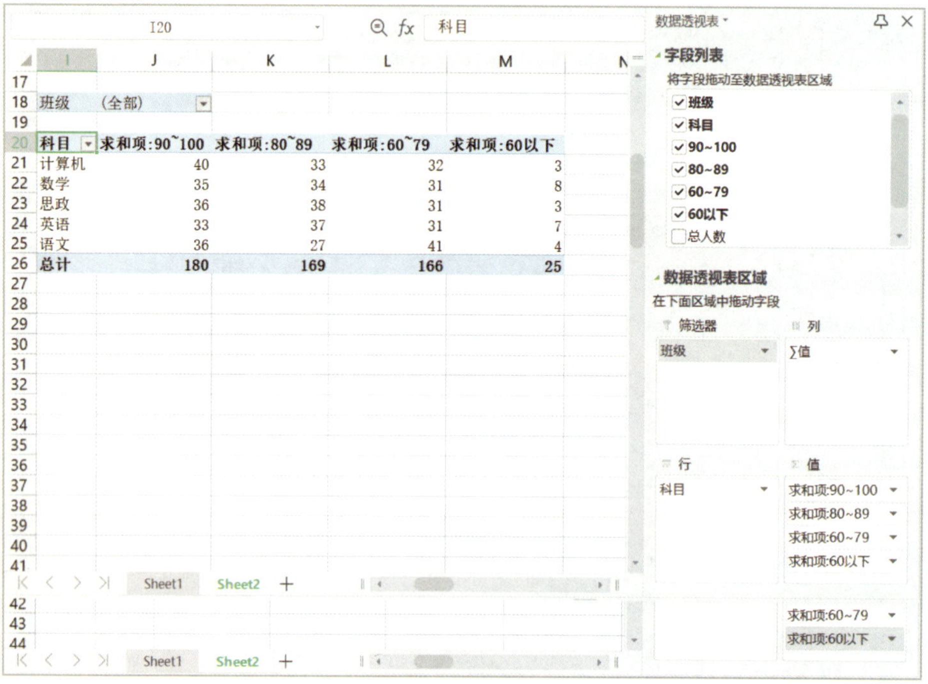

a）

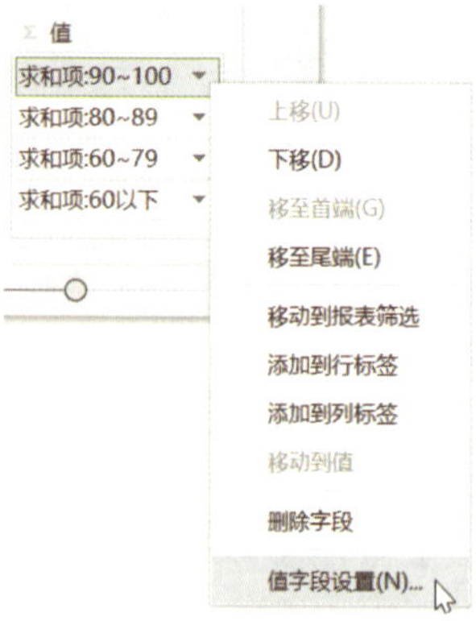

b）

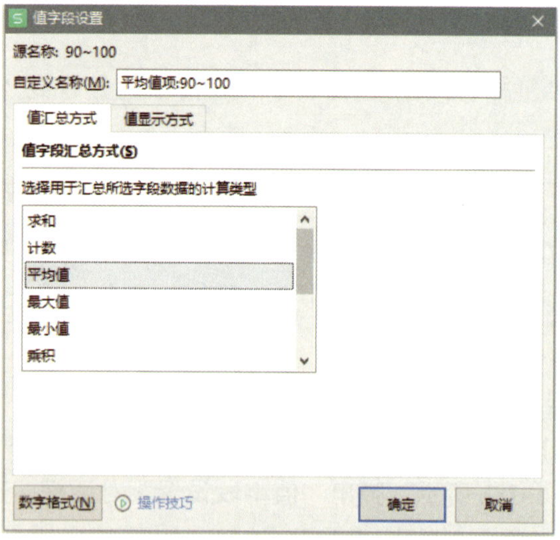

c）

图 3-4-18 调整数据透视表字段

a）调整字段位置查看数据 b）设置值字段 c）汇总方式为“平均值”

班级	(全部)			
科目	平均值项:90~100	平均值项:80~89	平均值项:60~79	平均值项:60以下
计算机	13.33	11.00	10.67	1.00
数学	11.67	11.33	10.33	2.67
思政	12.00	12.67	10.33	1.00
英语	11.00	12.33	10.33	2.33
语文	12.00	9.00	13.67	1.33
平均值	**12.00**	**11.27**	**11.07**	**1.67**

图 3-4-19　各科等级人数最大值

五、使用切片器查看各班级科目成绩等级人数

选定数据透视表中的任意一个单元格，单击“分析”选项卡下的“插入切片器”按钮，如图 3-4-20a 所示；弹出“插入切片器”对话框，选择“班级”复选框；单击“确定”按钮，如图 3-4-20b 所示。

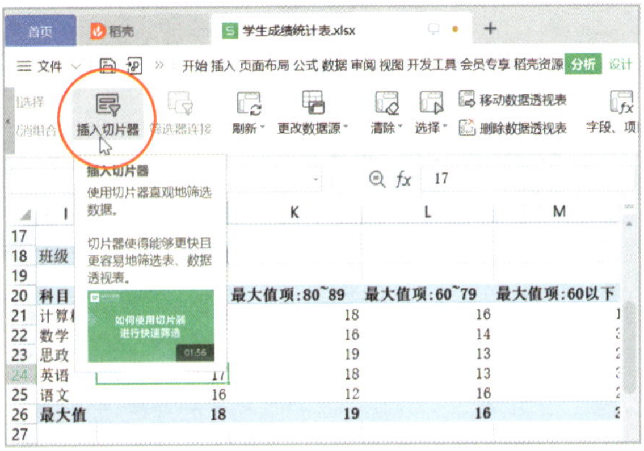

a）

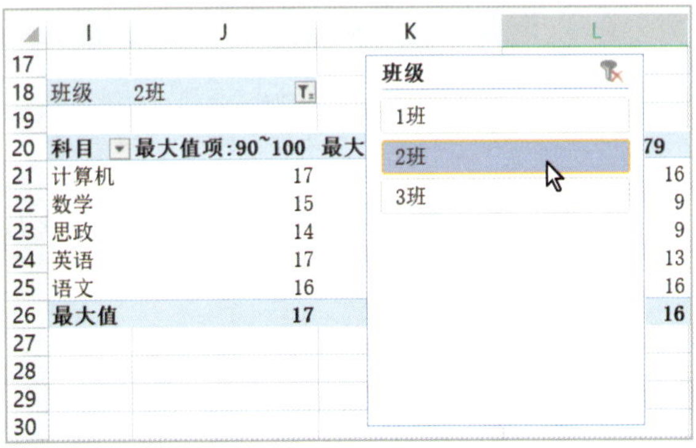

b）

图 3-4-20　使用切片器查看各班级科目成绩等级人数

a）按钮位置　b）完成效果

完成后，可通过单击“切片筛选器”中的选项查看各班各科成绩等级的人数。如需要清除筛选，单击切片器上的“清楚筛选器”按钮；如需删除整个切片器，右击切片器，在快捷菜单中选择“删除班级”命令。

六、创建数据透视图

先将“值”字段项目的汇总方式设置为求和；将数据透视表中 I26 单元格文本修改为“总计”。选定数据透视表中任意一个单元格，单击“插入”选项卡下的“簇状柱形图”图表类型，如图 3-4-21a 所示；完成创建数据透视图后，为图表添加图表标题内容“各班科目成绩等级人数统计图”，切换行、列，添加数据标签，取消网格线，删除纵坐标轴数据，并筛选查看 3 班数据，如图 3-4-21b 所示。

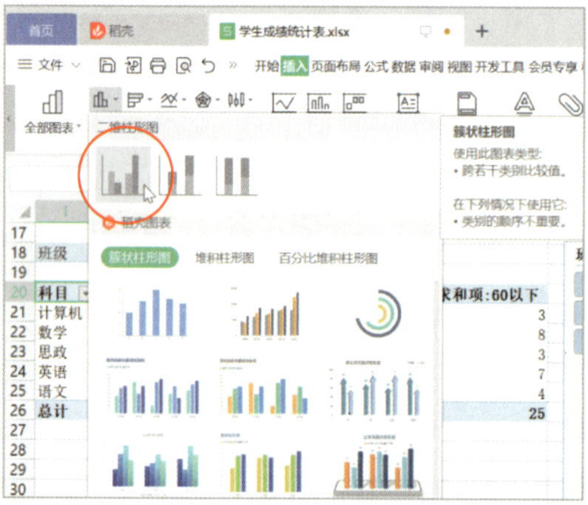

a）

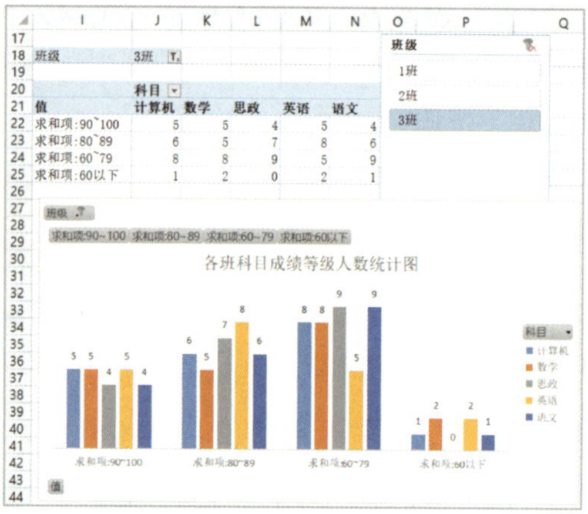

b）

图 3-4-21　创建数据透视图
a）按钮位置　b）完成效果

知识点拨

数据透视表和数据透视图的使用技巧

1. 删除数据透视表

删除数据透视表的方法是：选定数据透视表中某一个单元格，单击“分析”选项卡下的“删除数据透视表”按钮。

2. 同时创建数据透视表和数据透视图

在 WPS 表格中，可以同时创建数据透视表和数据透视图，方法是：单击“插入”选项卡下的“数据透视图”命令，弹出“创建数据透视图”对话框，在“请选择要分析的数据”编辑框中，选择数据所在的单元格区域，单击“确定”按钮；将相应的字段拖动至数据透视图区域中，完成数据透视图和数据透视表的创建。

实战与小结

实战演练

制作企业销售业绩统计图

企业在销售产品时，需要定期统计各销售部门的业绩，以观察各营销组的销售情况。本任务中，通过创建折线图查看三个营销组的销售业绩趋势，创建饼图查看三个营销组上半年总业绩的占比图。完成后的效果图如图 3-4-22 所示。

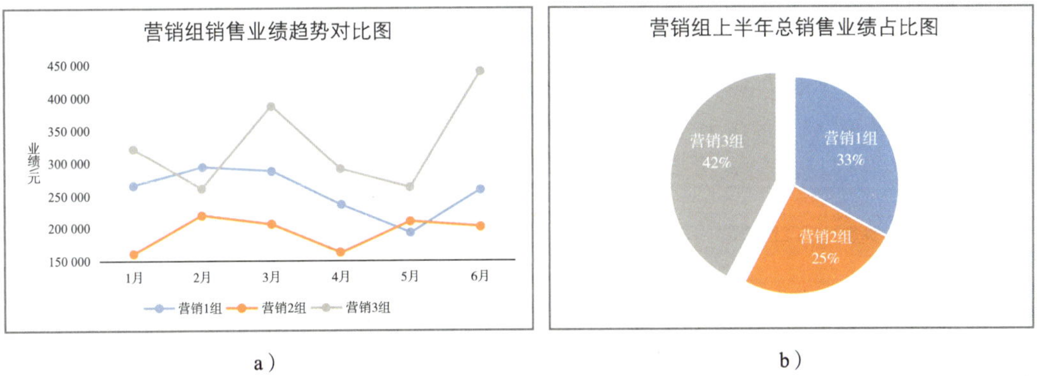

图 3-4-22　“企业销售业绩统计图”效果图
a）折线图　b）饼图

思路如下：

1. 打开素材文件“企业销售业绩统计表 .xlsx”。

2. 使用 A2:G5 单元格区域数据创建一个“带数据标记的折线图”。

3. 将图表设置为快速布局中的“布局 1”，设置纵坐标标题为竖向排列，录入内容为“业绩 / 元”；录入图表标题内容为“营销组销售业绩趋势对比图”，字体为“黑体”，字形为“加粗”，字号为“14”。

4. 设置图例位置在底部，取消绘图区“网格线”。

5. 设置纵坐标轴选项边界最小值为“150000”，最大值为“450000”。

6. 使用 A2:A5 和 H2:H5 单元格区域数据创建“饼图”。

7. 录入图表标题内容为“营销组上半年总销售业绩占比图”，字体为“黑体”，字形为“加粗”，字号为“14”。

8. 为饼图添加数据标签，数据标签位置为“最佳匹配”；打开“设置数据标签格式”，勾选“类别名称”“百分比”“显示引导线”选项，取消勾选“值”选项；设置标签文本颜色为“白色”，大小为“11”，字形为“加粗”；删除图例。

9. 选中营销 3 组扇区，打开“设置数据点格式”，设置“系列选项”为“点爆炸型”的“15%”。

10. 保存文件。

能力提升

制作产品销售数据透视表

结合所学的数据透视表和数据透视图的知识，练习制作“产品销售对比数据透视表”，并分析今年与去年各类产品的销售对比情况，如图 3-4-23 所示。

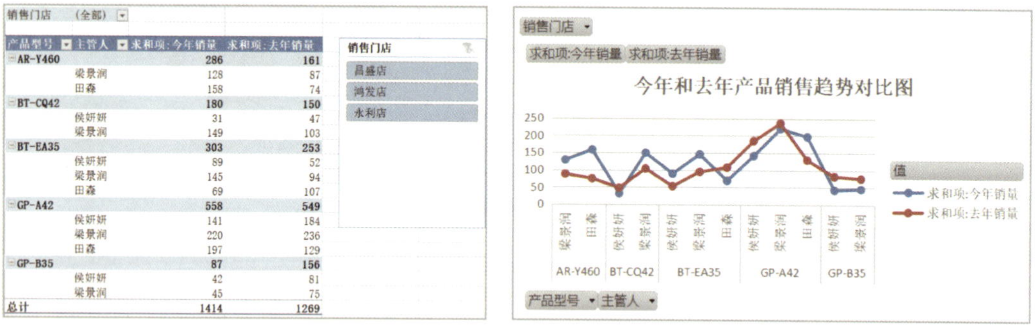
销售门店 （全部）

产品型号	主管人	求和项:今年销量	求和项:去年销量
AR-Y460		286	161
	梁景润	128	87
	田淼	158	74
BT-CQ42		180	150
	侯妍妍	31	47
	梁景润	149	103
BT-EA35		303	253
	侯妍妍	89	52
	梁景润	145	94
	田淼	69	107
GP-A42		558	549
	侯妍妍	141	184
	梁景润	220	236
	田淼	197	129
GP-B35		87	156
	侯妍妍	42	81
	梁景润	45	75
总计		1414	1269

a） b）

图 3-4-23 “产品销售对比数据透视表”效果图
a）数据透视表 b）数据透视图

思路如下：

1. 打开素材文件“产品销售对比表 .xlsx”。

2. 使用 A2:E18 单元格区域数据创建“数据透视表”。

3. 在“数据透视表”窗格中，设置字段“销售门店”为“筛选器”，字段“产品型号”“主管人”为“行”区域，字段“今年销量”“去年销量”为“值”区域。

4. 为数据透视表添加“销售门店”切片器。

5. 创建“带数据标记的折线图”的数据透视图；录入标题内容为“今年和去年产品销售趋势对比图”，字形为“加粗”。

6. 保存表格。

项目小结

本项目主要介绍在 WPS 表格中创建图表、设置图表布局、美化图表，创建数据透视表、数据透视图，使用切片器分析数据透视表等知识。各项操作的具体方法见表 3-4-1。

表 3-4-1　项目小结

<table>
<tr><th colspan="2">目标</th><th>操作方法</th></tr>
<tr><td colspan="2">创建图表</td><td>选定需要创建图表的数据单元格区域，单击“插入”选项卡下的图表类型下拉按钮；在下拉列表中选择合适的图表子类型</td></tr>
<tr><td rowspan="3">设置图表布局</td><td>快速布局</td><td>选定图表，单击“图表工具”选项卡下的“快速布局”下拉按钮；在下拉列表中选择合适的布局选项</td></tr>
<tr><td>设置图表标题、轴标题、数据标签、网格线、图例等图表布局元素</td><td>方法 1：选定图表，单击“图表工具”选项卡下的“添加元素”下拉按钮；在下拉列表中选择需要设置的图表布局元素，在其子菜单中选择合适的选项进行设置
方法 2：单击图表右上方的“图表元素”按钮；在弹出的“图表元素”列表中选择所需元素</td></tr>
<tr><td>设置图表样式</td><td>单击图表右上方的“图表样式”按钮；在弹出的样式列表中选择合适的“样式”选项</td></tr>
<tr><td colspan="2">设置图表布局元素格式</td><td>右击图表中的某布局元素，在快捷菜单中选择该元素“设置 ××× 格式”命令，在右侧弹出的“属性”窗格中设置元素的格式</td></tr>
<tr><td colspan="2">创建数据透视表</td><td>步骤 1：选定任一单元格，单击“插入”选项卡下的“数据透视表”按钮；弹出“创建数据透视表”对话框，在“请选择单元格区域”编辑框中录入数据单元格区域，单击“确定”按钮
步骤 2：在“数据透视表”窗格中，将“字段列表”中的相应字段分别拖动至数据透视表区域的“筛选器”区域、“列”区域、“行”区域、“值”区域</td></tr>
</table>

续表

目标	操作方法
创建数据透视图	方法 1：直接创建数据透视图。单击“插入”选项卡下的“数据透视图”按钮，弹出“创建数据透视图”对话框，在“请选择要分析的数据”编辑框中录入或直接圈选数据单元格区域，单击“确定”按钮。在“数据透视图”窗格中，将相应的字段拖动至数据透视图区域中，完成数据透视图的创建 方法 2：在已有的数据透视表中创建数据透视图。选定数据透视表中任意一个单元格，单击“分析”选项卡下的“数据透视图”按钮，选择相应的图表类型，完成数据透视图的创建

模块四

精美的演示文稿

项目一

制作课程汇报演示文稿——WPS 演示文稿的创建与编辑

演示文稿（按其常用文件格式，常被俗称为“PPT”）可以用于工作汇报、产品展示、学术交流等场合，它能够把所要表达的信息组织在一组图文并茂的画面中，把复杂的问题变得通俗易懂，使之更加生动，让人印象更加深刻。学会制作演示文稿已经是工作中不可或缺的技能。本项目主要学习使用 WPS 制作演示文稿的基本方法。

学习要点

- ◆创建、保存演示文稿
- ◆在幻灯片中编辑文本
- ◆在幻灯片中插入图片等对象

项目描述

临近期末，按照教师的要求，张丽要对在本学期“计算机应用基础”课程上所学到的内容和学习心得进行总结，并制作一个“课程汇报”演示文稿向全班同学展示汇报。

制作完成后的效果如图 4–1–1 所示。

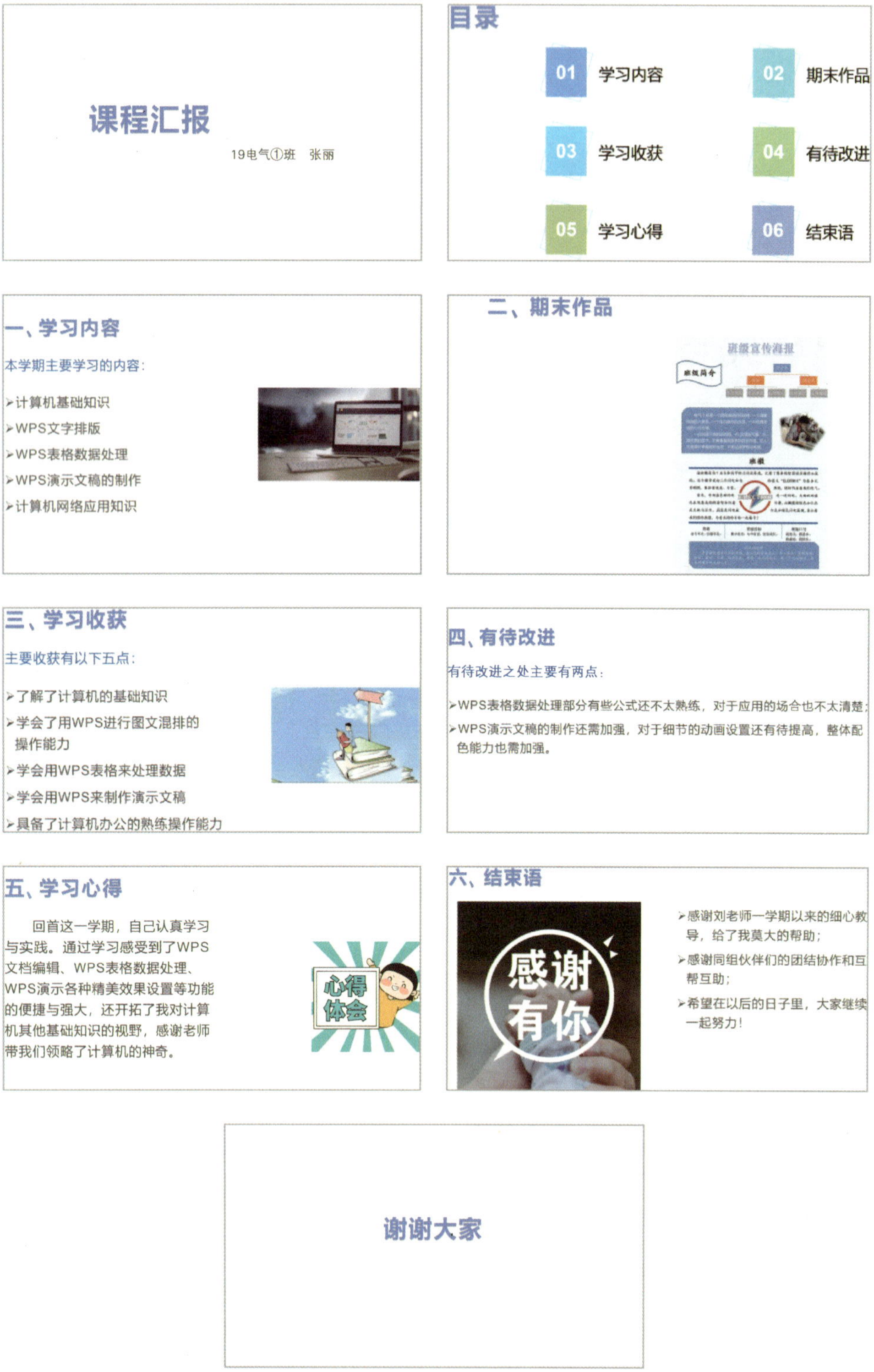

图 4-1-1　项目一制作完成效果

思路解析

确定好演示文稿要展示的内容，创建演示文稿，然后根据文稿需要编辑演示文稿。其制作思路如下：

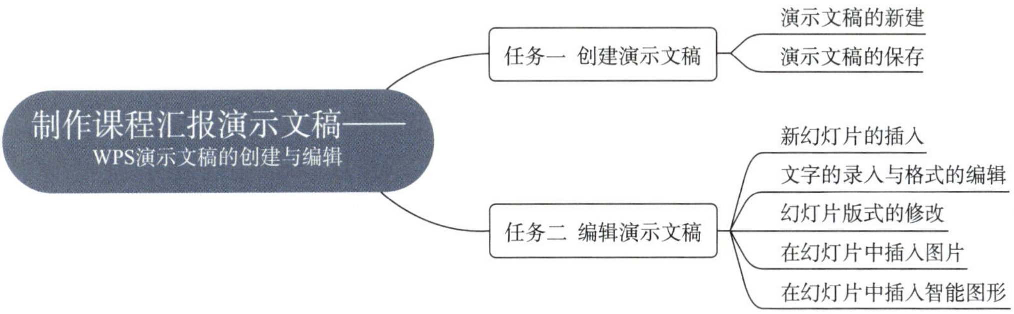

任务一　创建演示文稿

任务目标

能够创建和保存演示文稿。

任务实施

一、新建演示文稿

1．准备素材

制作前先准备好所需的文字内容和图片等素材。预先设计好每张幻灯片的具体内容（俗称为脚本）。

2. 新建一个演示文稿

双击桌面上的 WPS Office 图标启动软件，单击左侧栏目中的“新建演示”按钮，然后单击选择“以【白色】为背景色新建空白演示”选项，如图 4-1-2a 所示，创建空的演示文稿，完成效果如图 4-1-2b 所示。

a）

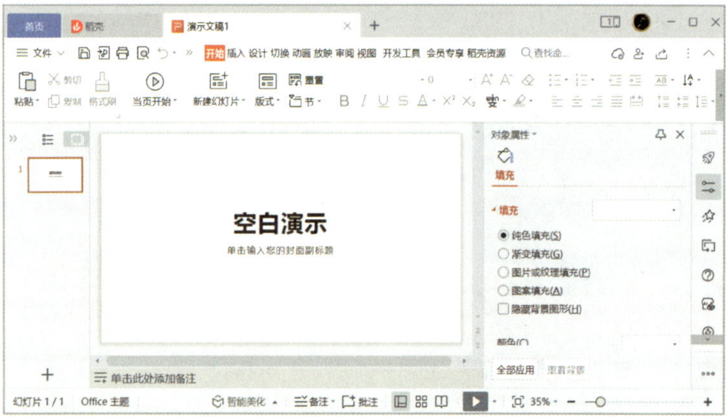

b）

图 4-1-2　新建演示文稿

a）选项位置　b）完成效果

知识点拨

演示文稿模板

WPS 演示提供了若干免费或收费的预设模板，如图 4-1-3 所示，用户可在新建演示文稿时根据需要选择使用，选用合适的模板制作演示文稿可以更方便地组织页面内容，制作出来的演示文稿也更加美观。除了使用 WPS 演示中提供的模板，在实际应用中，还可通过互联网搜索，获取更多演示文稿模板。

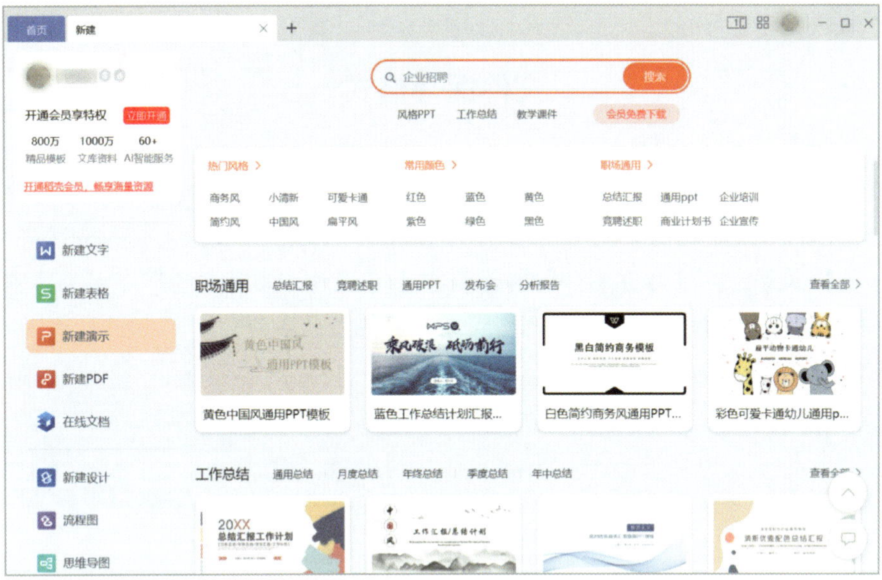

图 4-1-3　使用模板

二、保存演示文稿

单击“文件”菜单中的“保存”命令，在弹出的对话框中选择本地计算机中合适的存放地址，文件类型选择默认的“.pptx”格式，录入文件名“课程汇报 .pptx”，单击“保存”按钮，如图 4-1-4 所示。

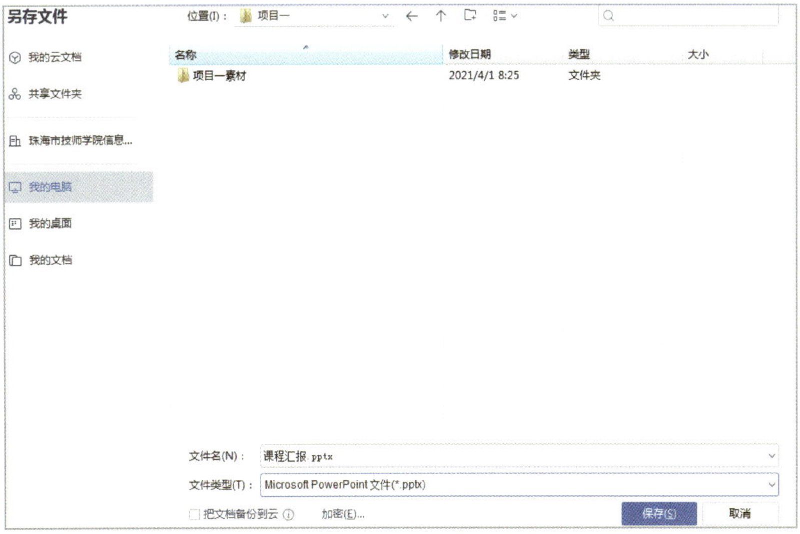

图 4-1-4　保存演示文稿

知识点拨

文件保存格式

WPS 演示中默认的保存格式是“.pptx”，这是与 Microsoft Office 兼容的常用格式，除此之外，WPS 演示还可以将文档保存为自有的“.dps”格式、Microsoft Office 早期的“.ppt”格式等，在“另存文件”对话框中，可通过“文件类型”下拉列表来选择。若需要将已保存的文件另存一份其他格式或相同格式的备份，可单击“文件”菜单后，选择“另存为”命令。

任务二　编辑演示文稿

任务目标

能够插入新的幻灯片，在幻灯片中编辑图片、文字等对象。

任务实施

一、插入新幻灯片

按照图 4–1–1 所示效果，在标题幻灯片下面插入 8 张新幻灯片，方法是：在左侧标题幻灯片下空白区域单击鼠标右键，在弹出的快捷菜单中选择“新建幻灯片”命令，插入新的空白幻灯片，如图 4–1–5a 所示。此外，也可单击幻灯片左下方的“+”标志，选择目录页中适合本演示文稿风格的模板，如图 4–1–5b 所示；或单击“插入”选项卡中的“新建幻灯片”按钮。

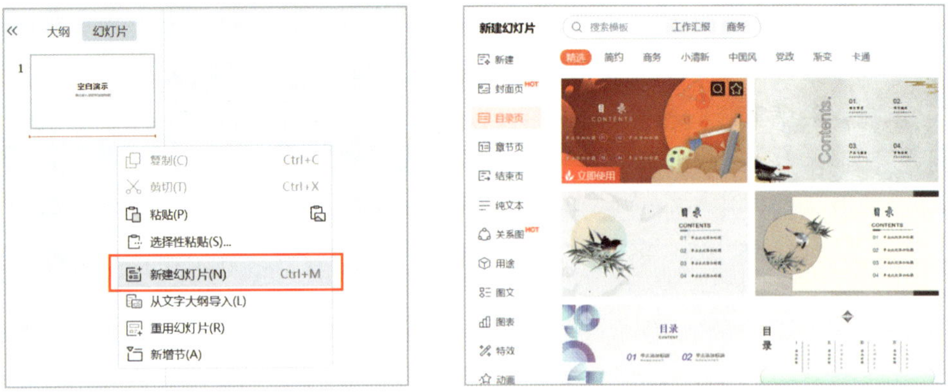

a）　　b）

图 4-1-5　插入新幻灯片

a）选项位置　b）选择模板

二、录入文字与编辑格式

1. 在幻灯片中录入文本

单击选定第 1 张幻灯片，在主标题文本框中录入“课程汇报”，在副标题文本框中录入“19 电气①班　张丽”。打开素材文件“脚本 .docx”，将余下的 8 张幻灯片的文本内容复制粘贴至相应的幻灯片中，如图 4-1-6 所示。

图 4-1-6　在幻灯片中录入文本

2. 设置文本字体格式

选定第1张幻灯片中的主标题文字，单击“文本工具”选项卡，在预设样式中选择“填充－矢车菊蓝，着色1，阴影”，如图4-1-7a所示；将副标题对齐方式设为“右对齐”，字体为“微软雅黑”，字号为“24”，完成效果如图4-1-7b所示；按照相同的方法，将其余幻灯片的标题文字的文本样式均设为“填充－矢车菊蓝，着色1，阴影”，字体为“微软雅黑”，字号为“36”；其余文本内容均设置字体为“微软雅黑”，字号为“24”。

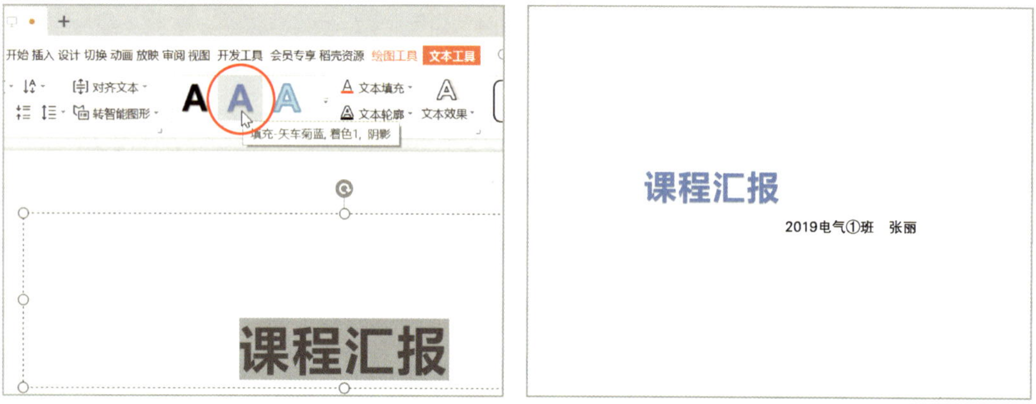

a）　　　　b）

图4-1-7 设置标题幻灯片文字格式

a）选项位置 b）完成效果

知识点拨

文本的修饰

对文本进行修饰时，除了“文本工具”中预设的几种样式外，还可以在“稻壳艺术字”中选择更多不同风格的字体样式，如图4-1-8所示。

在选择和设置文本样式时，应注意尽量根据文稿风格和所面向的对象选择合适的、有辨识度的字体。

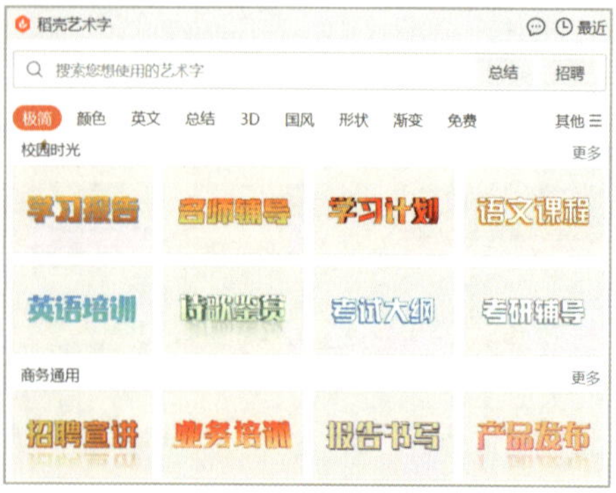

图4-1-8 稻壳艺术字

3. 设置其他幻灯片文本格式

设置第 3、5、6 张幻灯片中正文第一段文字字体颜色为“蓝色”，删除本段项目符号；选定第 3 张幻灯片正文第一段文字，单击“文本工具”选项卡下“段落”组中的“对话框启动器”按钮，如图 4–1–9a 所示；弹出“段落”对话框，设置段后间距为“30 磅”，单击“确定”按钮，如图 4–1–9b 所示。按照相同的方法，将第 5、6 张幻灯片中正文第一段内容段落间距设置为段后“30 磅”；将第 3、5、6、8 张幻灯片中段落内容的项目符号设置为“➢”，效果如图 4–1–10 所示。

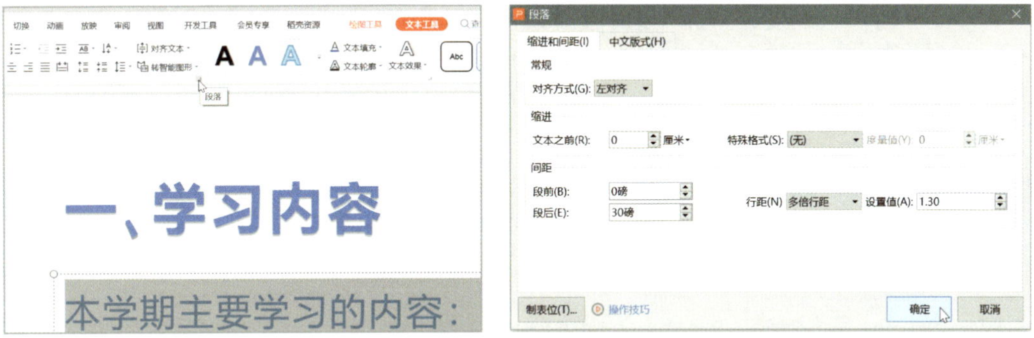

a）　　　　b）

图 4–1–9　设置标题幻灯片文字格式

a）选项位置　b）“段落”对话框

图 4–1–10　设置幻灯片文字格式效果

4. 继续设置其他幻灯片文本格式

删除第 7 张幻灯片正文的项目符号，设置段落格式为首行缩进“2”字符。

三、修改幻灯片版式

1. 修改幻灯片版式

选定第 3、5、7 张幻灯片，单击“开始”选项卡，在功能区中单击“版式”按钮，单击“母版版式”选项卡，选择第二行第一个版式，如图 4–1–11a 所示，修改后的效果如图 4–1–11b 所示；按照相同的方式，修改第 5、7 张幻灯片的版式。

2. 继续修改幻灯片版式

选定第 8 张幻灯片，将幻灯片版式改为“母版版式”列表中第三行第二个，如图 4–1–11c 所示；选定第 9 张幻灯片，将幻灯片版式改为“母版版式”列表中最后一个，并删除标题下方的文本框，如图 4–1–11d 所示。

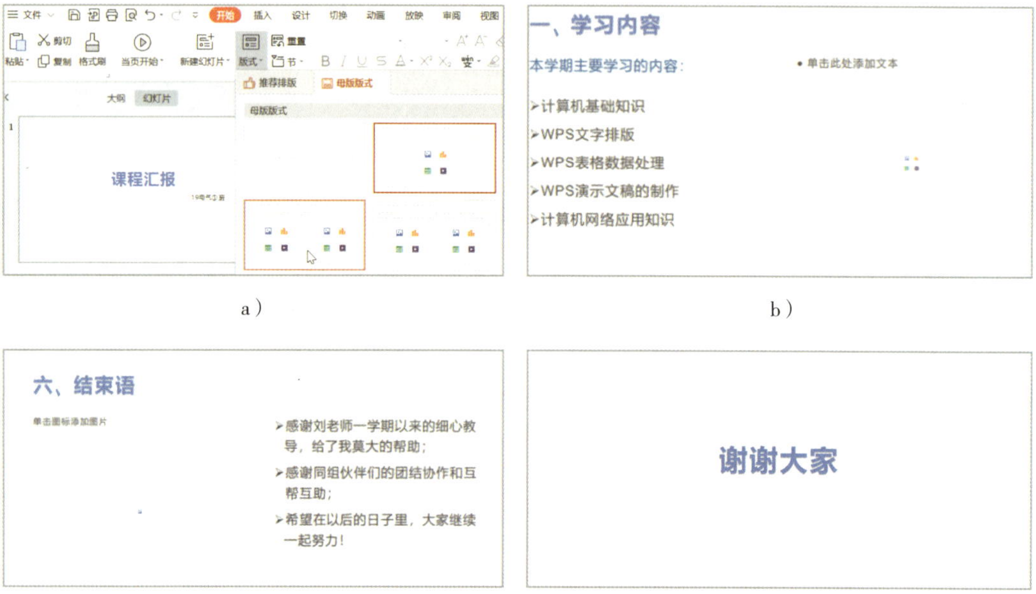

a） b） c） d）

图 4–1–11 修改幻灯片版式

a）选择版式 b）第 2 张效果 c）第 8 张效果 d）第 9 张效果

四、在幻灯片中插入图片

1. 插入图片

选定第 4 张幻灯片，单击“单击此处添加文本”文本框内的“插入图片”按钮，如图 4–1–12a 所示；在弹出的“插入图片”对话框中，选择素材文件“期末作品 .png”，单击“打开”按钮，将图片插入到文本框中，如图 4–1–12b 所示。

2. 继续插入图片

按照相同的方法，分别在第 3、5、7、8 张幻灯片中插入素材文件中的图片，并调整图片大小，如图 4-1-12c、4-1-12d、4-1-12e、4-1-12f 所示。

图 4-1-12　插入图片

a）按钮位置　b）第 4 张效果　c）第 3 张效果　d）第 5 张效果　e）第 7 张效果　f）第 8 张效果

知识点拨

图片外观设置

对于插入的图片可以通过设置外观效果加以美化。选中图片，在功能区出现的“图片工具”选项卡中即可对图片进行大小、位置、外观等各种设置。类似地，对于文字所在文本框，也可在选中的情况下，通过功能区中的“绘图工具”选项卡进行大小、位置、外观等各种设置。

五、在幻灯片中插入智能图形

在 WPS 演示中，针对常用的列表、流程等应用需求，还提供了“智能图形”功能，利用“智能图形”可以快速地完成常用的列表、流程等图形的绘制，且调整灵活、样式美观。在幻灯片中合理地使用“智能图形”，可以让幻灯片排版更有条理，让烦琐的文字图形化、简单化。

在本任务中插入智能图形的方法是：单击“插入”选项卡下的“智能图形”按钮，在“列表”选项卡中，筛选“稻壳智能图形”中“免费”“6 项及以上”的项目，选择如图 4-1-13a 所示的图形；将目录内容剪切至智能图形文本框中，设置文本字体为“微软雅黑”，字号为“24”，完成效果如图 4-1-13b 所示。

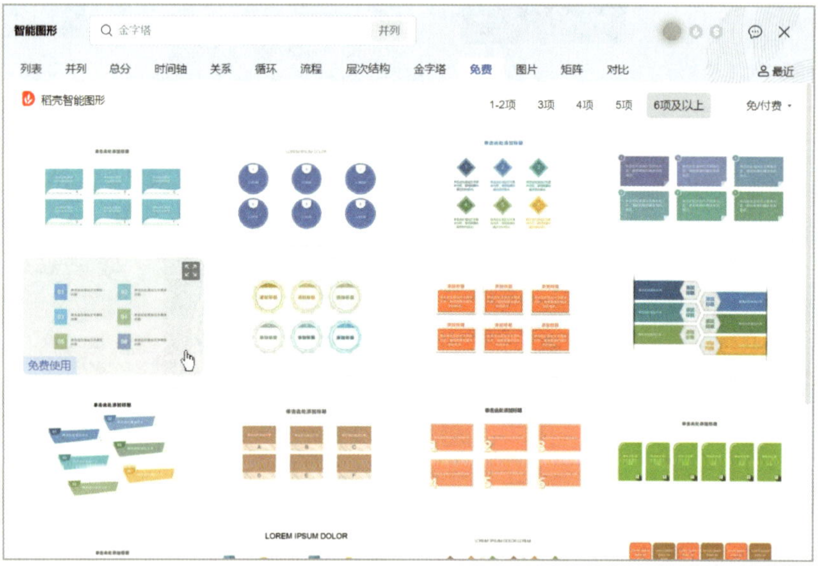

a）

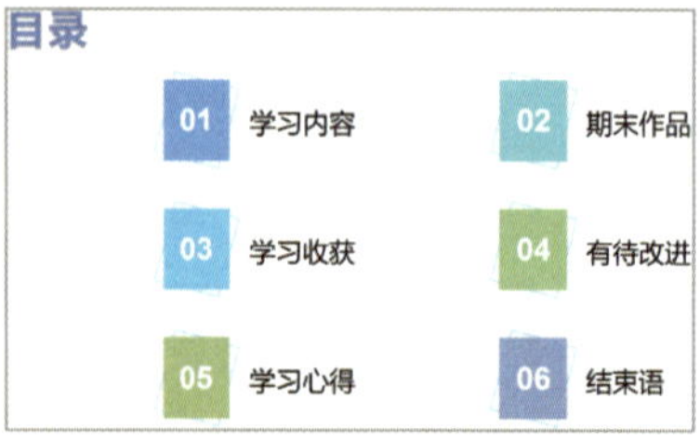

b）

图 4-1-13　插入智能图形

a）选择智能图形　b）完成效果

知识点拨

插入音频、视频、动画

演示文稿中除了可以插入文本、图片及智能图形外，还可以插入音频、视频、动画、表格、形状、图标等多种元素，在“插入”选项卡下，按照自己文稿要展示内容的需要进行选择即可。例如，要插入视频，即单击“插入”选项卡下的“视频”下拉按钮，选择“嵌入视频”命令，按照提示选择准备好的视频文件，如图 4-1-14 所示。插入音频和动画与插入视频的操作一致。本任务“课程汇报”演示文稿暂不需要音频、视频和动画。

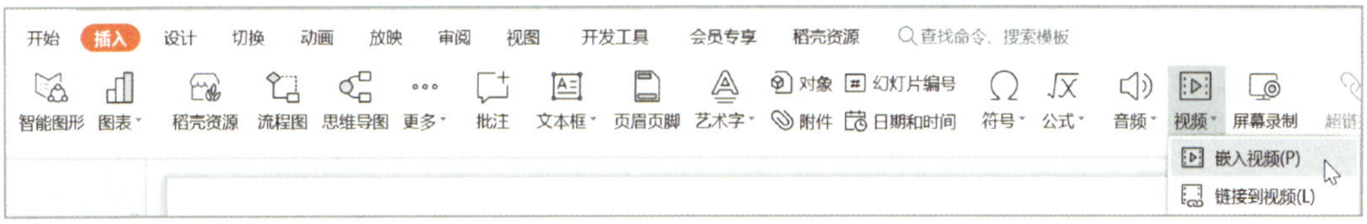

图 4-1-14　插入视频

知识点拨

一份好的演示文稿需要具备的特点

简单的铺排文字与对象可以完成演示文稿的制作，但是要作品能够引起观众、听众关注，还需要考虑诸如演示目的、演示风格、受众对象、使用环境等因素。做好演示文稿应该注意以下四个方面：

1. 逻辑清晰；
2. 图文并存；
3. 布局合理；
4. 色彩搭配适宜。

实战与小结

实战演练

制作企业宣传演示文稿

小李毕业后初入企业，经过岗前培训，被安排在行政部工作，今天主管交给小李一项工作任务——制作“企业宣传”演示文稿，并告知她这项任务的主要目的是更好地展示品牌及形象，提高企业的知名度，如果需要资料可以在行政部的资料库里进行查阅。演示文稿所需文字参见素材文件“企业宣传资料 .docx”，参考效果如图 4-1-15 所示。

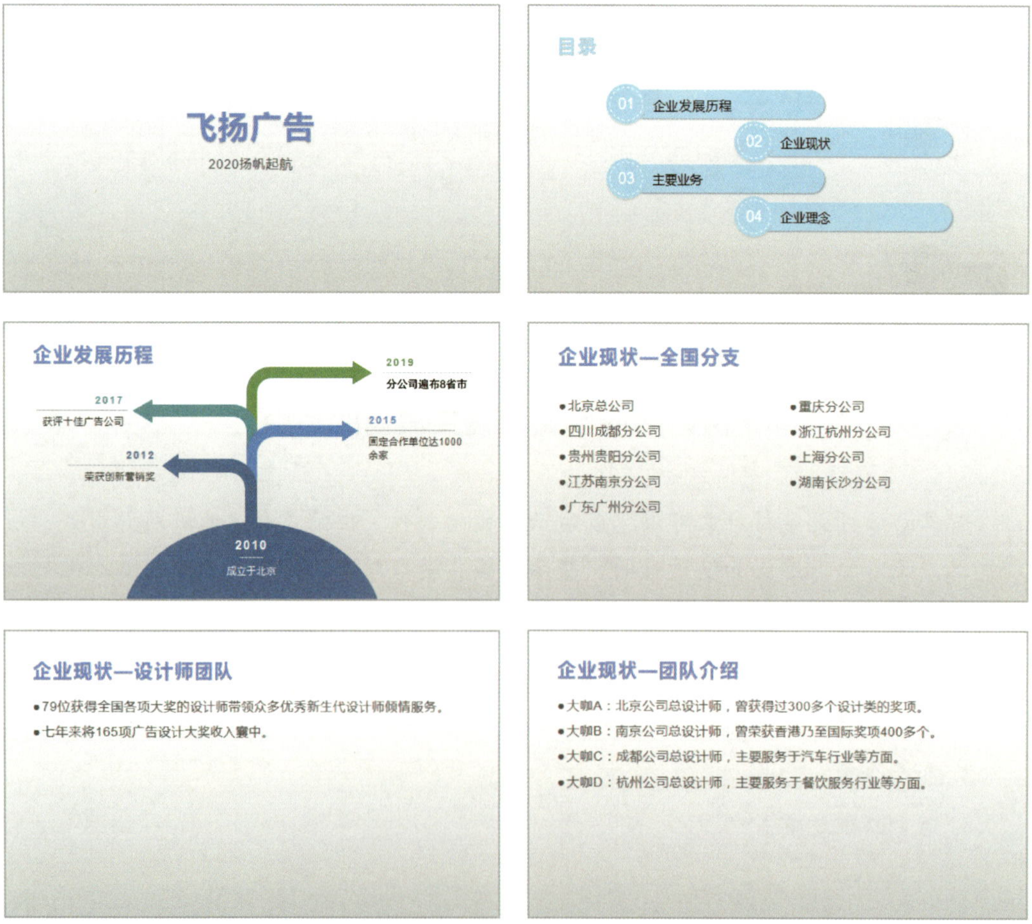

图 4-1-15 “企业宣传”演示文稿效果图

能力提升

制作自我介绍演示文稿

制作一个“自我介绍”演示文稿，内容可以包括个人的基本信息（姓名、年龄、班级等）、爱好、家乡、老师等，演示文稿至少包含四张幻灯片，且合理运用音乐、文本、图片等素材。

思路如下：

1. 创建一个名为“自我介绍”的演示文稿。

2. 标题幻灯片输入“自我介绍”，副标题可自行设计，也可以删掉。

3. 分别插入几个新幻灯片，根据所学知识，按照自己的内容来编辑幻灯片上的文字和图片。

项目小结

本项目主要是学习了创建、编辑演示文稿的基本操作，各项操作的具体方法见表 4-1-1。

表 4-1-1　项目小结

目标			操作方法
演示文稿的创建与保存	创建演示文稿		1. 单击 WPS Office 界面左上角的“首页”，依次单击“新建”和“新建演示”选项，在展示的列表中单击选择所需模板 2. 单击“文件”，在展开的菜单中依次单击“新建”和“新建演示”选项，在展示的列表中单击选择所需模板 3. 单击 WPS Office 界面上方文件标签右侧的“+”，单击“新建演示”选项，在展示的列表中单击选择所需模板
	保存演示文稿		单击“文件”菜单下的“保存”命令，或界面上方快速访问工具栏中的“保存”按钮。第一次保存时会弹出“另存文件”对话框，填写文件名、选择要保存的文件类型后，单击“确定”按钮
幻灯片的操作	选择	单张	在幻灯片列表中，单击相应幻灯片
		不连续多张	在幻灯片列表中，选中第一张幻灯片后，按住“Ctrl”键，依次单击选中其他幻灯片
	选择	连续多张	在幻灯片列表中，选中第一幻灯片后，按住“Shift”键，选择连续区域中的最后一张幻灯片
		全选	在幻灯片列表中，使用“Ctrl+A”组合键可快速实现全选
	添加		在“插入”菜单中单击“新建幻灯片”按钮
	删除		选中需要删除的幻灯片，按“Delete”键
	移动		选中需要移动的幻灯片，按住鼠标左键拖动到目标位置
	复制		选中需要复制的幻灯片，按住鼠标左键，同时按住“Ctrl”键进行拖动
	版式更改		可以在内置的母版版式和推荐版式中进行更改。选中需要更改版式的幻灯片，单击鼠标右键，在弹出的快捷菜单中选择“版式”命令，在对话框中根据自己的需要选择相应版式即可
	插入图片、视频、音频、动画等		单击“插入”菜单，选择要插入的元素，按步骤提示操作即可，插入元素后，还可利用相关工具对其大小、位置、外观、效果等进行设置

项目二
美化课程汇报演示文稿——WPS 演示文稿的美化

一个优秀的演示文稿，除了全面展示文稿内容外，还要体现一定的设计美感。要制作出优秀的幻灯片，不仅需要掌握 WPS 演示的基本操作，还需要掌握一些设计知识。本项目主要学习使用 WPS 演示自带的设计模板对幻灯片进行设计，使用母版快速设计幻灯片内容及美化幻灯片的方法。

学习要点

- ◆设计模板的运用
- ◆幻灯片的背景设计
- ◆幻灯片母版的设计与使用

项目描述

通过上一项目，张丽已初步制作好“课程汇报”演示文稿，但文稿主题风格以空白为主，整体较为单调，还需要进一步的美化，让演示文稿更加美观。

美化后的效果图如图 4-2-1 所示。

图 4-2-1　完成后的效果图

思路解析

演示文稿有三种美化方法，第一种是利用 WPS 演示中自带的设计模板来美化；第二种是对幻灯片的背景进行设置；第三种是利用母版来进行快速美化。这三种方法效果不同、各有特色，在实际应用中可根据需要进行选择，综合运用。

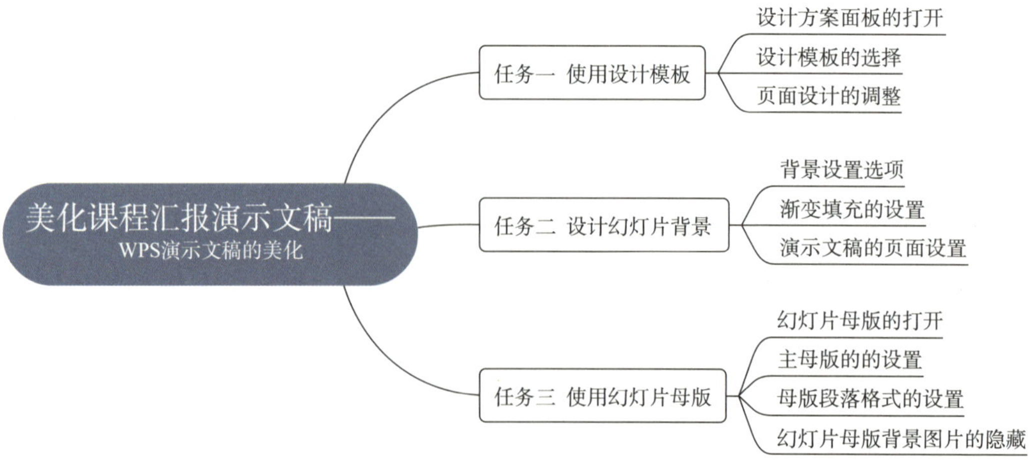

任务一　使用设计模板

任务目标

能够使用 WPS 演示自带的设计模板美化演示文稿。

任务实施

一、打开设计方案面板

打开上一项目完成的作品或素材文件中的“课程汇报 .pptx”，单击“设计”选项卡下的“更多设计”按钮，打开的“全文美化”面板，如图 4-2-2 所示。

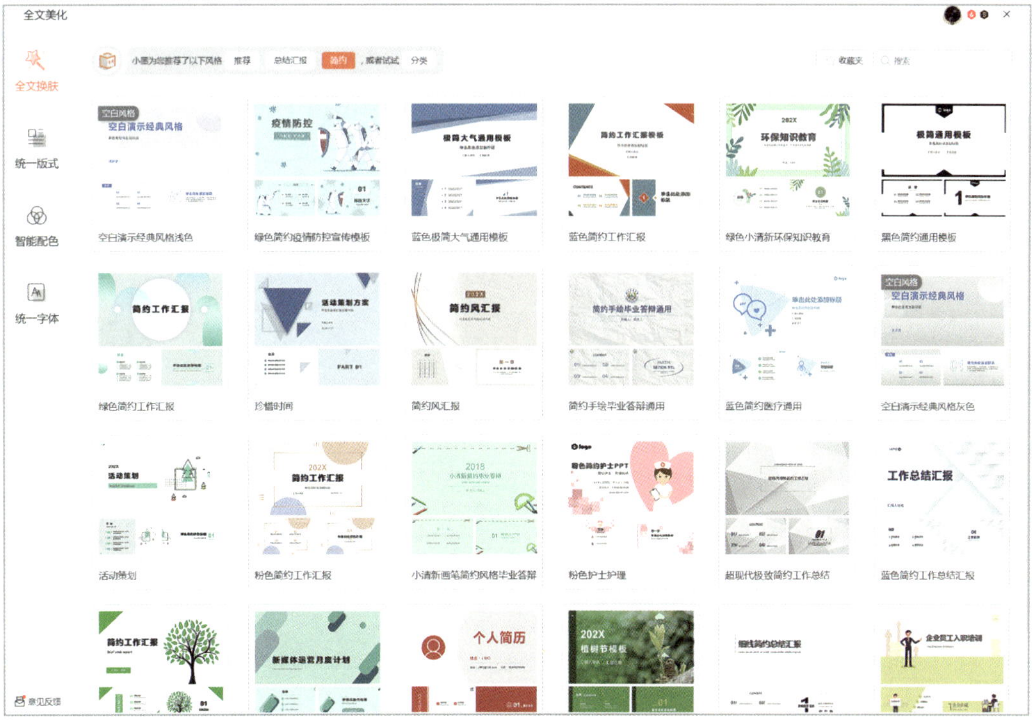

图 4-2-2　“全文美化”面板

二、选择设计模板

在“全文美化”面板中可以根据演示文稿的用途搜索合适的模板，也可单击“分类”进行筛选。本任务在筛选时，“风格”选择“简约”，“专区”选择“免费专区”，选择其中的“浅色简约年终总结”模板，如图 4-2-3a 所示；单击“预览换肤效果”，取消勾选第 2 张幻灯片换肤，单击“应用美化”按钮，如图 4-2-3b 所示，即可完成美化。

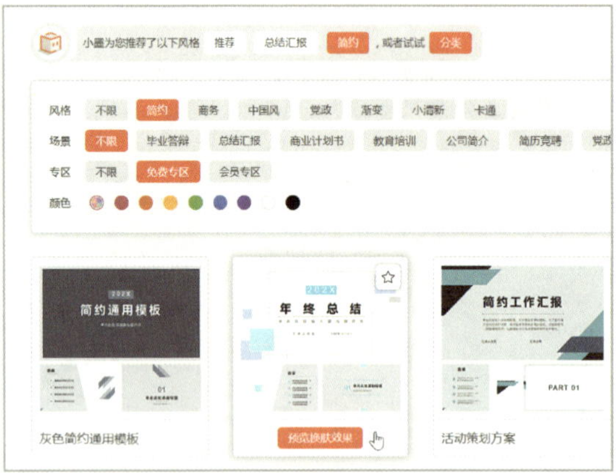

a）

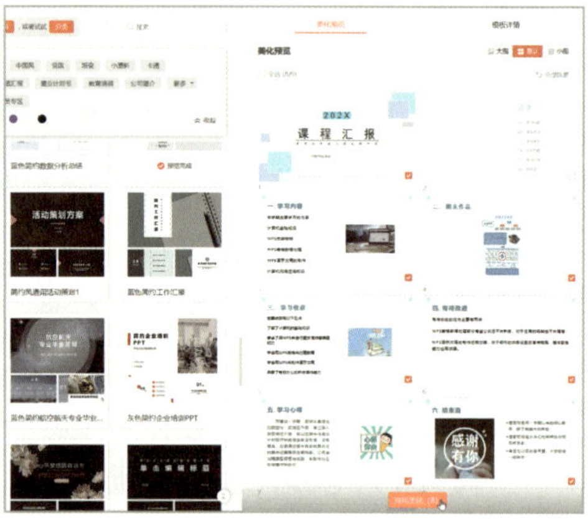

b）

图 4-2-3 选择设计模板

a）“浅色简约年终总结”模板搜索结果 b）模板预览效果

三、调整页面设计

应用模板后，根据页面显示情况做进一步调整，选定第 1 张幻灯片，删除模板中的年份文本框和副标题文本框，将“19 电气①班 张丽”调整到副标题位置；并为第 3、5、6、8 张幻灯片正文内容添加项目符号，如图 4-2-4 所示。

图 4-2-4 应用“浅色简约年终总结”设计模板的效果

知识点拨

智能美化功能

除上述的方法可以快速应用设计模板之外，WPS 演示还在设计选项卡中设置了“智能美化”下拉按钮，除前面用到的“全文换肤”功能外，还可选择“统一版式”“智能配色”和“统一版式”功能，单击相应按钮后选择所需模版，系统即可自动进行相应功能的匹配应用。

任务二 设计幻灯片背景

任务目标

能够通过修改幻灯片背景实现美化幻灯片的效果。

任务实施

一、打开背景设置选项

打开任务一完成的“课程汇报 .pptx”，选定第 2 张幻灯片，单击“设计”选项卡下的“背景”按钮，或在幻灯片空白处单击右键选择“背景格式”命令，选择其中的“背景”命令，如图 4-2-5a 所示；在页面右侧显示“对象属性”任务窗格，如图 4-2-5b 所示。

a）　　　　　　　　　　　　b）

图 4-2-5　背景面板

a）选项位置　b）“对象属性”任务窗格

二、设置渐变填充

在“填充”选项中选中“渐变填充”单选按钮设置填充样式，此外，还可以在任务窗格中对渐变样式、角度等进行调整与设置，最终效果如图 4-2-6 所示。

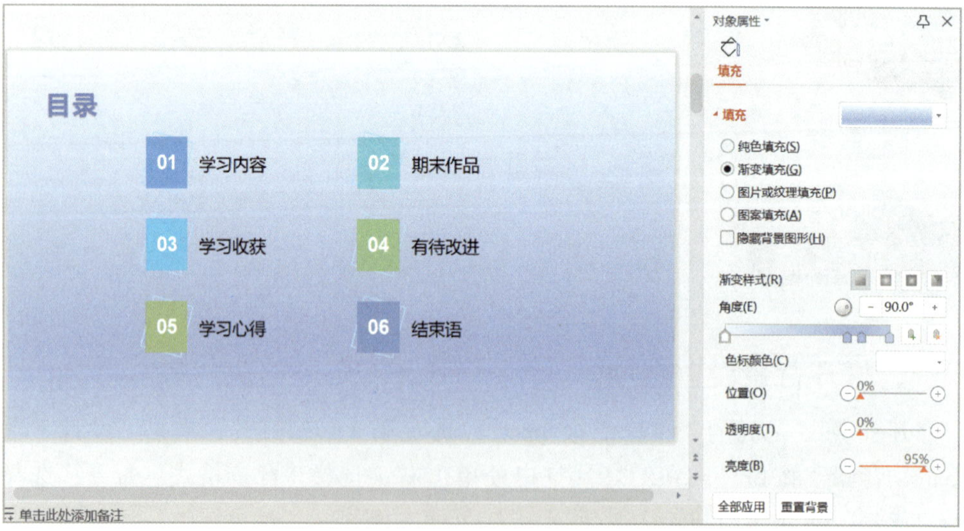

图 4-2-6　目录页背景修改后效果图

知识点拨

背景的填充

1. 幻灯片中背景的填充有纯色填充、渐变填充、图片或纹理填充、图案填充四种方式。修改背景可以针对单张幻灯片进行，即设置为每张幻灯片的背景不同；也可以单击“对象属性”任务窗格下方的“全部应用”按钮，对所有幻灯片进行修改。

2. 选择“图片或纹理填充”时，图片可以选择本地图片、剪贴板与在线图片三种，填充的图片可以选择放置方式，也可以进行位置调整，如图 4-2-7a 所示，WPS 演示中提供了大量的在线图片，可以输入关键词进行搜索，如图 4-2-7b 所示。

a）　　　　　　　　b）

图 4-2-7　幻灯片背景图片选择

a）设置对象属性　b）在线图片

三、演示文稿的页面设置

演示文稿的页面设置决定了幻灯片的大小、幻灯片方向以及大纲、备注和讲义的方向。用户可以根据自己的需要对其进行更改。本任务的页面设置操作如下。

1. 单击“设计”选项卡中的“页面设置”按钮，如图 4-2-8a 所示。

2. 在弹出的“页面设置”对话框中设置幻灯片的方向、大小等，如图 4–2–8b 所示。

3. 在幻灯片大小下方的下拉列表中，选择“全屏显示（16∶9）”，其余设置不变，单击“确定”按钮后会出现“最大化”和“确保适合”两个效果选项，选择“确保适合”，完成效果如图 4–2–8c 所示。

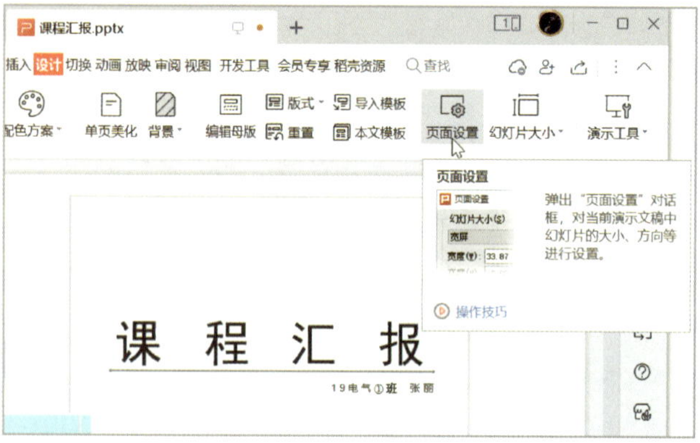

a）

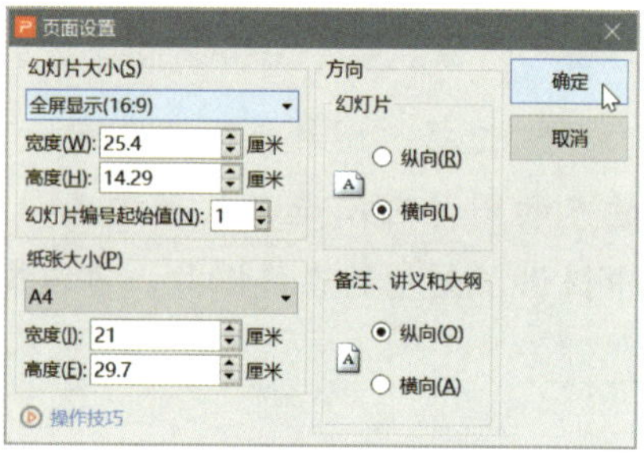

b）

c）

图 4–2–8 演示文稿页面设置

a）选项位置 b）“页面设置”对话框 c）完成效果

任务三　使用幻灯片母版

任务目标

能够使用幻灯片母版快速设计幻灯片。

任务实施

幻灯片母版是用于统一设置全部或部分幻灯片页面显示内容或显示样式的工具，在幻灯片母版进行的设置或修改将在应用该母版的全部幻灯片页面中体现，从而实现快速、统一、整齐的页面编辑。

一、打开幻灯片母版

打开任务二完成的“课程汇报 .pptx”，单击“视图”选项卡下的“幻灯片母版”按钮，如图 4–2–9a 所示；此时即可切换到幻灯片母版视图模式，在菜单栏位置会出现“幻灯片母版”选项卡，如图 4–2–9b 所示，对幻灯片母版的所有操作都可在此选项卡中完成。

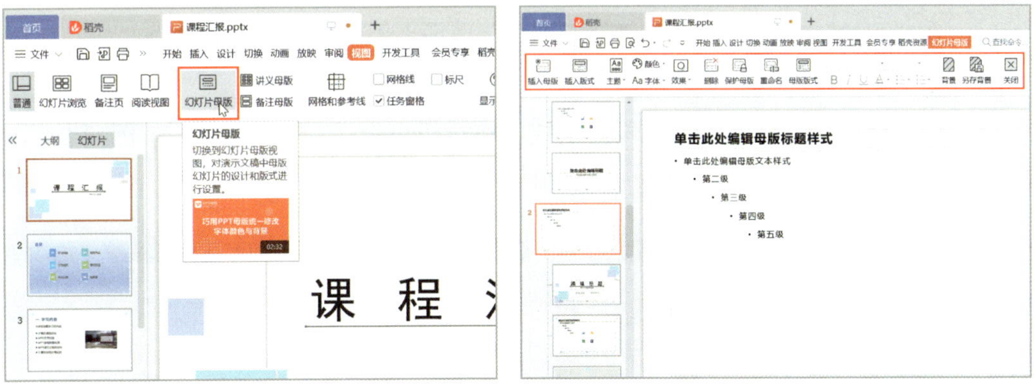

a）　　　　b）

图 4–2–9　幻灯片母版按钮及选项卡

a）“幻灯片母版”按钮　b）“幻灯片母版”选项卡

二、设置主母版

单击“插入”选项卡中的“图标”下拉按钮，在弹出的下拉列表中搜索“汇报”，在筛选选项中选择“免费”，单击“免费使用”第一个图标，如图 4–2–10 所示，将图

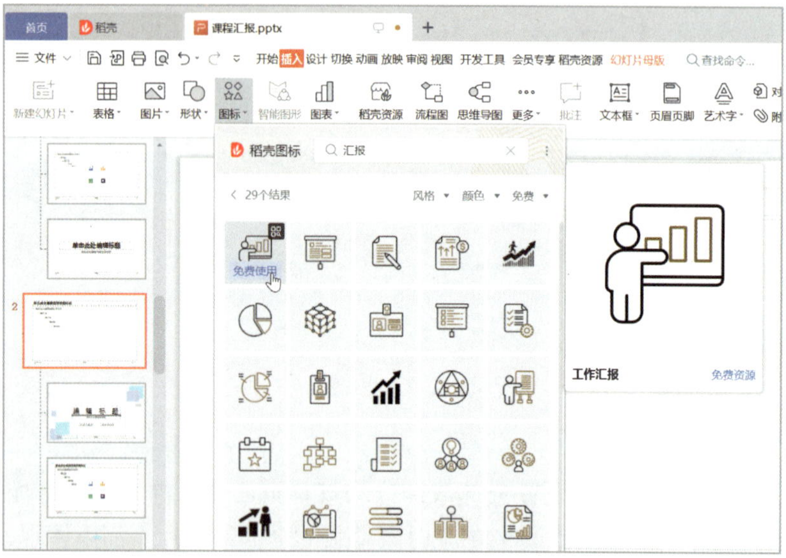

图 4-2-10　主题母版设置

标插入母版后再将其拖动至幻灯片右下角；完成后退出“幻灯片母版”，此时除了第 2 张幻灯片没有添加图标外，其余幻灯片的右下角都添加了该图标。

三、设置母版段落格式

1. 选定带有设计模板的母版中“标题和内容版式”母版。

2. 选中“正文”文本。

3. 在“开始”选项卡中单击“段落工具”选项卡中的“对话框启动器”按钮，如图 4-2-11a 所示。

4. 在“段落”对话框中设置段落格式，将行距设为“1.5 倍行距”，如图 4-2-11b 所示。

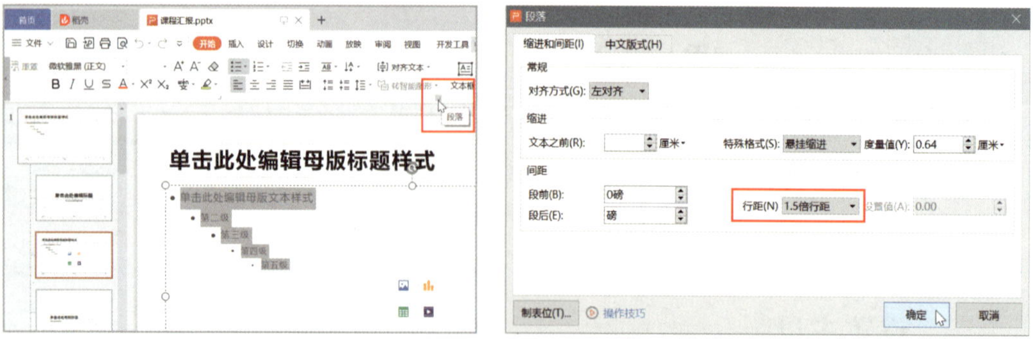

a）　　　　b）

图 4-2-11　幻灯片母版段落格式设置

a）按钮位置　b）设置行距

四、隐藏幻灯片母版背景图片

在应用幻灯片母版时，如果不想在某些页面中显示设置好的背景，可以在“对象属性”任务窗格中选择“隐藏背景图形”复选框。

分别选定“标题幻灯片版式”母版和“末尾幻灯片版式”母版，勾选右侧窗格中“隐藏背景图形”复选框，如图 4-2-12 所示；关闭幻灯片母版，隐藏封面及封底母版背景图形后的效果如图 4-2-13 所示。

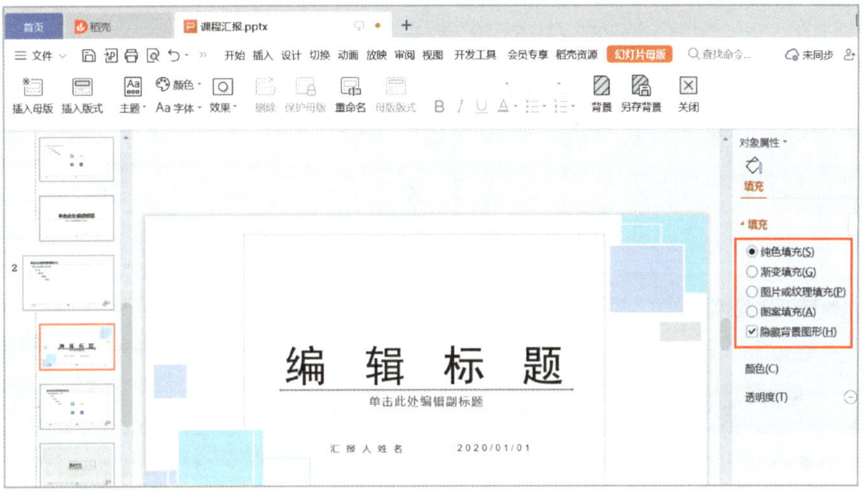

图 4-2-12 母版中隐藏封面和封底母版图片

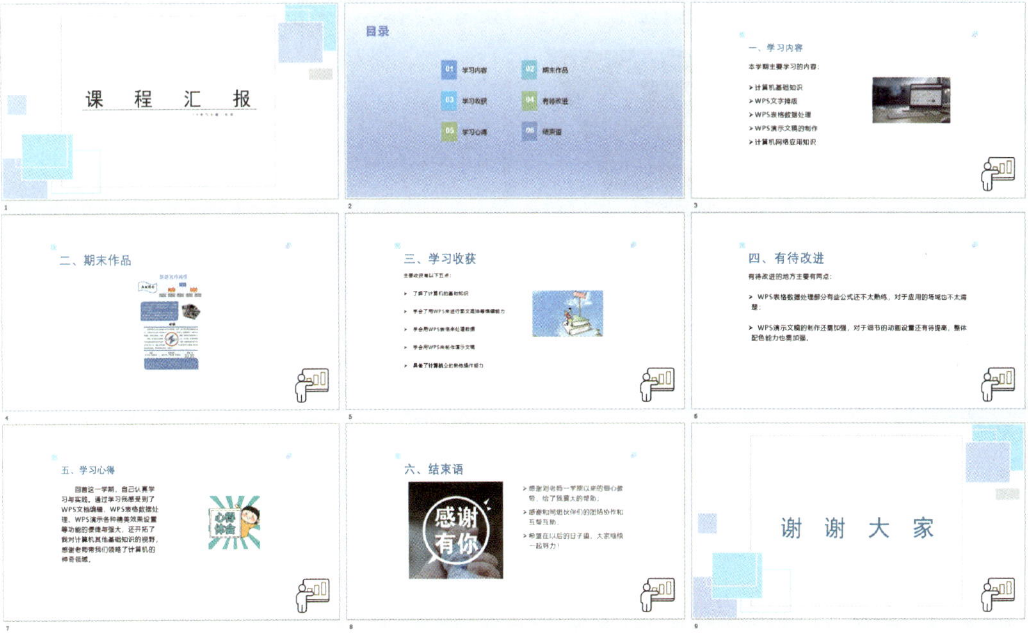

图 4-2-13 隐藏封面及封底母版背景图片后的效果

实战与小结

实战演练

美化企业宣传演示文稿

小李完成了“企业宣传”演示文稿初稿，内容已基本符合要求，现还需在现有内容基础上，利用素材图片和适当的模版进一步对各幻灯片页面进行美化操作，完成效果如图 4-2-14 所示。

图 4-2-14　美化后的“企业宣传”演示文稿效果图

能力提升

美化自我介绍演示文稿

针对项目一“实战与小结”中制作的“自我介绍”演示文稿，选定一个设计模板，为幻灯片添加母版，在每张幻灯片右下角显示自己的姓名，并对目录幻灯片添加背景颜色，配色要与设计模板整体配色风格相符。

思路如下：

1. 单击“设计”选项卡，为制作好的“自我介绍”演示文稿选定一个设计模板。

2. 单击“视图”选项卡，选择幻灯片母版视图，修改主题母版，可以修改字体、字号等。

3. 修改目录页（或其中任何一页）幻灯片的背景，注意与幻灯片整体风格相符。

项目小结

本项目主要介绍了 WPS 演示的美化操作方法，各项操作的具体方法见表 4-2-1。

表 4-2-1　项目小结

目标	操作方法
使用模板美化演示文稿	单击“设计”选项卡下的“更多设计”按钮，打开“全文换肤”面板，在“全文换肤”面板中选择适合的模板，使用选定的设计方案对指定的页面或全部页面进行美化
修改幻灯片背景	单击“设计”选项卡下的“背景”按钮，或在幻灯片空白处单击右键选择“背景格式”命令，打开幻灯片背景设置界面。通过该界面，可以将幻灯片背景设置为纯色、渐变或图片形式。在设置选项中，可以设置修改单一幻灯片的背景或统一修改演示文稿的背景
设置幻灯片母版	单击“视图”选项卡下的“幻灯片母版”按钮，可以进入幻灯片母版视图模式。幻灯片母版可以批量设置幻灯片背景、字体和段落等样式

项目三

设置课程汇报演示文稿的放映效果——WPS 演示文稿的放映

在完成内容的编辑和美化基础上，为了在使用演示文稿进行展示汇报时达到更好的效果，通常还需进一步设置幻灯片中元素的动画和幻灯片的切换等放映效果，使演示文稿的展示与演讲者的讲述内容相配合，使展示汇报更加精彩。

学习要点

◆设置元素动画效果
◆设置幻灯片切换方式
◆添加超链接和动画按钮
◆幻灯片放映设置

项目描述

通过前面两个项目，已经使“课程汇报”演示文稿达到了内容充实、设计美观的效果。为了在汇报时达到更好的展示效果，还需对幻灯片的元素添加进入、退出和强调时的动画效果，让元素根据汇报进度有序播放，并对幻灯片切换的动画效果进行设置，使整个演示文稿具有更美观、华丽的动态效果。

思路解析

首先要理清自己的汇报思路，根据自己汇报的顺序有序设置每个元素放映的顺序及具体效果，设置的动画应尽量简约、有效。然后对幻灯片设置合适的切换效果，让幻灯片根据自己的汇报进度有个自然的过渡效果。最后根据播放的具体需要，完成幻灯片放映时的其他具体设置。

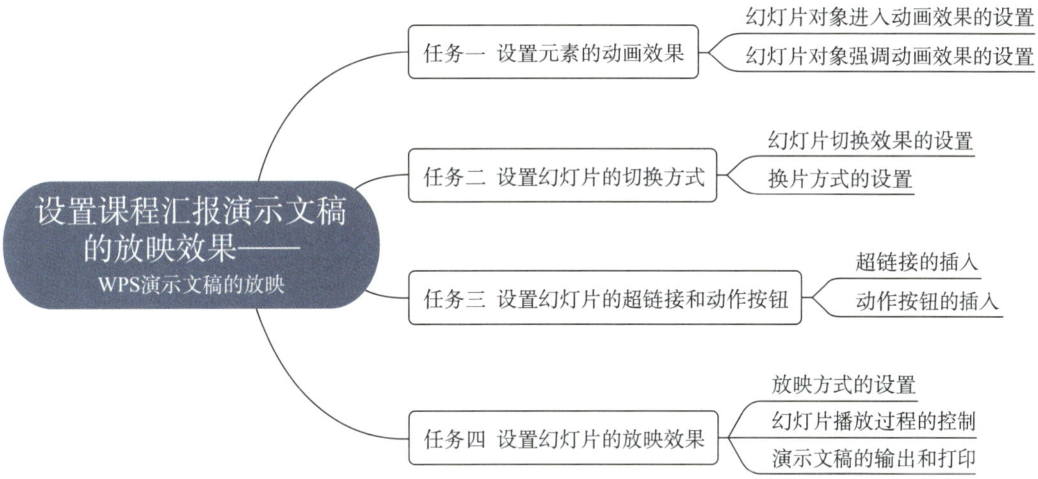

任务一　设置元素的动画效果

任务目标

能够对幻灯片中的元素创建自定义动画。

任务实施

一、设置幻灯片对象进入动画效果

1. 设置主标题动画

选定标题幻灯片中的主标题“课程汇报”，单击“动画”选项卡，然后单击“动画窗格”按钮，在“添加效果”中选择“擦除”动画效果，如图 4-3-1a 所示；动画方向选择“自左侧”；在开始处选择“在上一动画同时”，如图 4-3-1b 所示。

2. 设置副标题动画

选定标题幻灯片中的副标题内容，在动画窗格中单击“添加效果”按钮，选择“擦除”动画效果，在开始处选择“在上一动画之后”，在方向处选择“自右侧”选项，速度选择“中速”，如图 4-3-1c 所示。

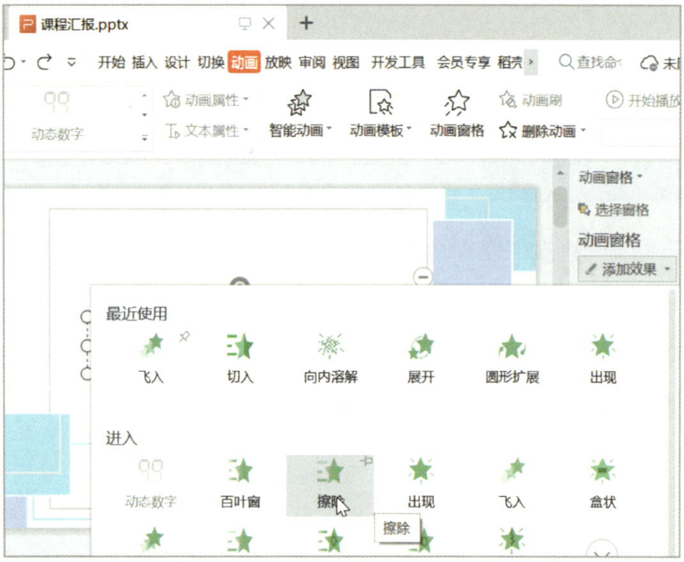

a）

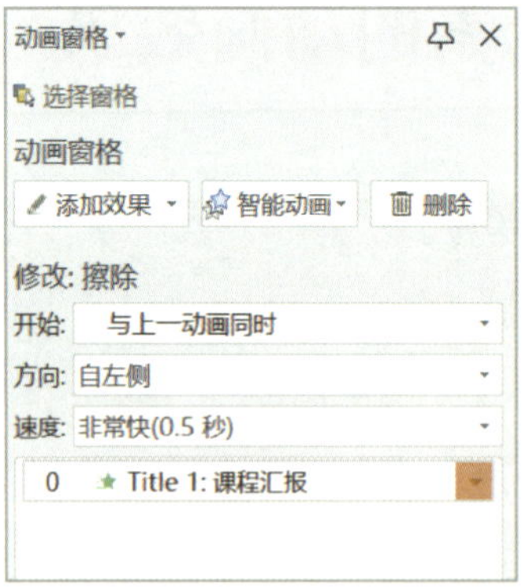

b）

c）

图 4-3-1　设置标题幻灯片对象进入动画效果

a）选择动画效果　b）设置主标题动画　c）设置副标题动画

3. 设置目录内容动画

设置标题文字动画为进入效果中的“擦除”，方向为“自左侧”，其余保持默认设置；框选所有目录和正文内容，将动画效果设为进入效果中的“盒状”，在开始处选择

“在上一动画之后”，速度选择“非常快”，效果如图 4-3-2 所示。

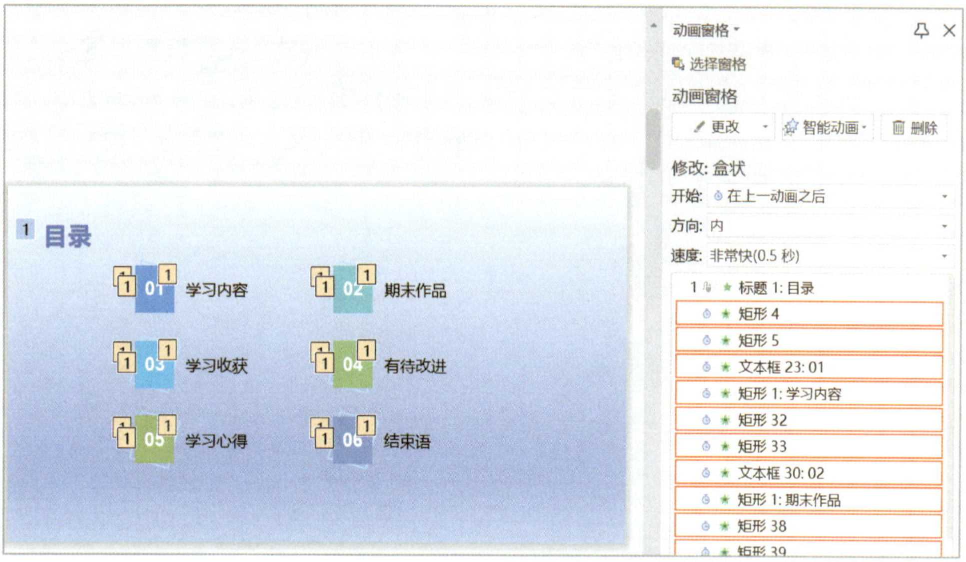

图 4-3-2　目录幻灯片动画效果设置

4．设置其余幻灯片内容动画

依次打开其余幻灯片，将每张幻灯片的标题文字动画效果设置为进入效果中的“擦除”效果，方向为“自左侧”，为其余正文内容按照顺序设置进入动画，均为“盒状”效果，开始为“单击时”，方向为“内”，速度为“快速”。

知识点拨

动画效果设置说明

1. 动画效果设置完成后，在幻灯片对象前会出现一个数字编码，这个数字表示幻灯片播放时动画出现的顺序，动画将按照编号由小到大顺序播放。

2. 自定义动画效果后，开始处如果选择“单击时”，播放时只有单击幻灯片时才会播放动画效果；选择“在上一动画之后”，则在上一动画效果播放完后直接播放本动画效果；选择“与上一动画同时”，则在播放上一动画效果的同时播放本动画效果。选择“与上一动画同时”和“在上一动画之后”的元素的顺序编号相同。

二、设置幻灯片对象强调动画效果

打开标题幻灯片的主标题文字“课程汇报”添加强调动画效果，在动画窗格“添加效果”中设置强调动画效果为“放大 / 缩小”，选中此效果后按住鼠标左键将其拖动到副标题“19 电气①班　张丽”之上，完成动画顺序的调整，如图 4–3–3a 所示；在开始处选择“与上一动画同时”，在“尺寸”处选择“自定义”，设置为“120%”，速度设为“非常快”，如图 4–3–3b 所示。

a）　　　　b）

图 4–3–3　设置幻灯片标题强调动画效果

a）调整动画顺序　b）调整播放速度

知识点拨

退出效果和动作路径

对幻灯片对象除了可以设置进入、强调动画效果，还可设置退出效果以及按设定路径移动的动作效果。退出效果主要用于对象离开幻灯片时，多用于幻灯片中同一位置要展示的元素过多时，实现按照出现的顺序依次退出上一个对象、进入下一个对象，使汇报更加有条理，效果更好。动作路径用于设置对象按照一定路径运动的动画效果，可以应用它实现按讲述内容的顺序移动幻灯片对象。

任务二　设置幻灯片的切换方式

任务目标

能够设置幻灯片的切换方式。

任务实施

一、设置幻灯片切换效果

选定第 1 张幻灯片，单击“切换”选项卡，在切换方式列表中选择“擦除”效果，在“效果选项”下拉列表中选择“向右”选项，如图 4–3–4 所示。

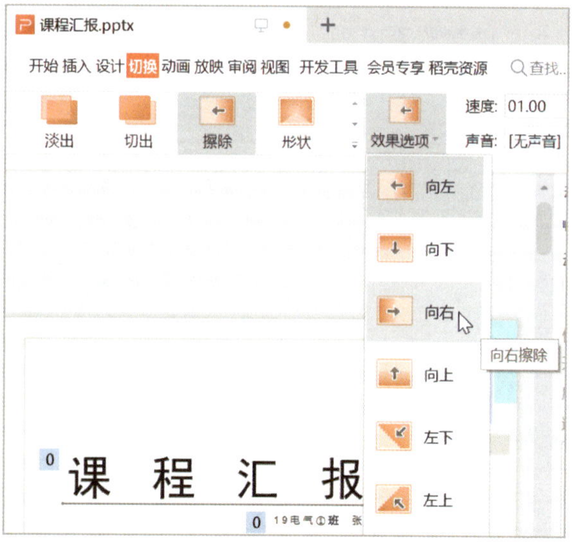

图 4–3–4　设置幻灯片切换效果

二、修改切换效果、设置换片方式

选定第 1 张幻灯片，在界面右侧的幻灯片切换栏中修改切换效果，将速度改为“00.25”，声音设为“无声音”。勾选“单击鼠标时换片”复选框，单击“应用到全部”按钮，如图 4–3–5 所示。

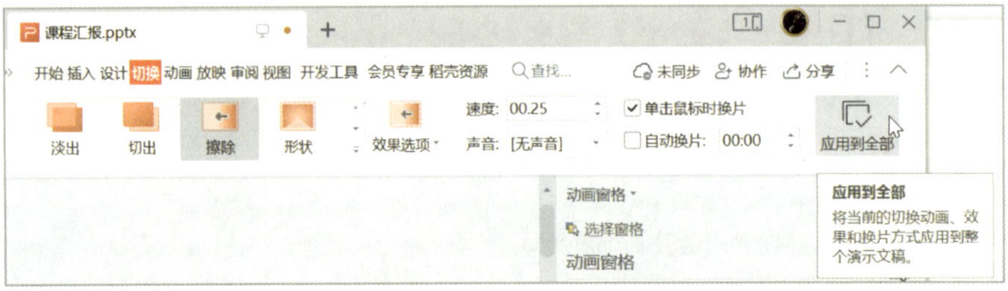

图 4-3-5　整体设置幻灯片切换选项

知识点拨

幻灯片切换设置说明

设置幻灯片的切换效果时，可以在左侧幻灯片列表中选择单张幻灯片，进行单独设置，也可根据需要将切换效果应用到所有幻灯片。选定一种切换效果后，还可设置伴随幻灯片切换的音效，以及是否间隔一定时间后自动切换等。具体设置应根据幻灯片内容和展示的需要进行灵活设计。

任务三　设置幻灯片的超链接和动作按钮

任务目标

能够在幻灯片中添加超链接和动作按钮。

任务实施

一、插入超链接

在编辑幻灯片时，可以对文本、图片、表格等对象创建超链接，链接位置可以是当前文稿、其他现有文稿或网页等。对某对象创建超链接后，放映过程中单击该对象可跳转到指定的链接位置。

1. 选定幻灯片内容

选定目录页幻灯片第一条“一、学习内容”，单击“插入”选项卡下的“超链接”按钮，如图 4-3-6a 所示。

2. 添加链接功能

在“插入超链接”对话框中选择“本文档中的位置”按钮，然后在右侧“幻灯片标题”下选择要链接到的幻灯片标题“3. 一、学习内容”，如图 4-3-6b 所示。

3. 查看超链接

单击“确定”按钮完成设置，设置好超链接的文字会变成蓝色并加下划线，如图 4-3-6c 所示。播放幻灯片时，单击“学习内容”文字即可跳转到幻灯片“一、学习内容”。按照相同的方法，制作目录页其他内容的超链接效果。

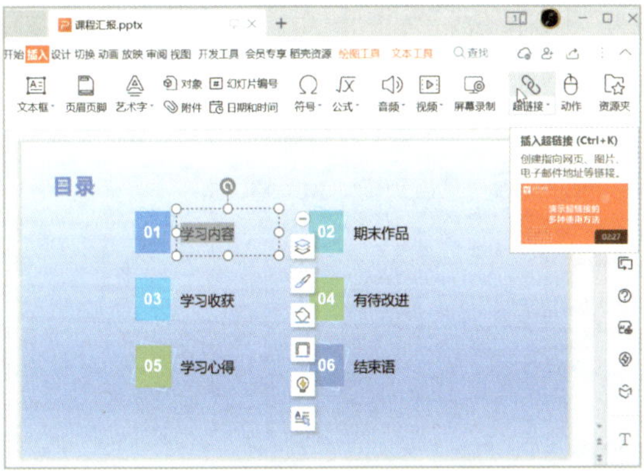

a）

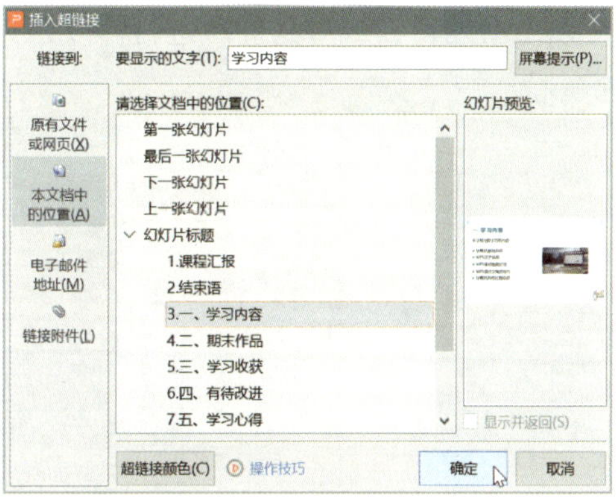

b）

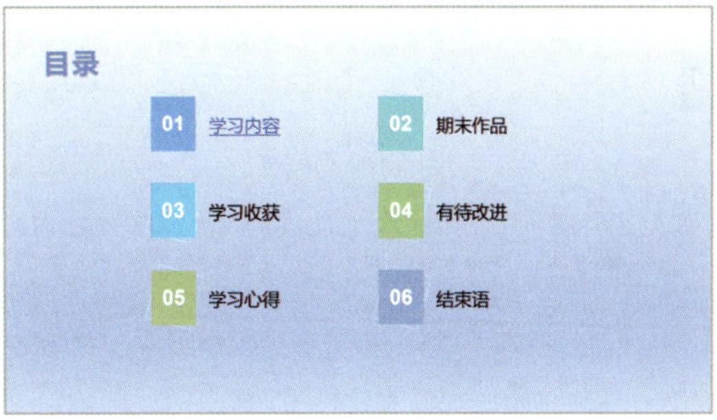

c）

图 4-3-6　设置超链接效果

二、插入动作按钮

在制作幻灯片时，常常需要在内容与内容之间添加过渡页，以此来引导观众理清思路。过渡页有时会重复出现，此时不需要重复制作，可直接利用动作按钮返回指定的幻灯片页面。

本任务中，汇报完学习心得内容，需要跳转回目录页，设置方法如下。

1. 单击“插入”选项卡下的“形状”下拉按钮，在“动作按钮”一栏中选择最后一个“自定义”动作按钮，添加到页面右下角，如图 4–3–7a 所示。

2. 在“动作设置”对话框中，选择“超链接到”按钮，在下拉列表中选择“幻灯片”选项，如图 4–3–7b 所示。

3. 在“超链接到幻灯片”对话框中选择“目录”选项，如图 4–3–7c 所示，单击“确定”按钮。

4. 选中动作按钮，单击鼠标右键，选择“编辑文字”选项，为动作按钮录入“返回目录”，如图 4–3–7d 所示，至此即完成了整个动作按钮的制作。做好的动作按钮还可以重新编辑，或对其外观进行修改，如形状、颜色等。

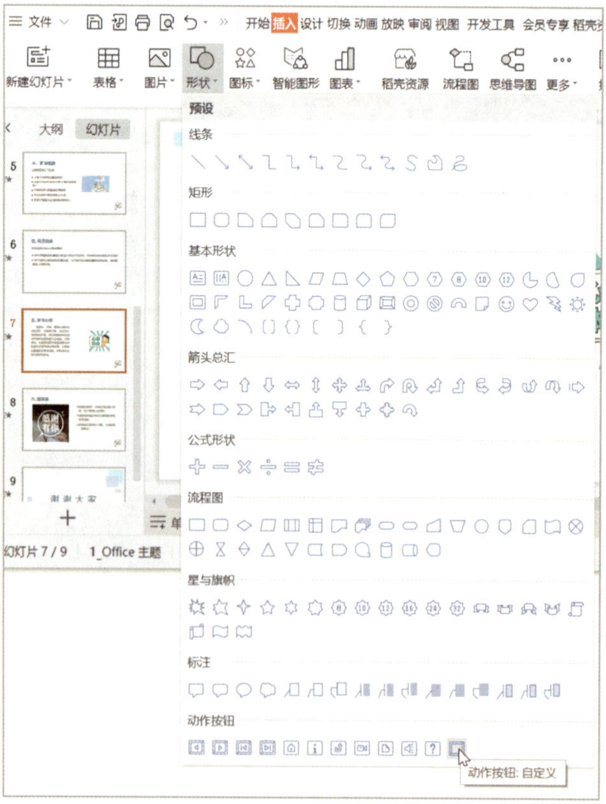

a）

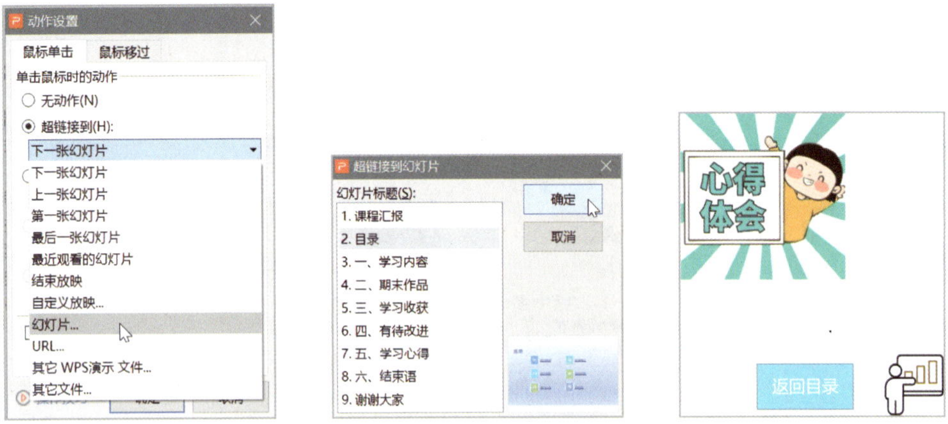

b）　　　　c）　　　　d）

图 4-3-7　插入动作按钮

a）选择动作类型　b）设置链接位置　c）设置链接幻灯片　d）完成效果

任务四　设置幻灯片的放映效果

任务目标

能够设置幻灯片的放映效果。

任务实施

一、设置放映方式

单击“放映”选项卡下的“放映设置”按钮，弹出“设置放映方式”对话框，“放映类型”项选中“演讲者放映”单选按钮，不设置循环放映，“放映幻灯片”项选中“全部”单选按钮，“换片方式”项选中“手动”单选按钮，绘图笔颜色设为“深红色”，其他项保持默认设置，如图 4-3-8 所示。

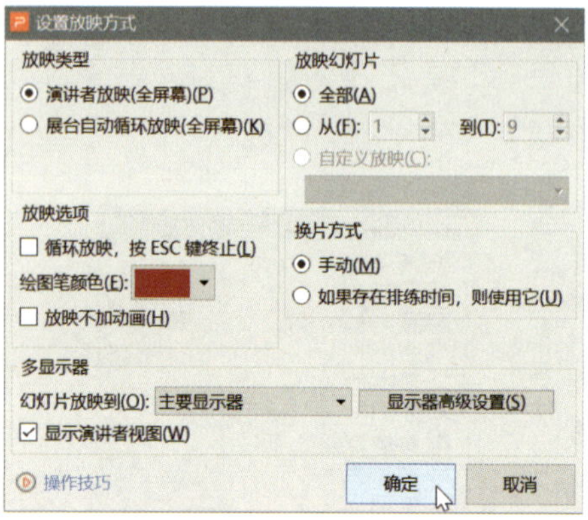

图 4-3-8　设置放映方式

二、控制幻灯片播放过程

单击“播放”按钮，播放幻灯片。在幻灯片播放过程中，有时演讲者需要在屏幕上进行临时的标记、指示或突出显示，此时可使用“墨迹画笔”和“演示焦点”等功能。在播放过程中，单击鼠标右键，在展开的快捷菜单中选择相应功能即可。例如，如需在演讲过程中使用虚拟的激光笔在屏幕上指示要引导听众观看的内容，可选择“演示焦点”下的“激光笔”，如图 4-3-9 所示。

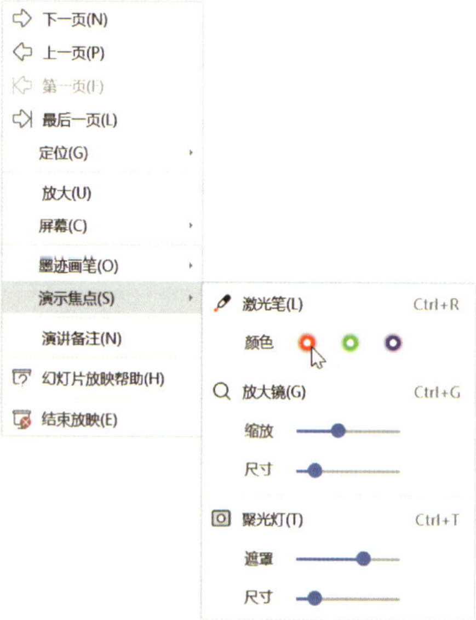

图 4-3-9　设置在幻灯片播放中使用演示焦点效果

在放映幻灯片时，用户在放映过程中不仅可以使用画笔标识屏幕内容，还可以进行换片控制、使用放大镜查看幻灯片等多种控制幻灯片播放过程的方式，这些功能都可以在播放幻灯片时单击鼠标右键进行选择。

知识点拨

演示文稿的放映设置

1. 演示文稿的放映方式

演示文稿的放映方式主要包括演讲者放映（全屏幕）和展台自动循环放映（全屏幕）两种。在放映幻灯片时，用户可以根据不同的场所设置不同的放映方式。

在放映演示文稿时，如果播放流程没有时间限制，可以对幻灯片设置放映时间或旁白，从而创建自动运行的演示文稿。

2. 演示文稿的换片方式

演示文稿的换片方式主要有手动和使用排练时间两种。

（1）手动

放映时换片的条件是单击，或每隔一定时间自动播放，或右击后选择相应命令；如果使用快捷菜单上的“上一页”“下一页”或“定位”命令，WPS 演示会忽略默认的排练计时，但不会删除。

（2）使用排练时间

使用预设的排练时间可实现自动放映。如果幻灯片没有预设排练时间，即使选择了此选项，仍然需要手动进行换片。

3. 设置幻灯片放映时间

默认情况下，在放映演示文稿时需要单击鼠标左键才会播放下一个动画或下一张幻灯片，这种方式称为手动放映。如果希望当前动画或幻灯片播放完毕自动播放下一个动画或下一张幻灯片，可以对幻灯片设置放映时间。

三、输出和打印演示文稿

在不同的应用场合，有时需要将演示文稿输出为视频、图片、PDF 文档，或在纸张上打印出来。

1. 将演示文稿输出为视频文件

将演示文稿制作成视频文件后，可以使用常用的播放软件进行播放，并能保留演示文稿中的动画、切换效果和多媒体等信息，具体操作方法为：单击“文件”菜单中的“另存为”命令，在子菜单中选择“输出为视频”，即可将演示文稿保存为视频文件，如图 4-3-10 所示。

2. 将演示文稿输出为图片文件

在幻灯片制作完成后，可以直接以图片文件的形式保存幻灯片，具体操作方法为：单击“文件”菜单下的“输出为图片”命令，选择所需的图片格式，根据需要选择相关设置和保存位置，单击“输出”按钮，如图 4-3-11 所示。

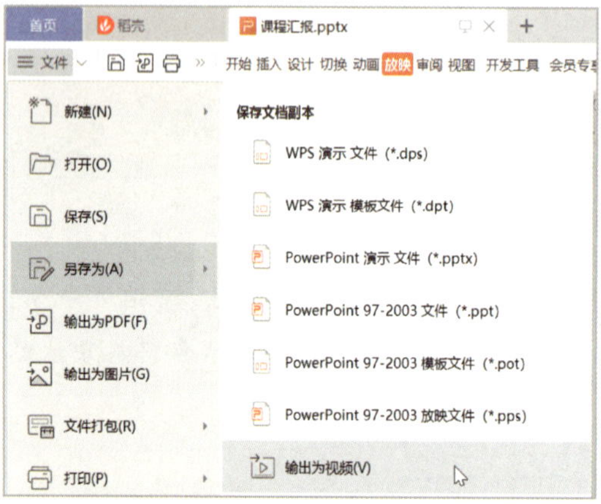

图 4-3-10　将演示文稿输出为视频

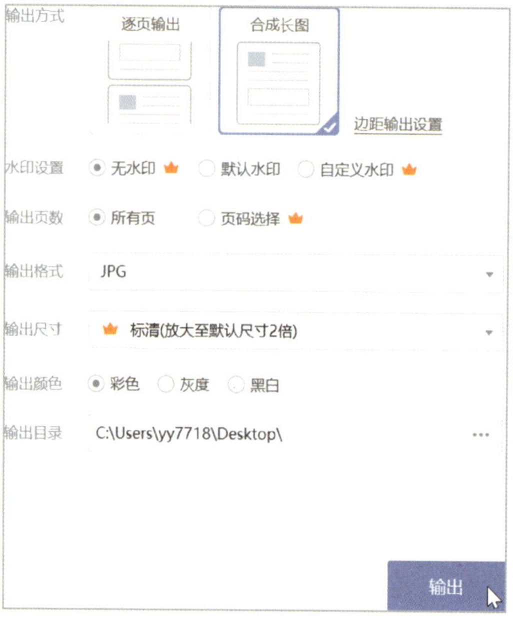

图 4-3-11　将演示文稿输出为图片

3. 将演示文稿输出为 PDF 文档

PDF 是一种流行的电子文档格式，将演示文稿保存成 PDF 文档后，可以方便地在不同计算机，以及手机、平板计算机等设备上查看，且保证样式不发生变化，更便于传播。此外，不希望将完成的演示文稿传播出去时，也可使用 PDF 文档形式，起到一定的保护作用。输出为 PDF 文档的操作方法和输出为图片文件基本相同。

4. 打包演示文稿

如果制作的演示文稿中包含了链接的数据、特殊字体、视频或音频文件等，为了保证能在其他计算机上正常播放幻灯片，最好将演示文稿打包存放，方法是：单击“文件”菜单中的“文件打包”命令，将演示文稿打包成文件夹。

5. 打印演示文稿

为了让听众了解演讲内容，有时需要将演示文稿像 WPS 文字文档一样打印在纸张上做成讲义，供听众阅读，具体操作方法是：单击快速访问工具栏中的“打印预览”

按钮（见图 4–3–12a）或通过“文件”菜单选择相应命令（见图 4–3–12b）；在“打印预览”工具栏（见图 4–3–12c）中，对打印的主要参数进行设置，包括纸张类型、打印方向、打印顺序等；单击“打印内容”按钮，还可根据纸张情况选择在每张纸上打印 1 页幻灯片或打印多页幻灯片；设置完成后，单击“打印”按钮即可进行打印。

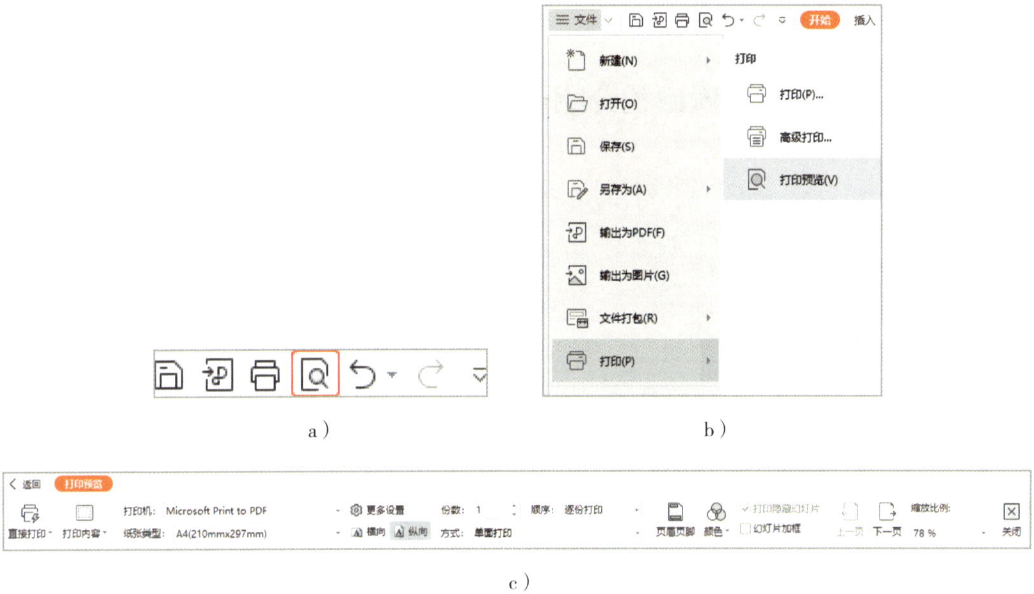

图 4–3–12　打印设置

a）快速访问工具栏中的“打印预览”按钮　b）“文件菜单”中的“打印”命令　c）“打印预览”工具栏

实战与小结

实战演练

设置企业宣传演示文稿放映效果

通过前面两个项目，小李完成了“企业宣传”演示文稿内容的编辑和美化，现需使用此演示文稿来向来企业参观的代表介绍自己的企业，为达到更好的演讲效果，还需要对动画和幻灯片切换效果进行设计。

思路如下：

1. 为幻灯片对象添加动画设置。

2. 为幻灯片添加切换效果和切换方式。

3. 进行幻灯片放映设置。

能力提升

设置自我介绍演示文稿放映效果

将项目二中已经美化过的“自我介绍”演示文稿设置每个对象的放映动画和幻灯片切换方式，并对整个幻灯片设置合适的放映效果。

思路如下：

1. 选中对象后，单击“动画”选项卡中的“自定义动画”命令设置幻灯片对象动画。

2. 单击“切换”选项卡，设置幻灯片切换效果和切换方式。

3. 单击“幻灯片放映”选项卡，完成幻灯片放映设置。

项目小结

本项目主要学习了设置幻灯片中元素的动画效果、幻灯片的切换方式，幻灯片超链接设置、动作按钮设置和幻灯片放映效果设置。各项操作的具体方法见表 4-3-1。

表 4-3-1　项目小结

目标	操作方法
设置幻灯片对象的动画效果	选中需要添加动画效果的对象后，单击“动画”选项卡或单击鼠标右键，单击“自定义动画”命令，选择适合的动画效果，还可以在“自定义动画”窗格中设置动画效果
设置幻灯片的切换方式	单击“切换”选项卡或单击鼠标右键，单击“幻灯片切换”命令，选择适合的切换效果，还可以在“幻灯片切换”窗格中设置切换效果
设置幻灯片超链接和动作按钮	选中要设置超链接的文字或动作按钮等，再设置超链接要链接的幻灯片或其他内容
设置幻灯片放映方式	单击“放映”选项卡中的“放映设置”按钮，设置自动放映或手动放映，或利用放映设置自定义放映方式

模块五

精彩的网络资源

项目一
在线学习——互联网的应用

计算机接入互联网后，使用网页浏览器可以在互联网或企业内部网上查阅信息、下载资源等。本项目介绍浏览器基本操作，并利用浏览器在互联网完成浏览网页、搜索相关资源、线上学习等工作。

学习要点

◆搜索引擎的使用
◆网络资源下载
◆在线课程学习
◆保障上网安全

项目描述

19 电气①班学生郭星泽在学习之余经常协助班主任管理班级事务，使用 WPS Office 办公软件做各种文档的编辑和表格数据的处理，为更好地提升工作效率，郭星泽现需在线上学习 WPS Office 课程资源，提升办公软件操作水平，WPS Office 在线课程的界面如图 5-1-1 所示。

图 5-1-1　WPS Office 在线学习课程的界面

思路解析

首先通过百度搜索引擎搜索 WPS Office 官方网站，然后在平台上进行对应课程的在线学习及相关教辅材料的下载，使用云存储进行资料的保存、分享。

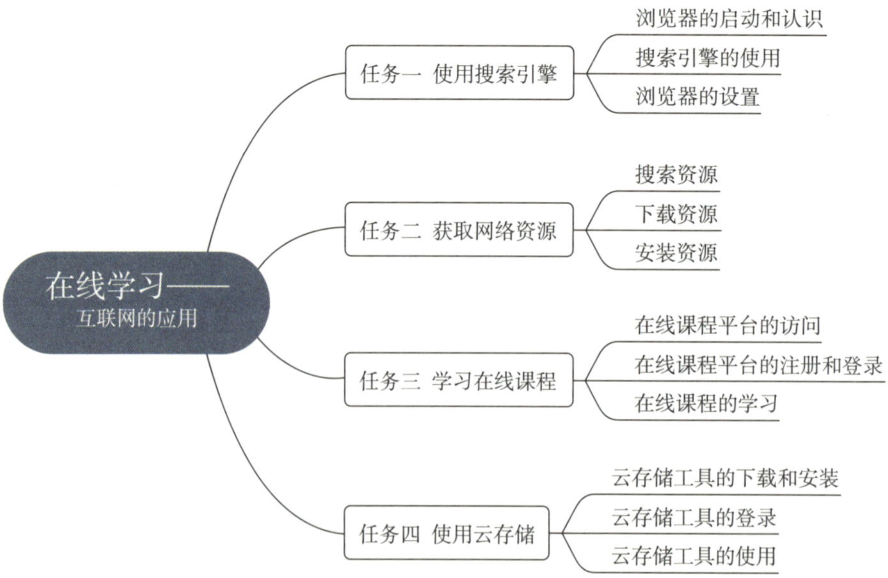

任务一　使用搜索引擎

任务目标

能够启动浏览器、使用搜索引擎搜索信息、设置浏览器等。

任务实施

一、启动和认识浏览器

双击桌面上的 Microsoft Edge 浏览器图标，启动浏览器。

浏览器的工作界面主要包括标题栏、地址栏、收藏夹、搜索栏、设置菜单、内容显示区等部分，如图 5-1-2 所示。

图 5-1-2　Microsoft Edge 浏览器的工作界面

二、打开搜索引擎网页

启动浏览器，在地址栏中输入“www.baidu.com”，按下“Enter”键，打开百度搜索引擎，如图 5-1-3 所示。

三、关键词搜索

在搜索栏中输入关键词“WPS”，按下“Enter”键，可搜索到关于“WPS”的结果，如图 5-1-4 所示。

图 5-1-3　在地址栏输入网址

图 5-1-4　搜索资源

四、设置浏览器

1. 设置主页

启动浏览器后显示的默认页面称为主页，对于经常要浏览的网页，可以将其设置为主页，这样每次打开浏览器就可以第一时间浏览到此页面的信息。

以设置百度搜索引擎为主页为例，操作步骤如下：打开浏览器，单击浏览器右上方的“菜单”按钮 ☰，在弹出的下拉菜单中单击“设置”选项；选择“主页”单选按钮，单击“设置”按钮，在弹出的对话框中选择“百度一下，你就知道”，如图 5-1-5a 所示。如果想把其他网页设置为主页，可以选择“自定义网站”，在文本框中录入该网站的网址，如图 5-1-5b 所示。

a）

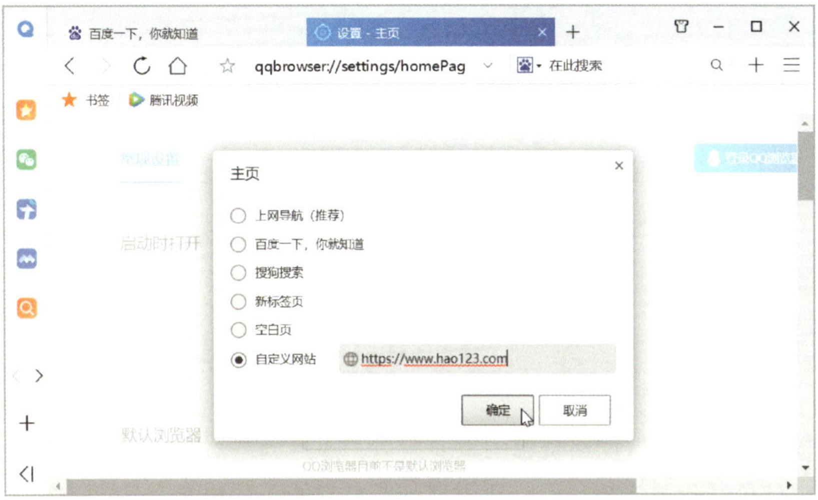

b）

图 5-1-5　设置浏览器主页

a）设置百度搜索引擎为主页　b）设置自定义网站为主页

2. 收藏网页

使用浏览器的收藏夹可以将自己喜欢、常浏览的网站地址保存起来，下次需要打开这些网页时，可以直接从收藏夹里打开。

例如，本任务中 WPS 学堂是经常要访问的网站，可以把此网站收藏起来，具体操作步骤是：打开浏览器，在地址栏中输入“https://www.wps.cn/learning/”，按下“Enter”键，打开 WPS 学堂官网。单击浏览器中左侧的“收藏”按钮，在弹出的对话框中单击“添加”按钮，如图 5-1-6 所示。

图 5-1-6 收藏网页

任务二 获取网络资源

浏览器是查阅和获取网络资源的重要窗口，通过浏览器的搜索引擎可以快速检索到互联网上的公开资源，并且可以利用浏览器自带的下载功能或者第三方下载工具下载所需的网络资源。需要注意的是，互联网上可能存在有害和违法资源，如盗版软件、带有病毒的文档，一旦下载到本地可能会破坏计算机系统，带来不必要的麻烦，因此，应到正规网站获取可靠、合法的网络资源。

任务目标

能够使用浏览器搜索引擎搜索和下载 WPS Office 官方安装包。

任务实施

一、在浏览器中访问搜索页面

打开浏览器，在地址栏中输入百度网址“https://www.baidu.com”，进入百度搜索引擎页面。

二、进入资源下载页面

在百度搜索引擎框中输入关键词“WPS”，搜索引擎会检索并列出互联网中相关的资源，如图 5-1-7a 所示。应注意，并非所有检索出来的资源都是可靠的，在打开链接前需要鉴别这些网络资源，尽量访问带有“官方”标识以及合法 URL 地址的网络资源，以降低风险。根据检索结果访问 WPS 官方网站，进入 WPS Office 安装包下载页面，如图 5-1-7b 所示。

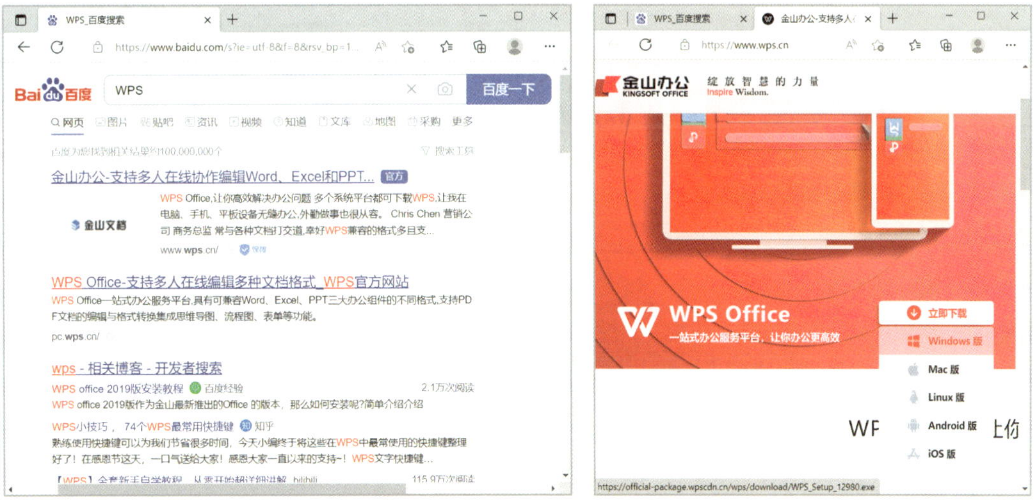

a）　　　　　　　　　　　　b）

图 5-1-7　利用搜索引擎检索 WPS Office 安装包

a）百度搜索页面　b）WPS 官方网站页面

三、查看已下载的资源

在 WPS 官方网站中找到相应版本的软件，单击该链接，弹出“下载”对话框，单击“另存为”按钮，根据需要修改文件名和保存位置后开始下载，如图 5-1-8a 所示；下载完毕，单击所下载文件名后的“打开文件夹”按钮，可查看下载文件所在的本地存放路径，找到所下载的安装程序，如图 5-1-8b 所示。

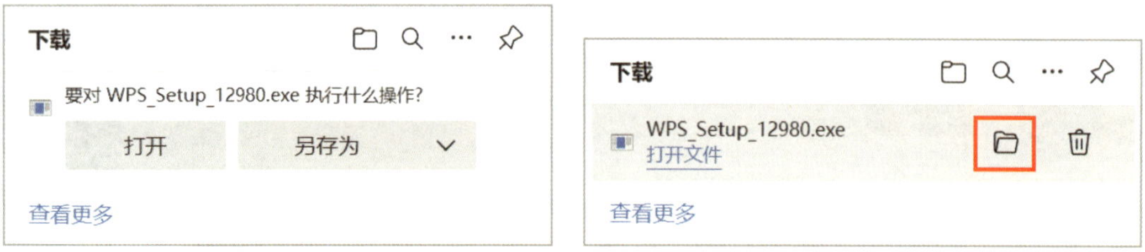

a）　　　　　　　　b）

图 5-1-8　查看下载资源存储路径

a）“下载”对话框　b）“打开文件夹”按钮

四、安装软件

完成下载软件后，找到此软件安装包，双击运行，按照提示完成软件安装，如图 5-1-9 所示。

图 5-1-9　安装 WPS Office 软件

知识点拨

确保安装包的安全性

目前很多软件下载网站提供的安装程序中捆绑了第三方软件，安装时稍不注意，便容易将不需要的第三方软件甚至不安全的、带有病毒的软件安装到本地计算机上，造成安全风险。因此应尽量从软件官方网站或其他大型、正规的渠道下载安装包，并在文件下载完成后，使用杀毒软件进行安全扫描，以确保安装包的安全性。

任务三　学习在线课程

互联网为我们提供了方便、快捷的学习途径，提供了很多免费的学习资源，如学习视频、音频、文档、素材等，用户足不出户就能随时访问这些学习资源。

任务目标

能够使用浏览器访问 WPS 学堂并进行在线课程的学习。

任务实施

一、访问“WPS 学堂”官网

打开浏览器，在收藏夹中打开“WPS 学堂”链接或直接输入网站地址“https://www.wps.cn/learning/”，进入 WPS 学堂官网，如图 5-1-10 所示。

图 5-1-10　在收藏夹中打开网页

二、注册个人账号

单击“登录 / 注册”，如果已注册，可使用“快速登录”，通过微信扫码或手机短信验证码验证登录，如计算机上的 WPS Office 软件已使用微信登录个人账号，则此处直接单击头像图标即可登录，如图 5-1-11a 所示。如果没有注册账号，单击“立即注册”，按提示完成注册即可，如图 5-1-11b 所示。

a）　　　　b）

图 5-1-11　登录 WPS 学堂

a）已注册账号可通过微信登录　b）注册账号

三、选择课程在线学习

进入 WPS 学堂官网页面后，选择对应的课程内容，单击需要学习的内容，跳转到教学视频播放链接，即可进行在线课程的学习，如图 5-1-12a 所示。进入学习课程后，可以在视频菜单栏选择学习内容，还可以单击收藏按钮☆将当前观看的视频加入个人收藏夹中，在下次登录时通过收藏夹快速访问，如图 5-1-12b 所示。

a）

b）

图 5-1-12　在线课程学习

a）在线学习课程界面　b）在线课程播放界面

知识点拨

访问网站资源时的注意事项

在使用搜索引擎进行关键词搜索时，在展示的检索结果中，要注意分辨所访问的网站的真实性，如发现所访问的网站存在异常（如显示信息不准确、异常弹窗等），要及时终止访问，防止被非法网站窃取信息。

任务四　使用云存储

在日常学习和工作中，常需要传输一些容量较大的文件或程序等资源，除使用大容量的移动硬盘或 U 盘来进行存储外，随着云计算技术的飞速发展，还可以使用“云存储”更为便捷地在线进行文件的传输与存储。本任务主要以百度网盘为例，学习云存储的使用。

任务目标

能够使用百度网盘上传、转存、下载、分享网络资源。

任务实施

一、下载并安装百度网盘

使用浏览器搜索并下载百度网盘安装程序，并将其安装到计算机中。

二、登录百度网盘

打开“百度网盘”应用程序，按照提示完成个人账号注册后登录百度网盘，如图 5-1-13 所示。

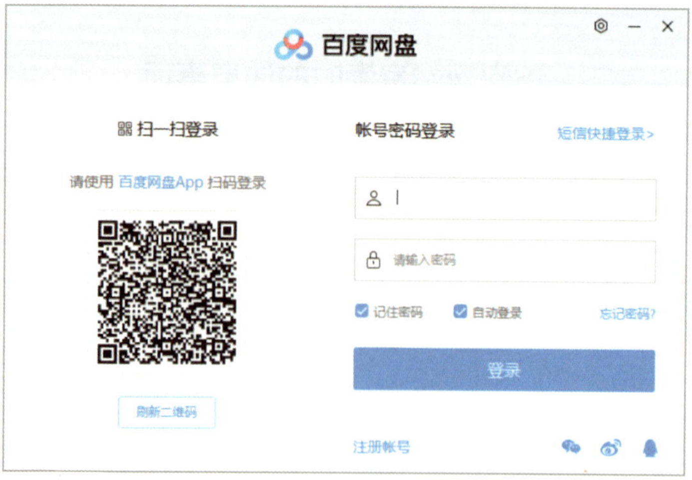

图 5-1-13　登录百度网盘

三、使用百度网盘

1. 上传资源到百度网盘

在百度网盘主界面中，进入准备用于保存资源的文件夹，单击“上传”按钮，在弹出的“请选择文件 / 文件夹”对话框中，选择需要上传的资源，单击“存入百度网盘”按钮，如图 5–1–14 所示。

图 5–1–14　上传资源到百度网盘

2. 将资源分享给他人

在百度网盘主界面中，勾选需要分享的资源文件或文件夹，单击“分享”按钮，在弹出的“分享文件”对话框中，选择“链接分享”选项卡，选择分享形式为“有提取码”中的“系统随机生成提取码”，勾选“分享链接自动填充提取码”，访问人数设为“不限”，有效期设为“永久有效”，单击“创建链接”按钮，如图 5–1–15 所示。

3. 转存他人分享的资源

一般情况下，分享者将所分享的资源以链接和提取码形式分发给获取资源者。获取资源者提前登录百度网盘，单击链接并输入提取码后，进入百度网盘界面，勾选需要下载的资源，单击“保存到我的百度网盘”按钮，即可完成资源的转存，如图 5–1–16 所示。应注意，此时资源已存放到自己的百度网盘中，但并未下载到本地计算机中。

图 5-1-15　分享资源

图 5-1-16　转存他人分享的资源

4. 下载资源到本地计算机

在百度网盘主界面中，勾选需要下载的文件或文件夹，单击“下载”按钮，在弹出的“设置下载存储路径”对话框中，选择本地存放路径，单击“下载”按钮，如图 5-1-17 所示。待完成下载后，打开存放路径，即可查看下载资源。

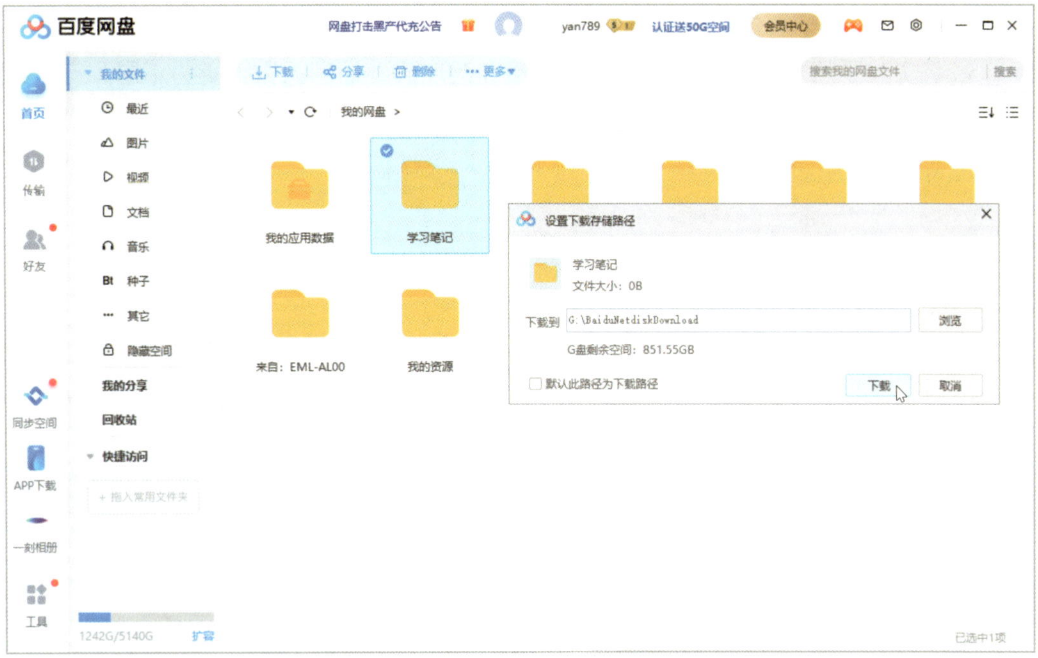

图 5-1-17　下载资源到本地

实战与小结

实战演练

使用百度网盘分享学习资料

按照班级学习的需要，访问华为 ICT 学堂，下载实验手册，并通过百度网盘制作该资源的分享链接。

思路如下：

1. 访问华为 ICT 学堂地址：https://e.huawei.com/cn/talent/ict-academy/#/home。

2. 注册并登录华为 ICT 学堂账号。

3. 访问华为 ICT 学堂资源中心，搜索并下载“HCIP-Datacom-Advanced Routing Switching Technology V1.0 实验手册 .pdf（2.17 MB）”到本地。

4. 登录百度网盘，在“我的网盘”路径下创建“实验文档”文件夹，将实验手册上传至新建的“实验文档”文件夹中。

5. 将实验手册进行分享，生成共享链接和提取码，访问人数设置为不限，有效期设置为永久有效。

完成后的效果如图 5-1-18 所示。

图 5-1-18　用百度网盘分享学习资料

能力提升

完成在线学习与课程资料下载

结合本项目所学的搜索引擎的使用、在线课程平台的访问、网络资源的下载等相关知识，完成一次学习平台的在线学习与课程资料下载任务。

思路如下：

1. 使用搜索引擎搜索某在线学习平台并访问其官网。
2. 在学习平台选择相应的课程资源进行观看。
3. 下载该课程提供的教材、大纲、手册等学习资料。
4. 在本地计算机中找到已下载的相关文档资料并打开，浏览文件内容。

项目小结

本项目主要介绍了使用浏览器搜索网络并下载、保存、分享网络信息资源的方法。各项操作的具体方法见表 5–1–1。

表 5–1–1　项目小结

目标	操作方法
利用浏览器搜索网络资源	打开浏览器，访问百度等搜索引擎，利用适当的关键词搜索网络资源
使用下载工具下载网络资源	通过官方渠道或其他正规渠道获取网络资源，利用浏览器自带的下载工具或者第三方下载工具将网络资源下载到本地
使用云存储保存、分享资源	使用百度网盘等云存储工具上传资源，利用其分享功能将资源与他人共享，收到他人分享的资源后，下载到本地计算机中保存、使用
健康使用网络资源	在浏览网络信息资源及下载网络信息资源时要保持健康、绿色的上网行为，自觉杜绝一切不良信息

项目二
利用网络进行协作办公——网上协同办公

互联网的发展对企业管理提出了新的要求。大多企业不仅需要日常办公、资产管理、业务管理、信息交流等常规协同的功能，并且在即时沟通、数据共享、移动办公等方面有了更进一步的需求，为了帮助企业降低成本、提高效率，进而实现高整合、智能化的综合性管理功能，市场上出现了一系列协同办公平台。协同办公平台实际上是协同应用软件的开发平台和运行支撑平台，同时为协同应用提供协同工具和协同引擎服务。本项目主要介绍使用金山文档进行网上协同办公等内容。

学习要点

- ◆创建及维护共享文件夹
- ◆文字协同编辑
- ◆表格协同编辑
- ◆演示文稿协同编辑
- ◆表单在线制作
- ◆数据导出与发布

项目描述

为提高班级管理工作效率，19 电气①班班委会决定利用金山文档创建、管理班级文档，让本班学生可以在线查阅文档、协同参与文档编辑。班级文档主要包括班级班规条例文档、学生信息收集表格、主题班会演示文稿等。

制作完成后的效果图如图 5-2-1 所示。

图 5-2-1 班级文档协同办公效果图

思路解析

为了方便管理班级文档，需要创建一个共享文件夹，以“19 电气①班资料”命名，学生在共享文件夹中协同维护文档资料，操作内容如下：

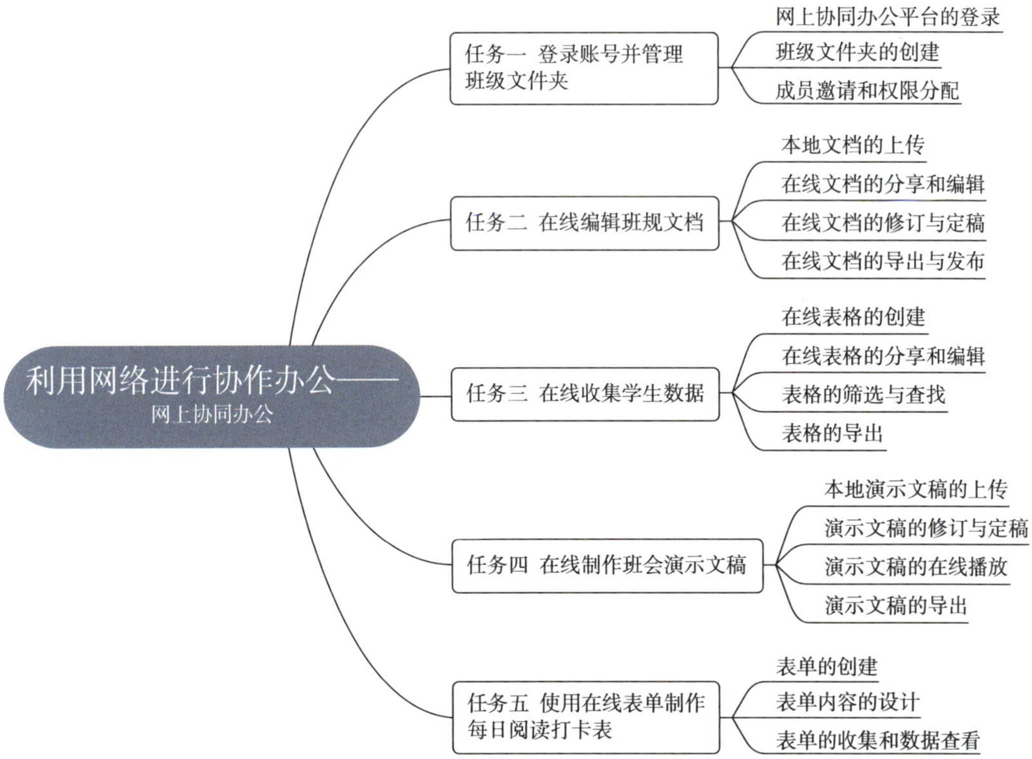

任务一 登录账号并管理班级文件夹

任务目标

能够在金山文档中创建班级文件夹，并授予协同办公用户权限。

任务实施

一、登录个人账号

使用微信账号登录金山在线文档。打开 WPS Office 软件，单击软件右上角的“登录开启高效办公”按钮，选择微信登录方式，如图 5-2-2a 所示；在手机微信 App 上扫码并授权登录，登录完成后可在右上角看到个人头像，如图 5-2-2b 所示。

a） b）

图 5-2-2 登录个人账号

a）微信登录账号 b）登录后的页面

二、创建班级文件夹

1. 登录后，单击界面右上角的“应用”按钮，在展开的菜单中单击“金山文档”按钮，如图 5-2-3a 所示。若默认列表中没有，则单击“更多应用”，进入“应用市场”，单击左侧“分享协作”命令即可找到。“金山文档”界面如图 5-2-3b 所示。

a）　　　　b）

图 5-2-3　金山文档按钮及界面

a）按钮位置　b）“金山文档”界面

单击界面左上角的“新建”按钮，再单击“文件夹”按钮，如图 5-2-4 所示，创建一个新的文件夹。

图 5-2-4　创建文件夹

2. 在弹出的“新建文件夹”对话框中输入文件夹名称“19 电气①班资料”；将新建的文件夹位置设置在“我的文档”路径下，单击“确定”按钮，完成文件夹创建，如图 5-2-5 所示。

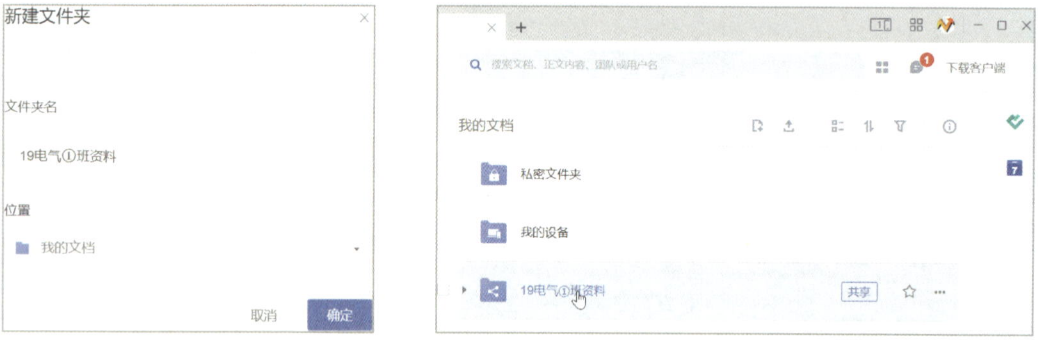

a）　　　　b）

图 5-2-5　命名文件夹并选择路径

a）命名新建文件夹　b）查看新建的文件夹

三、邀请班级同学并分配权限

1. 进入要分享的文件夹，单击“邀请成员”按钮，在添加成员界面中单击“设置”按钮，将“加入时需要管理员审核”选项设为打开，如图 5-2-6a 所示；单击微信小图标生成共享链接，将该链接有效期修改为“永久有效”选项，如图 5-2-6b 所示；完成后，班级同学可以通过访问该链接加入文件夹管理团队。

a）　　　　b）

图 5-2-6　生成共享链接

a）设定成员加入权限　b）设定共享链接权限

2. 文件夹创建者可以管理加入的成员，逐个为成员分配管理权限，打开成员右侧的下拉菜单，在下拉列表中选择“成员・允许编辑”选项，如图 5-2-7 所示。

图 5-2-7　为成员授权

知识点拨

共享文件夹注意事项

1. 为了保护文件安全，防止陌生人随意访问共享文件夹，建议在邀请成员时设置“加入时需要管理员审核”。

2. 在邀请成员协同管理文件夹之前，必须将文件夹共享功能打开，才能添加用户。

任务二　在线编辑班规文档

任务目标

能够完成班规文档在线协同编辑。

任务实施

一、上传本地文档初稿

进入“19 电气①班资料”共享文件夹，单击“上传”按钮，在下拉列表中选择“文件”命令，如图 5–2–8a 所示；在弹出的“上传至云文档”对话框中选取本地文档素材文件夹中的“班规初稿 .docx”，单击“确定”按钮，完成该文件的上传，如图 5–2–8b 所示。

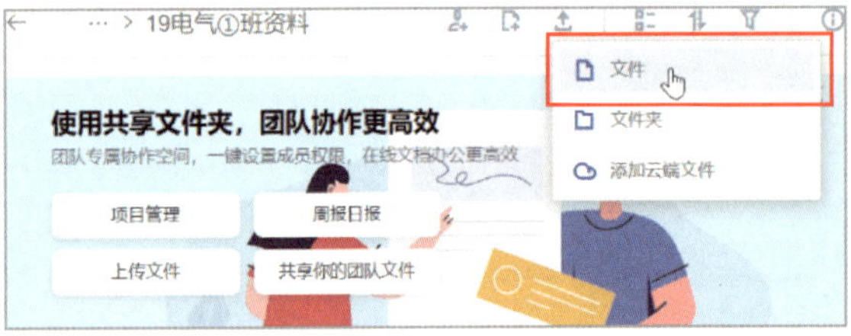

a）

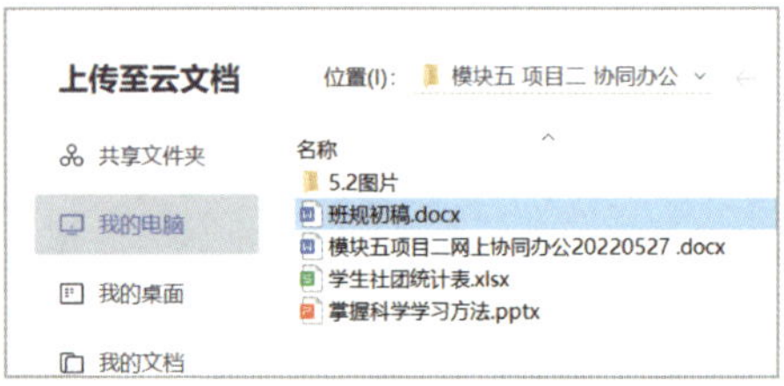

b）

图 5–2–8　上传本地文档

a）按钮位置　b）完成效果

二、分享并邀请班级同学参与编辑

完成文档上传后，文档会出现在金山文档共享文件夹中，文件夹管理员可以协同编辑该文档，此外还可以将文档分享给管理员以外的同学协同编辑。

选中需要分享的文档“班规初稿 .docx”，单击“分享”按钮，邀请班级同学参与协同编辑，如图 5–2–9a 所示；在弹出的“分享”对话框中，通过通讯录添加同学名单并分配相应的操作权限，如图 5–2–9b 所示。

a）

b）

图 5–2–9　分享文档协同编辑

a）“分享”按钮位置　b）权限设置

知识点拨

使用二维码分享文档

在分享文档过程中，如果学生名单不在通讯录中，还可以通过生成文档二维码的方式邀请同学参与进来，方法是：单击“分享”页面中的“二维码”按钮，生成文档二维码，如图 5-2-10 所示，班级同学可以通过微信扫码参与该文档的在线编辑。

图 5-2-10　生成文档二维码

三、修订与定稿

学生被邀请参与协同编辑后，可以在线打开该文档，直接在文档上进行编辑修改。除了像使用本地的 WPS Office 软件一样对文档进行编辑外，金山文档还支持多人在线上进行协同审阅。

1. 单击“审阅”选项卡，单击“显示协作者颜色”命令，如图 5-2-11a 所示，可以看到当前协同编辑者正在操作的内容；单击“评论”下拉按钮，在下拉列表中选择“插入评论”命令，可以在光标所在行插入评论意见，如图 5-2-11b 所示。

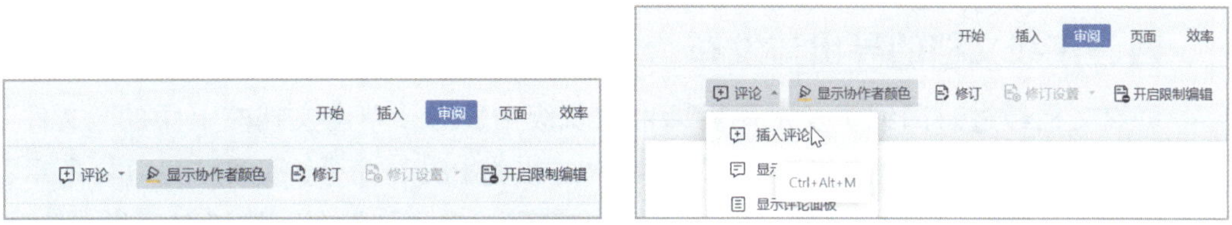

a）　　b）

图 5-2-11　多人协同编辑

a）“显示协作者颜色”命令　b）“插入评论”命令

2. 在输入评论内容时，可以利用“@”标记提醒指定查阅文档的人员查看，文档将向指定的人员发送查阅通知，如图 5–2–12 所示。

图 5-2-12　指定人员查阅文档

3. 管理员可以通过发起定稿操作，邀请同学对修订后的文档进行审阅和定稿。单击“审阅”选项卡下的“文档定稿”按钮，如图 5–2–13a 所示；弹出“标记定稿”对话框，单击“确认”按钮及即可完成定稿。在右侧的“定稿与审批”任务窗格中，可单击“菜单”按钮，在展开的菜单中选择“设置”命令设置权限，或选择“取消定稿”命令取消定稿状态，如图 5–2–13b 所示。

a）　　　　　　　　　　b）

图 5-2-13　文档定稿

a）按钮位置　b）“定稿与审批”任务窗格

四、在线文档的导出与发布

班规文档经过协同编辑及定稿后即可在班级中发布。单击文档左上角的“文件”下拉按钮，单击下拉列表中“导出为”下的“导出为 PDF”命令，如图 5–2–14a 所示；将导出文件命名为“班规（定稿）”，选择保存路径，单击“保存”按钮即可将文档导出到本地计算机中，如图 5–2–14b 所示。

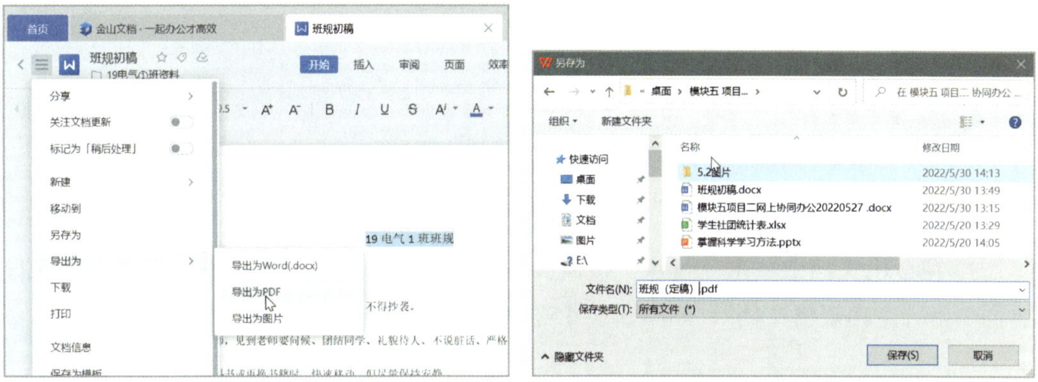

a）　　　　　　　　　　　　　　　　b）

图 5-2-14　将定稿文档导出为 PDF 文件

a）“导出为 PDF”命令　b）“另存为”对话框

知识点拨

金山文档使用技巧

1. 金山文档的“历史记录”是一项非常好用的功能，通过该功能可以看到每位协同者对文档所做的修改内容，还能将文档还原到指定的历史版本，恢复修改前的状态。

2. 建议在文档发布前使用“标记定稿”功能，如果在“标记定稿”期间对文档进行修改会导致当前文档成为历史版本，需要重新发起定稿。

任务三　在线收集学生数据

任务目标

能够完成表格在线协同编辑。

任务实施

一、新建在线表格

1. 在金山文档中单击“新建”按钮，在列表中单击“表格”按钮，在弹出的向导页面单击“空白表格文档”，如图 5–2–15 所示。

a）　　b）

图 5–2–15　新建在线表格

a）单击“新建”按钮　b）单击“空白表格文档”

2. 在新建的空白表格左上角，录入表格文件名称“学生基本信息表”，如图 5–2–16 所示。

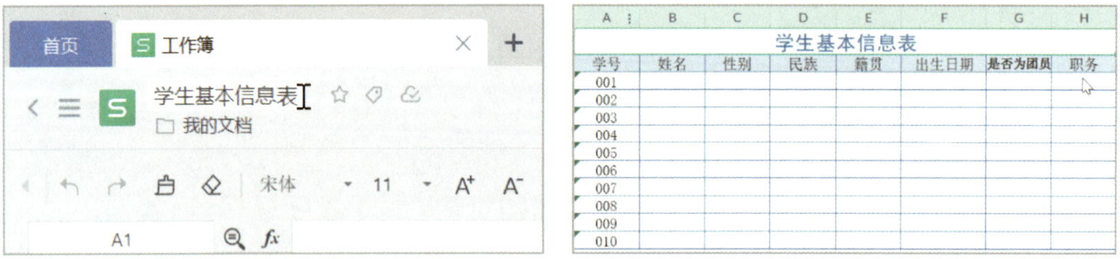

a）　　b）

图 5–2–16　编辑表格内容

a）录入表格文件名称　b）完成效果

二、分享并邀请班级同学填写资料

1. 单击表格右上角的“分享”按钮，在弹出的“分享”对话框中将共享权限设置为“所有人可编辑”，如图 5–2–17a 所示；为方便同学操作，可将分享链接制作成二维码，让同学扫码登录在线编辑，单击“分享”对话框中的二维码图标，系统自动生成表格二维码，如图 5–2–17b 所示。

a）　　　　　　　　　　b）

图 5-2-17　制作表格分享链接及二维码

a）分享设置　b）二维码

2. 为了保护表格标题及列表信息和格式不被修改，需要设置区域权限，限制学生编辑范围。选定 B3:H12 单元格区域，单击“协作”选项卡下的“区域权限”按钮；在弹出的“区域权限”对话框中添加可编辑对象人员，将其权限设置为“可编辑”，如图 5-2-18a 所示；选定 A1:H2 和 A3:A12 单元格区域，在“区域权限”对话框中单击“添加允许编辑区域”按钮，设置为仅允许管理员编辑，如图 5-2-18b 所示。

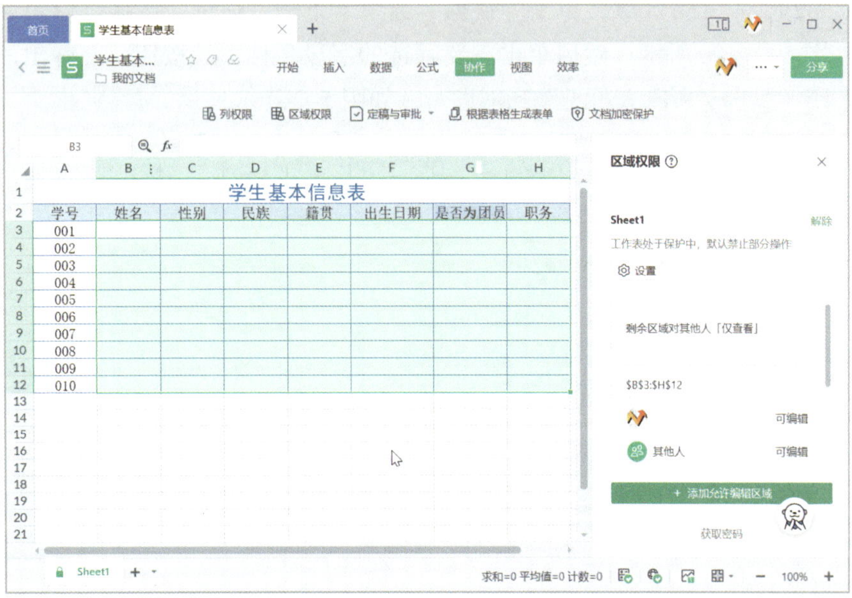

a）

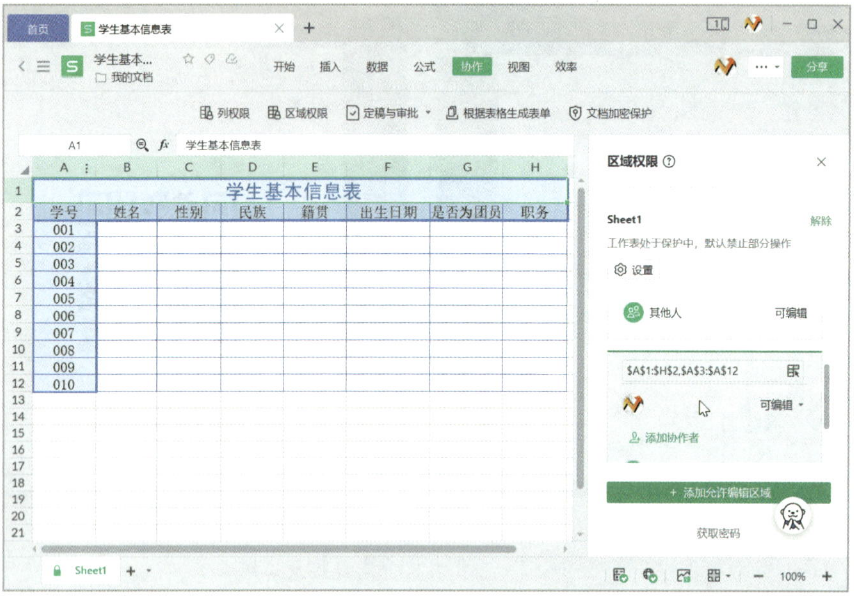

b）

图 5-2-18 设置表格区域权限

a）设置权限为“可编辑” b）设置允许编辑区域

三、筛选与查找表格

为方便数据查找和统计，金山文档提供了“筛选对所有人可见”功能，关闭该功能后，学生在进行筛选操作时，不会影响其他用户的数据显示。

选定 B2:F2 单元格区域，单击“数据”选项卡下的“筛选”按钮，启用表格筛选功能，如图 5-2-19a 所示；然后单击需要筛选的字段名称下拉按钮，在弹出的筛选对话框中关闭“筛选对所有人可见”功能即可，如图 5-2-19b 所示。

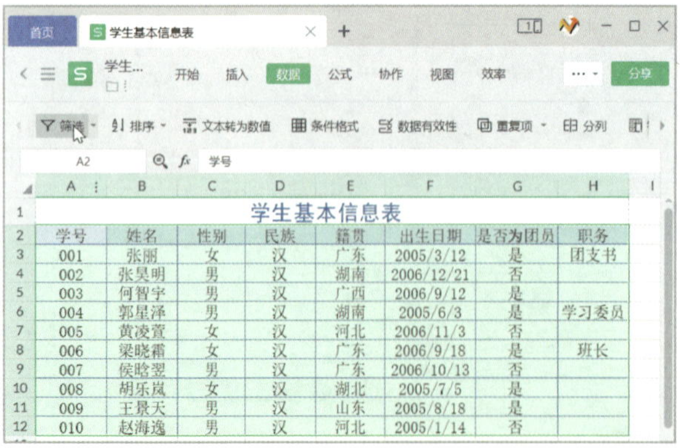

a）

b）

图 5-2-19 关闭“筛选对所有人可见”功能

a）“筛选”按钮 b）筛选内容

四、导出表格

完成在线表格协同编辑后，可将表格导出到本地计算机。单击左上角的“文件”下拉按钮，在下拉列表中单击“导出为”中的“导出为 Excel (.xlsx)”命令，如图 5-2-20a 所示；将导出文件命名为“学生基本信息表”，导出到本地计算机，如图 5-2-20b 所示。

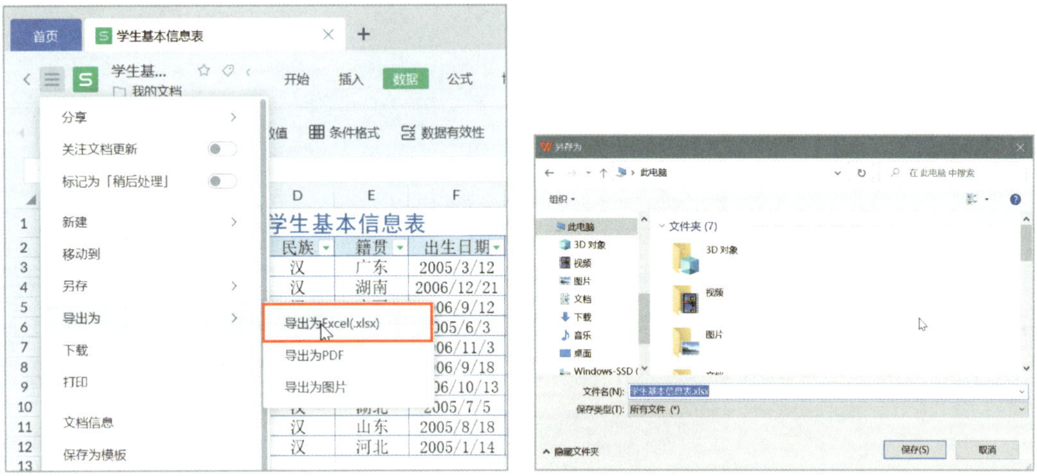

a）　　　　　　　　　　　　b）

图 5-2-20　导出在线表格

a）“导出为 Excel”命令　b）“另存为”对话框

知识点拨

“区域权限”功能说明

“区域权限”功能仅团队管理员或文档创建者可以进行设置，“区域权限”功能可以限制用户查阅、编辑的权限，在收集用户信息时能很好地保护个人隐私。

任务四　在线制作班会演示文稿

任务目标

能够完成演示文稿在线协同编辑。

任务实施

一、上传本地演示文稿

将素材文件中的主题班会演示文稿“掌握科学学习方法.pptx”上传到金山文档共享文件夹中。单击“上传”下拉按钮，在下拉列表中单击“文件”命令，如图 5-2-21a 所示；成功上传后，在共享文件夹中可以看到该演示文稿，如图 5-2-21b 所示。

a）　　　　b）

图 5-2-21　将演示文稿上传到共享文件夹
a）按钮位置　b）完成效果

二、演示文稿的修订与定稿

1. 在演示文稿右上角单击“分享”按钮，弹出“分享”对话框，将编辑权限设置为“所有人可编辑”，并邀请其他同学参与演示文稿的修订，如图 5-2-22a 所示；参与协同编辑的同学可以对演示文稿提出修改建议，单击“审阅”选项卡中的“评论”按钮，在“幻灯片的评论”窗口输入评论意见，如图 5-2-22b 所示。

2. 完成演示文稿的修改工作后，可以邀请同学进行定稿。单击“审阅”选项卡中的“定稿与审批”下拉按钮，在下拉列表中选择“标记定稿”选项，如图 5-2-23a 所示；或者邀请指定同学参与定稿，添加参与定稿的人员名单，如图 5-2-23b 所示。

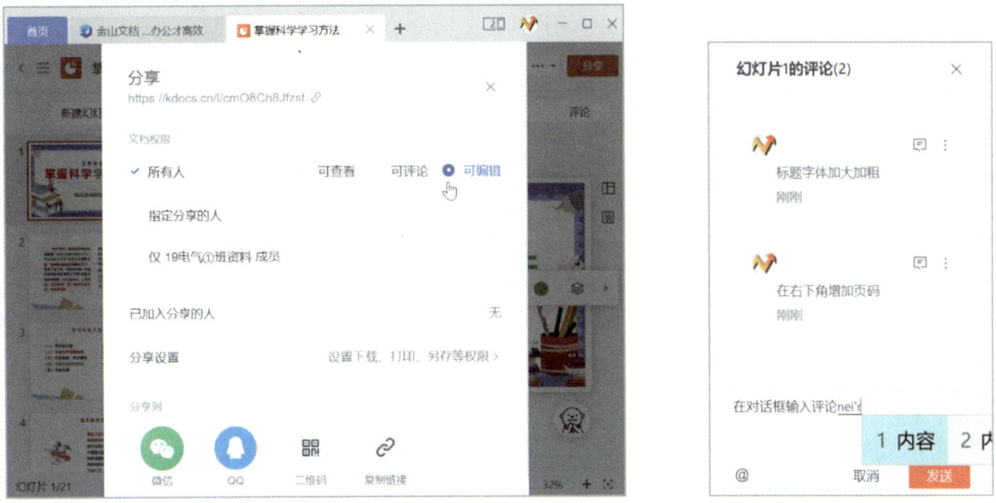

a）　　　　b）

图 5-2-22　协作编辑者提出修改建议

a）分享设置　b）评论窗口

a）　　　　b）

图 5-2-23　演示文稿定稿

a）“标记定稿”命令　b）配置权限

三、在线播放演示文稿

演讲者可以在线播放演示文稿。单击“播放”选项卡下的相应按钮（如“从当前播放”）即可开始播放演示文稿，如图 5-2-24a 所示；在播放过程中可以使用画笔对关键信息进行标注，在功能面板中单击“画笔”即可，如图 5-2-24b 所示。

a）

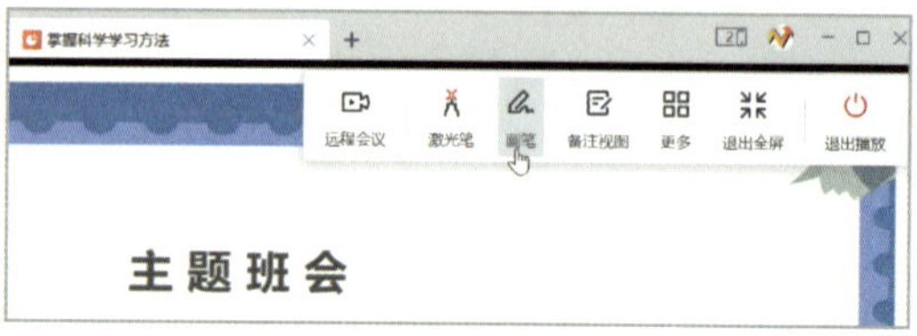

b）

图 5-2-24 在线播放演示文稿

a）选择播放方式 b）“画笔”按钮位置

四、导出演示文稿文件

完成在线编辑后，将主题班会演示文稿保存到本地计算机。单击“文件”下拉按钮，在下拉列表中单击“导出为”中的“导出为 PPT（.pptx）”命令，如图 5-2-25a 所示；将导出文件命名为“主题班会课件”，并导出到本地计算机中，如图 5-2-25b 所示。

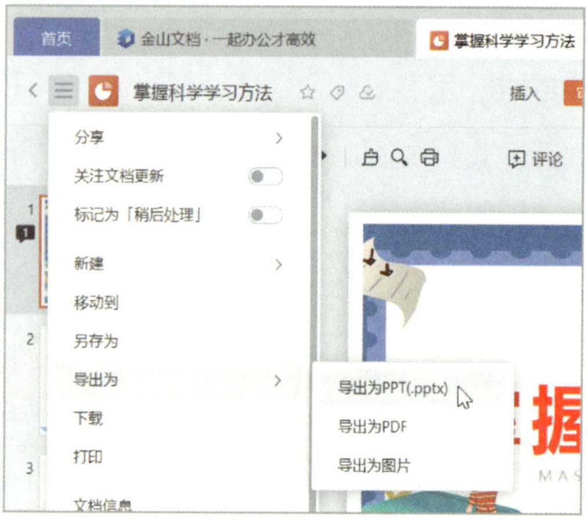

a）

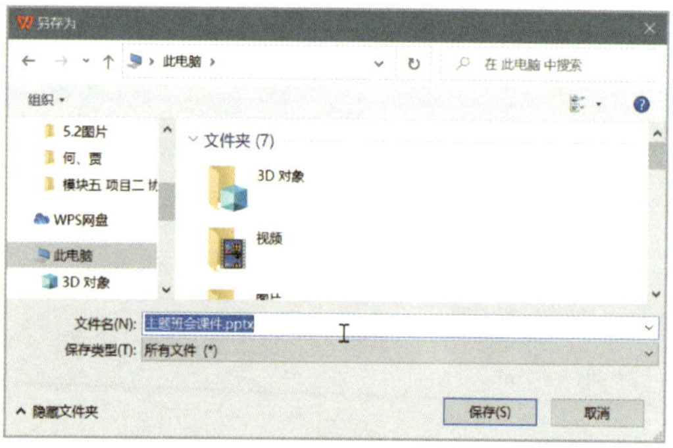

b）

图 5-2-25 导出演示文稿文件

a）“导出为 PPT”命令 b）“另存为”对话框

知识点拨

演示文稿素材的获取

金山文档的“稻壳素材”提供了大量精美、免费的演示文稿背景和图标，为演示文稿的制作提供了极大便利，可以通过点击“插入—素材”选择所需的制作素材。

任务五　使用在线表单制作每日阅读打卡表

在使用表格收集相关数据时难以解决以下情况：需要收集图片或文件内容、需要在线确认或手写签名等。而金山文档提供的在线金山表单能够满足上述需求，可以通过定制个性化调查问卷来收集图片、文件等特殊内容。本任务使用在线表单制作“每日阅读打卡表”，制作完成后的效果图如图 5-2-26 所示。

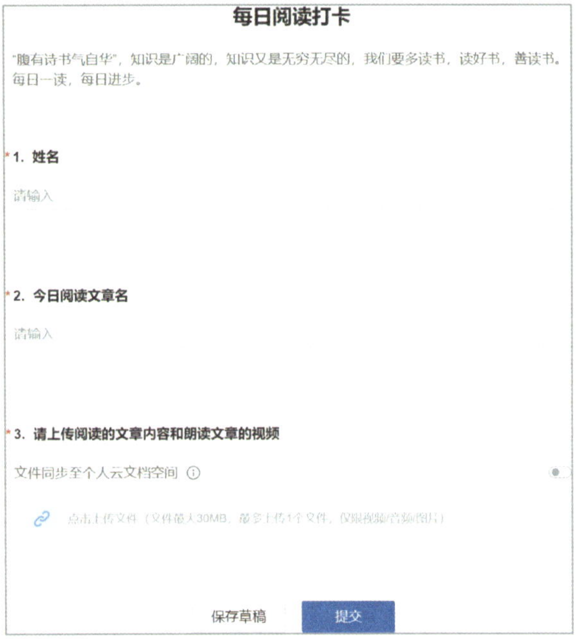

图 5-2-26　“每日阅读打卡表”效果图

任务目标

能够制作在线表单并收集数据。

任务实施

一、新建表单

双击桌面上的 WPS Office 程序图标启动程序，在主界面中单击“新建”按钮进入“新建”页面，在窗口左侧选择“新建表单”选项，在“金山表单”窗口单击“新建空白”按钮，创建空白表单，如图 5–2–27a 所示；完成后，可在新建表单中编辑基础信息，包括表单标题、表单说明、提交页面等，如图 5–2–27b 所示。

a）　　　　　　　　　　b）

图 5–2–27　创建在线表单

a）“新建表单”选项　b）完成效果

二、设计表单内容

1. 录入表单标题及表单描述

在窗口中相应位置录入表单标题，并对表单进行简要描述。

2. 添加填空题

单击“添加题目”栏中的“填空题”按钮（见图 5–2–28a），录入题目文字内容为“姓名”，勾选“必填”选项；按照相同的方法，制作第二项表单内容，效果如图 5–2–28b 所示。

3. 添加文件上传

单击“添加题目”栏中的“文件上传”按钮，录入题目文字内容为“请上传阅读的文章内容和朗读文章的视频”；打开“限制收集类型”选项，勾选“视频”“音频”“图片”；文件大小上限为“30 MB”，勾选“必填”选项；设置完成效果图如图 5–2–28c 所示。

4. 设置提交成功页

单击“自定义提交成功页”按钮，跳转至“提交成功”页，录入文本“已收到您的每日阅读资料!”，如图 5–2–29 所示。

a）　　b）　　c）

图 5-2-28　添加填空题和文件上传按钮

a）命令位置　b）添加填空题　c）添加文件上传按钮

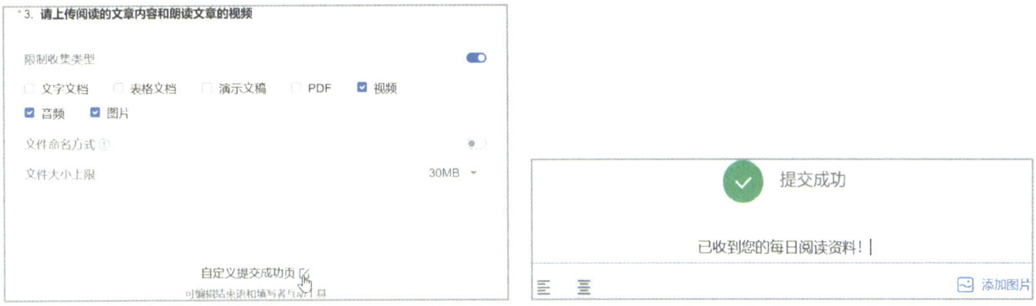

a）　　b）

图 5-2-29　设置提交成功页

a）设置提交成功页　b）完成效果

5. 完成表单创建

单击右侧栏目中的“完成创建”按钮，完成表单的创建，如图 5-2-30a 所示；在弹出的页面中，单击“复制链接”按钮生成表单链接，如图 5-2-30b 所示。

a）　　b）

图 5-2-30　完成表单创建

a）完成创建　b）完成效果

三、收集表单和查看数据

1. 分享表单

将表单链接分享给班级同学，邀请同学们填写表单内容。

2. 查看表单数据

待同学填写表单数据后，单击表单页面右上角的“查看数据汇总表”按钮，如图 5-2-31 所示；弹出“每日阅读打卡”表格，可查看并汇总表格数据。

图 5-2-31　收集表单和查看数据

实战与小结

实战演练

制作学生社团信息文档

为了提高信息收集效率，宣传展示丰富多彩的校园生活，需要结合本项目所学知识制作一份学生社团信息文档，包括学生参与社团情况统计表和学生社团展示演示文稿。

思路如下：

1. 新建一个共享文件夹，重命名为“学生社团信息”，如图 5-2-32 所示。

2. 新建一个空白表格，文件命名为“学生参与社团情况统计表”；表格标题设为“学生参与社团情况统计表”，包含以下字段内容：序号、班级、姓名、社团名称、加入时间、主要活动内容、备注。表格如图 5-2-33 所示。

3. 对表格内容设置区域权限，限制学生仅能修改本人姓名所在行。

4. 将统计表共享，生成共享链接并发布到班级群，由班级同学完成信息填报。

5. 新建一个空白演示文稿，文件命名为“学生社团展示”。

6. 共享并发布演示文稿，由协同编辑者共同编写完成“社团基本情况”“社团主要活动内容”“收获和体会”等内容。

图 5-2-32　新建“学生社团信息”共享文件夹

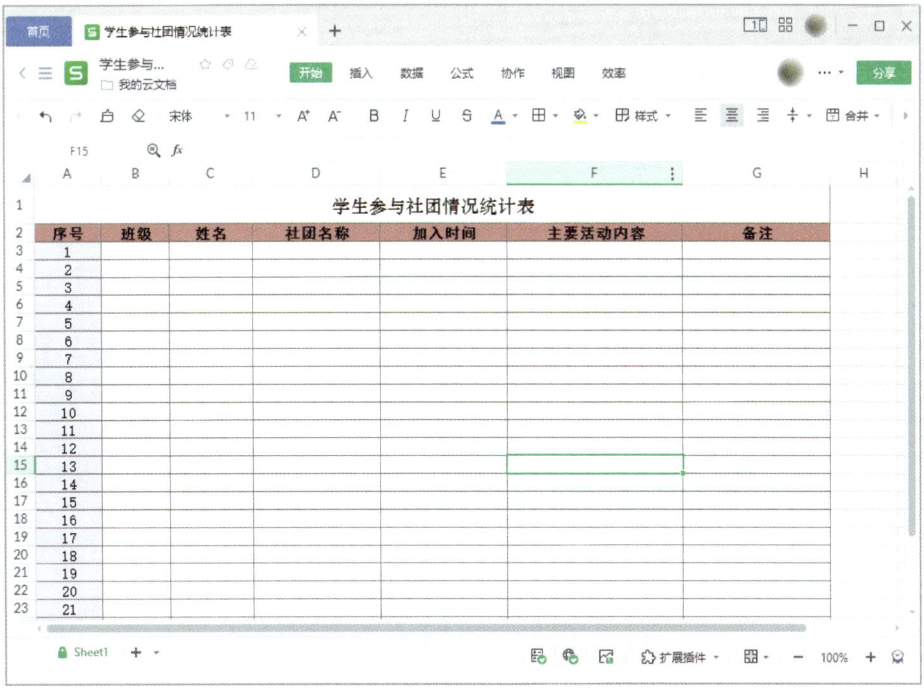

图 5-2-33　新建“学生参与社团情况统计表”在线表格

能力提升

制作在线调查问卷

结合本项目所学知识，练习制作一份“员工年度培训需求调查问卷”文档，生成二维码，并在全班同学模拟填写后查看数据汇总结果。

制作完成后的调查问卷如图 5-2-34 所示。

图 5-2-34　在线调查问卷

思路如下：

1. 新建一个 WPS 在线表单，命名为“员工年度培训需求调查问卷”。
2. 按要求编辑表单内容。
3. 制作完成后将表单导出为链接和二维码。
4. 邀请人员填写表单，收集表单信息并查看汇总数据。

项目小结

本项目主要介绍了 WPS 文字、表格、演示文稿及在线表单在协同办公中的应用。各项操作的具体方法见表 5-2-1。

表 5-2-1　项目小结

目标	操作方法
登录金山文档	打开 WPS Office 应用程序，单击登录图标，使用微信扫码等方式登录金山文档
创建共享文件夹	在主界面中单击“新建”按钮进入“新建”页面，在窗口左侧选择“共享文件夹”选项，单击“新建共享文件夹”按钮，录入文件夹名称，完成共享文件夹的创建，并邀请管理员协同管理文件夹及其中的文档文件
创建协同文档	方法一：在主界面中单击“新建”按钮进入“新建”页面，在窗口左侧选择“在线文档”，根据需要创建“在线文档”“在线表格”或“在线演示” 方法二：在共享文件夹中上传本地计算机中的文档、表格、演示文稿等，邀请协同编辑者一起编辑文件
生成、发布共享链接	在编辑文件界面中，单击“分享”图标按钮，生成分享链接或者二维码
设置共享权限	在“文档权限”对话框中，选择用户，并对其权限进行设置，用户权限包括“仅查看”“查看及下载”“可编辑”三种
在线编辑	协同者通过链接或扫描二维码访问共享文档，在线修改文档、发表评论
定稿与审阅	单击“审阅”选项卡中的“文档定稿”命令并发起定稿操作，在设置中设定定稿参与者的权限，由定稿参与者确认定稿文档
导出文档	在文档页面中单击“文件”下拉按钮，单击下拉命令的“导出为”下的相关命令，选择导出的格式；在弹出的“保存”对话框中输入文件名，选择保存路径，将文件导出到本地计算机